U0257881

网络空间安全蓝皮书

**BLUE BOOK** OF
CYBERSPACE SECURITY

# 中国网络空间安全发展报告
# （2018）

ANNUAL REPORT ON DEVELOPMENT OF CYBERSPACE
SECURITY IN CHINA (2018)

上海社会科学院信息研究所
中国信息通信研究院安全研究所
主　编／惠志斌　　覃庆玲
副主编／张　衡　彭志艺

社会科学文献出版社
SOCIAL SCIENCES ACADEMIC PRESS（CHINA）

**图书在版编目（CIP）数据**

中国网络空间安全发展报告.2018／惠志斌，覃庆
玲主编.--北京：社会科学文献出版社，2018.11
（网络空间安全蓝皮书）
ISBN 978-7-5201-3898-7

Ⅰ.①中⋯ Ⅱ.①惠⋯ ②覃⋯ Ⅲ.①计算机网络-
安全技术-研究报告-中国-2018 Ⅳ.①TP393.08

中国版本图书馆 CIP 数据核字（2018）第 257129 号

网络空间安全蓝皮书

# 中国网络空间安全发展报告（2018）

主　　编／惠志斌　覃庆玲
副 主 编／张　衡　彭志艺

出 版 人／谢寿光
项目统筹／郑庆寰
责任编辑／张　媛

出　　版／社会科学文献出版社·皮书出版分社（010）59367127
　　　　　　地址：北京市北三环中路甲 29 号院华龙大厦　邮编：100029
　　　　　　网址：www.ssap.com.cn
发　　行／市场营销中心（010）59367081　59367083
印　　装／三河市龙林印务有限公司

规　　格／开　本：787mm×1092mm　1/16
　　　　　　印　张：26　字　数：391 千字
版　　次／2018 年 11 月第 1 版　2018 年 11 月第 1 次印刷
书　　号／ISBN 978-7-5201-3898-7
定　　价／99.00 元

皮书序列号／PSN B-2015-466-1/1

# 上海社会科学院信息研究所

上海社会科学院信息研究所成立于1978年，是专门从事信息社会研究的国内知名智库，现有科研人员40余人，具有高级专业技术职称的25人，下设信息安全、信息资源管理、电子政府、知识管理等专业方向和研究团队。近年来，信息研究所坚持学科研究和智库研究双轮互动的原则，针对信息社会发展中出现的重大理论和现实问题，聚焦网络安全与信息化方向开展科研攻关，积极与中国信息安全测评中心、中国信息安全研究院等机构建立合作关系，承接国家社科基金重大项目"大数据和云环境下国家信息安全管理范式与政策路径"（2013）、国家社科重点项目"信息安全、网络监管与中国的信息立法研究"（2001）等十余项国家和省部级研究课题，获得由上海市政府授牌的"网络安全管理与信息产业发展"社科创新研究基地，先后出版《信息安全：威胁与战略》（2003）、《网络：21世纪的权力与挑战》（2007）、《网络传播革命：权力与规制》（2010）、《信息安全辞典》（2013）、《全球网络空间安全战略研究》（2013）、《网络舆情治理研究》（2014）等著作，相关专报获国家和上海市主要领导的批示。

# 中国信息通信研究院安全研究所

中国信息通信研究院安全研究所成立于 2012 年 11 月，是专门从事信息通信领域安全技术研究的科研机构，现有科研人员 100 余人，下设网络安全研究部、信息安全研究部、信息化与两化融合安全部、软件测评部、重要通信研究部等研究部门。中国信息通信研究院安全研究所主要开展信息通信安全防护的战略性和前瞻性问题研究，加强信息通信新技术新业务评估，为国家主管部门有关网络信息安全发展战略、决策、规范的制定提供强有力的技术支撑。近年来，中国信息通信研究院安全研究所出色地完成国家、政府委托的安全监管支撑重点工作，承担国家大量重大网络信息安全专项科研课题，牵头制定大量国际国内网络信息安全标准规范，对前沿信息安全技术的研究有深厚积累，研究领域涵盖通信网络信息安全、数据安全、互联网安全、应用安全、工业互联网安全、重要通信等各个领域。

# 中国网络空间安全发展报告（2018）
# 编 委 会

# 主编简介

**惠志斌** 上海社会科学院互联网研究中心执行主任，信息研究所信息安全研究中心主任，副研究员，管理学博士，全国信息安全标准化委员会委员。主要研究方向为网络安全和数字经济，已出版《全球网络空间信息安全战略研究》《信息安全辞典》等论著共 4 本，发表《我国国家网络空间安全战略的理论构建与实现路径》《数据经济时代的跨境数据流动管理》等专业论文 30 余篇，在《人民日报》《光明日报》《解放军报》等重要媒体发表专业评论文章近 10 篇；主持国家社科基金一般项目"大数据时代国际网络舆情监测研究（2014）"等国家和省部级项目多项，作为核心成员承担国家社科基金重大项目"大数据和云环境下国家信息安全管理范式与政策路径"和上海社科创新研究基地"网络安全管理与信息产业发展"研究工作；提交各级决策专报 20 余篇，多篇获中央政治局常委和政治局委员肯定性批示，先后赴瑞士、印度、美国、德国等国家参加网络安全国际会议。

**覃庆玲** 中国信息通信研究院信息通信安全研究所副所长，院互联网领域副主席。主要从事电信监管、互联网管理、信息安全等研究，负责和参与了互联网行业"十二五"发展规划、互联网新技术新业务安全评估体系研究、新形势下互联网监管思路与策略建议、基础电信企业考核体系研究、全国互联网信息安全综合管理平台需求设计、重要法律法规制修订等重大课题研究，互联网行业"十二五"发展规划、互联网新技术新业务安全评估体系研究等曾获得部级科技二等奖及三等奖。在互联网行业管理、信息安全等方面有着深厚的积累和深入的研究。

# 摘　要

2017 年以来，人工智能、自动驾驶、区块链、工业互联网等技术飞速发展，美、英等国全球战略发生重大转向，全球贸易和科技面临新竞争格局。由于网络空间承载着技术创新突破、数据资源争夺、国家利益角逐等多重多维职能，网络空间安全的内涵和外延比以往任何时候都丰富，网络空间安全问题的战略价值日益凸显。

对我国而言，网络空间的科学治理和安全保障，不仅决定了我国能否实现从网络大国向网络强国跨越，也是我国国家治理体系和治理能力现代化的重要方面。2017 年以来，我国以习近平新时代中国特色社会主义思想为核心的网络强国战略基本确立，网络安全管理体制机制更趋完善，网络环境治理工作取得阶段性明显成效，以网络空间命运共同体为核心的网络空间国际治理主张不断得到国际社会响应。

《中国网络空间安全发展报告（2018）》延续"网络空间安全蓝皮书"系列主要框架，重点讨论全球治理变革和智能技术创新对网络空间安全的影响。全书分为总报告、风险态势篇、政策法规篇、技术产业篇、国际治理篇、附录（大事记）六大部分。总报告提出，受大国关系等国际现实政治在网络空间投射的影响，各国在网络空间国际治理上的竞合博弈日益错综复杂。我国网络强国建设事业已经步入攻坚期和深水区，我国网络空间治理需要加强系统性、整体性、协同性，更加注重统筹国内国际两个大局，深化国家网络综合治理体系建设，参与全球网络空间治理工作。

各篇章由若干子报告组成，主题包括中国网络治理权、数据管理、数据产权化、个人信息保护监管、数据出境、漏洞挖掘、区块链安全、车联网安全、网络直播生态治理、网络安全产业等；大事记对 2017 年国内外重大网

络空间安全事件进行了回顾扫描。

本报告认为，2017 年以来，全球网络空间发展格局进入变革调整关键时期，打击网络犯罪和恐怖主义、应对网络攻击等传统网络安全领域的结盟与对抗加剧，围绕新兴领域国际规则制定权和主导权的竞争与合作也越发激烈，我国网络空间治理的顶层设计和总体架构基本确立，高速、移动、安全、泛在的新一代网络基础设施建设持续推进，基础性、前沿性、非对称技术创新不断加速，网络化、智能化、服务化、协同化的数字经济新形态蓬勃发展，动态综合、协同高效的网络安全保障能力快速提升，网络空间国际话语权和影响力日益增强。

"网络空间安全"蓝皮书由上海社会科学院信息研究所与中国信息通信研究院安全研究所联合主编，由中国信息安全测评中心、公安部第三研究所、中国现代国际关系研究院、上海国际问题研究院、腾讯公司安全管理部等机构的学者和专家共同策划编撰。本系列蓝皮书旨在从社会科学视角，以年度报告形式，跨时空、跨学科、跨行业观测国内外网络空间安全现状和趋势，为广大读者提供较为全面的网络空间安全立体图景，为推动我国网络强国建设提供决策支持。

# 目　录

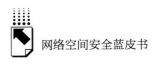
# IV 技术产业篇

# V 国际治理篇

# VI 附录

皮书数据库阅读**使用指南**

# 总 报 告

**General Report**

## B.1

# 全球数字经济浪潮下网络空间安全：
## 全球变局与中国创新

覃庆玲　惠志斌*

摘　要：当今世界正在进入以信息产业为主导的经济发展时期，全球
　　　　数字化浪潮风起云涌。特别是 2017 年以来，全球数字经济加
　　　　速成形，并进入带动传统经济向新经济发展的爆发期和黄金
　　　　期。在数字经济大潮下，网络空间安全也呈现远不同于以往
　　　　的趋势特点，新型网络攻击、隐私泄露、虚假新闻等各类安
　　　　全问题更加突出。网络空间安全已成为事关全球各国和地区
　　　　安全的重要问题。然而，随着网络空间治理逐步深入，各国

---

\* 覃庆玲，中国信息通信研究院信息通信安全研究所副所长，院互联网领域副主席，主要研究
方向为电信监管、互联网管理、信息安全；惠志斌，上海社会科学院互联网研究中心执行主
任，信息研究所信息安全研究中心主任，副研究员，管理学博士，主要研究方向为网络安全
和数字经济。

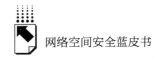

围绕网络空间利益的竞合博弈更趋复杂激烈，各类国际规则制定进程更加曲折反复。中国作为全球网络大国，应积极把握新一轮产业变革和数字经济带来的机遇，主动应对网络空间安全带来的挑战。

**关键词：** 数字经济　网络空间　网络安全

从全球来看，以互联网为代表的新一代数字技术持续创新，与传统产业的渗透融合不断拓展和深化，正经历从局部扩散到全面融合、从量变到质变的过程，世界正在进入以数字经济为驱动的新经济发展时期。2017年第四届世界互联网大会发布的《世界互联网发展报告2017》指出，目前全球22%的GDP与涵盖技能和资本的数字经济紧密相关。数字技能和技术的应用到2020年将使全球经济实现增加值2万亿美元，到2025年全球经济总值增量一半来自数字经济。① 全球主要大国和地区都将发展数字经济作为新时期构建国家竞争优势、实现经济社会可持续发展的核心内容。

在2017年12月中共中央政治局关于实施国家大数据战略的第二次集体学习会上，习近平总书记指出大数据发展日新月异，应该审时度势、精心谋划、超前布局、力争主动，从推动大数据技术产业创新、构建以数据为关键要素的数字经济、运用大数据提升国家治理现代化水平及促进保障和改善民生等方面提出了中国数字化发展道路，并突出强调切实保障国家数据安全。这些重要论述和重大部署，在进一步明确我国加快推进数字中国建设、培育未来数字竞争新优势的战略支点和突破口的同时，对保障网络空间安全提出新任务、新要求。

## 一　全球数字浪潮下网络空间安全趋势与特点

当前，全球数字化、网络化、智能化浪潮深入推进，网络空间安全呈现

---

① 埃森哲：《数字化颠覆：实现乘数效应的增长》，2016年2月。

新态势、新特点。一是交叉融合的数字技术触发网络攻防新范式。量子计算机、虚拟化、区块链等新兴数字技术的发展不断催生出新的网络攻击手段，全球网络攻防对抗的强度、频率、规模和影响力不断升级，网络空间的攻防博弈也呈现不同以往的新特性。从传统的漏洞后门、远程控制、社会工程学发展到利用人工智能技术对抗沙箱、利用暗网技术隐藏攻击身份、利用量子计算机暴力破解高强度加密，甚至是在勒索软件支付赎金环节利用加密货币逃避溯源检测等。二是泛在连接的数字基础设施打破网络空间固有边界。随着泛在接入、无线通信等信息技术快速发展，天地一体的立体化多层次网络覆盖体系逐渐成形，高空长续航浮空平台（如谷歌气球）、多轨道宽带卫星通信网络（如卫星互联网）、全球卫星导航定位系统迅猛发展。同时，工业互联网、车联网、可穿戴设备、智能家居等的普及应用，使联网对象从人人互联到万物互联，以软件为载体的网络功能虚拟化（NFV）和软件定义网络（SDN）技术使网络架构更加简化，为网络资源的充分灵活共享和业务应用的快速开发部署提供了方向。依托泛在通信技术构建的信息网络打破了网络空间固有边界，带来了网络应用形态的持续动态变化，加大了网络信息的不可预测性，给打击网络犯罪、维护网络安全、规制网络服务提供者造成管理和技术上的双重障碍。三是智能交互的数字化应用助长数据资源攫取。数字化应用全面渗透到人类生产生活各个领域，以"互联网＋"为代表的跨界融合新形态，广泛汇聚线上线下各种资源，打通研发、生产、流通、消费等各个环节的信息流，加速数据的跨界流动和融合利用，促进网络数据的集中汇聚、分析和利用。这些存储海量信息的数字化应用平台成为事实上的"信息枢纽"，成为实施数据关联分析和深度挖掘、攫取利益的重要舞台。借助海量数据的实时感知、泛在获取、云端计算、智能挖掘等数字技术的综合集成，国家、企业、组织甚至个人可以便利地通过网络空间获取具有政治、经济、社会等价值的信息。

随着以互联网为代表的数字技术应用与经济社会各领域的融合渗透持续深化，网络空间安全问题逐步上升成为各国关注的焦点议题，其在国家安全领域的战略性价值日益凸显。针对网络安全领域所出现的新问题、新趋势和新风险，各国纷纷出台或更新网络空间战略。作为欧洲数字经济发展的先行者，英国政府在 2017 年 3 月便提出了新时期发展数字经济的顶层设计《数字战略 2017》，并将解决好数字经济背景下的隐私和伦理等问题作为七大战略目标之一。同年 10 月，英国政府又发布了互联网安全战略绿皮书，阐明英国在处理网络危害问题上发挥政府作用的宏大目标，联合志愿组织、科技公司、学校和英国公民等社会各方力量，建立一种协调方式来解决在线安全问题。土耳其政府于 2017 年 9 月对外发布新闻称，为应对日益严峻的网络安全问题和各类全新的威胁挑战，土耳其政府正在着手制定"国家网络安全战略与行动计划"，特别针对跨境数据传输、网络反恐和企业安全职责等新生威胁或新兴问题，开展了系统的规划；哈萨克斯坦政府则于同年 10 月正式批复执行"国家网络安全战略"，即哈萨克斯坦网盾计划，该计划是哈国首次开展建设的一项大型网络安全系统工程，涵盖"政策措施调整"、"基础设施建设"和"国际交流合作"等多项发展任务，旨在有效应对网络空间领域不断加剧的新威胁和新挑战。美国特朗普政府在 2017 年 12 月发布的新版《国家安全战略》（以下简称《战略》）中，将网络空间安全问题提升为国家安全的重要事项。《战略》首次提出了"网络时代"的概念，并首次以单独章节的形式明确了保障美国网络时代安全的目标，突出强调"美国如何应对网络时代的机遇与挑战，将决定其未来的繁荣与安全"，这是美国政府在国家安全文件中第一次确认网络安全的极端重要性。

我国在主动顺应互联网发展大趋势下，经历 20 余年持续快速发展，实现了国内互联网产业从无到有、从小到大的健康发展，取得了令世界瞩目的成果。2017 年，我国网民规模达 7.72 亿，连续 10 年位居世界第一；技术创新能力大幅提升，信息技术发明专利授权数达 16.7 万件，我国创新指数在全球排名上升到第 22 位，是唯一进入前 25 名的中等收入国家，跻身全球创新领导者行列；① 在即时通信、电子商务、移动支付、共享经济等网络应

---

① 摘自国家互联网信息办公室发布的《数字中国建设发展报告（2017 年）》。

用领域形成本土创新优势；一批立足本土创新、具有国际影响力的大型互联网企业迅速崛起，我国成为仅次于美国的互联网大国。更值得一提的是，2017 年我国数字经济规模达到 27.2 万亿元，占 GDP 比重达到 32.9%，总量位居全球第二。① 伴随着我国数字经济发展的高歌猛进，网络空间安全日益成为我国国家安全战略乃至国际合作的重要内容，继 2016 年 12 月发布并实施《国家网络空间安全战略》之后，中国外交部和国家互联网信息办公室于 2017 年 3 月共同发布《网络空间国际合作战略》，这是中国首次就网络问题发布国际战略，是指导中国参与网络空间国际交流与合作的战略性文件。②

全球数字经济大发展背景下，网络空间承载着技术创新突破、数字经济发展、国际竞争角逐等多重多维职能，网络空间安全的内涵和外延比以往任何时候都要丰富，内外因素比以往任何时候都要复杂，种种威胁和挑战的联动、交织、共振、转化效应比以往任何时候都要突出。

## 二 2017年全球网络空间安全总体态势

2017 年以来，各类网络安全事件不断涌现，网络攻击特征变化导致全球网络安全威胁更趋严重，维护网络空间和平稳定的国际治理呼声日益高涨。然而，各国政府参与网络空间治理程度日益加深，大国现实政治与网络空间映射关系不断深化，各方围绕各类治理议题的竞合对抗博弈更趋复杂。与此同时，在数字经济全球化浪潮驱动下，人工智能、区块链、物联网等新兴技术快速兴起，围绕新兴技术领域的国际治理大幕正在开启。

### （一）全球网络攻击呈现全新特征，基础设施面临严峻威胁

2017 年，针对公共卫生、电信网络、交通设施等重点民生领域的全球

---

① 摘自国家互联网信息办公室发布的《数字中国建设发展报告（2017 年）》。
② 《网络空间国际合作战略》，新华网，http://www.xinhuanet.com/2017 – 03/01/c_1120552256.htm，2017 年 3 月 1 日。

性网络安全事件频发，5月WannaCry勒索软件席卷全球，6月FireBall、暗云等病毒持续来袭，7月黑客针对英国关键信息基础设施开展攻击，8月仙女座大规模模块化僵尸网络频现，10月坏兔子勒索软件感染欧洲多国基础设施，11月美国最大的DNS供应商Dyn系统遭遇大规模攻击。相较以往，当前全球范围的网络攻击日益呈现武器化、融合化、智能化的新特征。最典型的事件是WannaCry勒索病毒的爆发，全球150多个国家和地区的30多万台电脑、至少28000余个机构被感染。其中，美国、中国东部和欧洲西部等信息化程度高的国家和地区成为病毒感染的重灾区，受污染领域涉及公共卫生、电信、能源、交通以及政府部门等各类关键信息基础设施。WannaCry勒索病毒所利用的"永恒之蓝"漏洞不仅印证了美国网络武器库的存在，及其巨大的波及范围和潜在破坏力，也侧面反映了网络攻击背后无法忽视的国家行为，网络安全问题的政治化、军事化日益将全球网络空间推入更加危险的境地。同时，WannaCry勒索病毒融合微软操作系统漏洞、木马和蠕虫等攻击方式，并利用暗网技术获得隐蔽通信渠道，通过设置对未注册域名的访问作为后台控制加密和感染传播"总开关"，最终以比特币等加密货币完成对用户的勒索支付，这些融合化、智能化的网络攻击手段不仅起到规避反病毒技术检测、实现快速传播的作用，也有效逃避了对犯罪活动的追溯，达到隐藏攻击者身份的目的。

## （二）网络安全国际规则推进艰难，治理平台博弈日趋复杂

随着网络空间国际治理逐步走入深水区，主要国家围绕网络空间利益的争夺日趋激烈，国际规则制定进程举步维艰。在2016～2017年联合国信息安全政府专家组的最后一次会议上，25个国家官方代表因自卫权、反措施等相关国际法在网络空间适用方面的明显分歧，导致谈判最终破裂，未能就国家主体的网络空间行为规范达成具有共识的成果性文件，这标志着在联合国治理框架下，网络空间治理进程从原则性规范转向具体条款适用的新阶段，由于直接关系到各国在网络空间的核心安全利益，在缺乏有效共识的情况下，达成一致可接受的成果越发艰难。相比于联合国框架下网络空间治理

的曲折受挫，其他国际治理平台与机制却日趋活跃。由荷兰政府和美国东西方研究所组建的全球网络空间稳定委员会，自 2017 年 2 月在德国慕尼黑安全大会上首次亮相以来，已频繁在网络安全冲突年度会议、黑帽大会、DEFCON 大会、全球网络空间会议等国际会议上阐述其治理主张，并于 11 月发布了《捍卫互联网公共核心》倡议，引发国际社会普遍关注。同时，传统国际治理机制也加速向网络空间治理领域延伸拓展。北约卓越防务中心于 2017 年 2 月推出了《塔林手册 2.0》，探索构建包括战时法与平时法的完备网络空间规则体系；3 月，G20 集团财长和中央银行行长会议在德国巴登巴登举行，会议强调信息通信技术的恶意使用可能妨碍金融服务，削弱金融安全和信心，甚至威胁金融稳定，应致力于增强经济和金融韧性；① 4 月，G7 集团发布的《网络空间国家责任声明》提出自愿、非约束的规范标准，以维护网络空间的稳定性与安全性，威胁降低针对国际和平、安全与稳定的风险。

### （三）网络空间国际阵营持续分化，国家之间对抗程度加深

受俄罗斯网络黑客干预多国大选事件的持续影响，美欧等西方国家积极推进网络攻防能力建设，并进一步收紧与俄罗斯等新兴网络国家的网络关系，国家间的网络关系呈现日益对抗态势。2017 年 8 月，美国总统特朗普宣布升级美军网络司令部，成为美军第十个联合作战司令部，其目标是在2018 年 9 月 30 日前建成 133 支具有全面作战能力的网络部队。英国则在其发布的新版《国家网络安全战略》中，突出强调"采取积极的网络防御政策。强化网络攻击能力建设，增强网络威慑"。加拿大也提出了新版国家安全法案草案，着重提出增加开展新型网络攻击与漏洞利用的权限，给予国家安全机构发动先发制人的网络战的权力。与此同时，2017 年下半年以来，美英等国接连针对俄罗斯网络安全企业卡巴斯基实验室出台禁令，要求相关

---

① 《二十国集团财长和央行行长会议在德国巴登巴登举行》，中国财政部官网，2017 年 3 月 20 日。

政府部门清查和删除卡巴斯基实验室各类软件产品，迫使卡巴斯基实验室退出了北美市场。12 月，特朗普政府发布首份《国家安全战略》，进一步明确将俄罗斯（主要对手）、中国（竞争者）、朝鲜（煽动者）和伊朗（挑战者）视为美国网络空间领域的主要敌人，指出上述国家使用恶意的网络攻击进行勒索、信息战或伪造虚假信息，危及民主机制与全球经济体系的信心，并提出要与盟友和朋友一道提高对该类恶意活动的警惕，实行区域化的网络安全战略。作为对美欧等西方国家现有网络空间治理秩序的挑战者，俄罗斯则采取了针锋相对的行动。2017 年 1 月，俄联邦安全会议秘书尼古拉·帕特鲁舍夫宣称，俄罗斯正在打造一个在共同规则指导下规范网络空间责任的国际体系[①]；2 月，俄罗斯国防部部长绍伊古在国家杜马发言时，首次公开承认俄罗斯已组建信息战部队[②]；11 月，俄罗斯联邦安全会议证实其开始建立一个备用的 DNS 系统，拟在 2018 年 8 月 1 日前完成，并覆盖金砖国家，以共同应对西方国家强大的信息战进攻能力。

### （四）国际网络内容治理大幅增强，平台成为关键责任主体

在虚假新闻、暴恐言论和欺诈犯罪等违法有害信息全球蔓延的背景下，美欧等西方国家高度重视网上信息内容治理对维护国家安全和社会稳定的重要性，一改以往对网络言论自由的全面追捧态度，纷纷全面加强了对违法有害信息内容的治理。从 2016 年末到 2017 年中期，美欧等西方国家进入了信息内容安全立法的爆发期，政府部门在网络监控、加密管理等领域的法律授权大幅扩张，网络平台企业在网上非法内容清除、网络数据留存等方面的法律责任全面加强。2017 年中期以来，随着以明确政企权责归属为主的建章立制阶段结束，美欧等西方国家逐步进入了以具体治理实践为主的体制机制建设新阶段。大型网络平台作为各类网络信息汇聚分发的主要节点，日益成为信息内容治理的核心主体，各国纷纷把明确网络平台企业责任作为信息内

---

① 陈婷、武斌：《追求主权原则为核心的信息安全》，《解放军报》2017 年 4 月 18 日。
② 《俄罗斯国防部长首次承认：俄已成立信息战部队》，中国新闻网，2017 年 2 月 23 日。

容治理工作的首要内容。欧盟开展了对脸书、推特、优兔、微软等网络平台企业自我治理成效的调查，并于 2017 年 6 月公布评估结果；2017 年 9 月，欧盟发布对网络公司信息内容治理的指导方针，明确提出企业要设立专门配合执法部门的联络点、引入第三方开展非法内容监控、投资研发非法内容检测技术等。法国立法规定在网上宣扬恐怖主义、极端主义信息的个人可获判4.5 万欧元的罚款和长期监禁。德国《网络执法法》对违反信息内容安全规定的社交平台，可处以最高 5000 万欧元（约合 4 亿人民币）的"天价"罚款。

### （五）关键资源治理取得积极进展，改革之路依然任重道远

在国际社会共同努力下，作为负责在全球范围内对互联网唯一标识符系统及其安全稳定运营进行协调的管理机构，互联网名称与数字地址分配机构（ICANN）于 2017 年终于迈出了国际化改革的实质性步伐。1 月，ICANN 宣布与美国商务部 2009 年签署的承诺确认文件终止，至此，其已完全解除与美政府之间的旧有协议。2 月，ICANN 董事会治理委员会通过改进计划，成立一个新的负责监督 ICANN 问责机制的董事委员会，正式启动赋权社群工作。在改革后的社群问责体系下，ICANN 董事会的权力将受到社群的限制与约束，赋权社群拥有任免 ICANN 董事会成员或重组董事会的权力，并将由此形成以赋权社群为核心的 ICANN 治理体系与问责机制。[①] 但是就目前情况来看，ICANN 职权移交并未实质性改变 ICANN 资源分布和权力分配的不对称性，也远未完成国际社会各方对"多利益相关体"创新机制建设的期待。特别是 ICANN 作为一家在美国加州注册的非营利性单位，受到美国单边司法管辖的状况仍饱受部分欧洲国家和广大发展中国家的质疑。2017年 10 月，巴西、俄罗斯、伊朗等国提出 ICANN 应积极考虑避免受单一国家司法管辖，但美方社群代表认为上述国家的观点属于少数派意见，不应被采纳。这从侧面反映出，在国家利益驱使下，美国在 ICANN 司法管辖权问题

---

① 摘自惠志斌《网络空间国际治理形势与中国策略——基于 2017 年上半年标志性事件的分析》，《信息安全与通信保密》2017 年第 10 期。

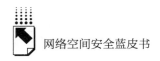
上不太可能做出让步。尽管，各国对 ICANN 免受美国司法管辖的问题达成了基本共识，但配合美国政府工作的美方社群具有强大的决策主导和掌控能力，对 ICANN 司法管辖权改进形成明显的干扰，ICANN 国际化道路依然是一个长期曲折的过程。

## （六）各国数据安全体系建设提速，个人信息保护大幅强化

自欧盟《一般数据保护条例》颁布以来，其宽泛的法律适用范围、强大的数据主体权利、严苛的问责机制，成为引领全球个人信息保护规则升级的重要标杆，并对全球数字经济发展格局、国家间商贸合作模式、企业业务运营方式产生深远影响。各国出于主动捍卫本国数据资源安全、积极融入全球数字经济新秩序等目的，纷纷仿效欧盟，抓紧出台和完善各类数据安全制度。2017 年 8 月，英国发布《新的数据保护法案：我们的改革》报告，提出通过新的数据保护法案来取代实施了近 20 年的《1998 年数据保护法》，以配合欧盟《一般数据保护条例》，进一步强化数字经济时代的个人信息保护，该保护方案文本在 9 月正式公布。11 月，新加坡发布《数据保护管理程序指南》和《数据保护影响评估指南》，为《2012 年个人数据保护法》的实施提供指引。同年，马来西亚发布《个人数据保护（关于传输个人数据至马来西亚境外）命令 2017》；我国发布个人信息保护制度配套的国家标准《信息安全技术 个人信息安全规范》，《个人信息和重要数据出境安全评估办法》和国家标准《信息安全技术 数据出境安全评估指南》相继公开征求意见，对个人数据境内保护和出境管理的原则、工作要求、方法流程等内容进行了细化。[①]

## （七）网络安全产业规模稳步增长，区域格局保持基本稳定

2017 年全球安全产业规模达到 990 亿美元，相较于 2016 年增长 7.9%，产业规模增速有放缓趋势。从区域分布看，发达国家在全球占据主导地位。

---

① 参考黄道丽《全球网络安全立法态势与趋势展望》，《信息安全与通信保密》2018 年第 3 期。

以美国为主的北美地区以高达 400 余亿美元的市场规模以及接近 10% 的年复合增长率①，牢牢控制着全球最大市场份额的地位，其次是西欧，市场规模近 270 亿美元，两者市场份额合计接近 70%。从产业结构看，安全服务和产品的市场份额保持相对稳定。安全服务产业规模接近 600 亿美元，年均增长 9.1%，其中，安全外包市场增长最快，整体规模超过 180 亿美元，其高达 11% 的增长速度成为促进安全服务产业增长的重要驱动力量；安全产品规模接近 400 亿美元，相较 2016 年增速超过 7%，防火墙、终端防护、身份识别与访问控制等类型的产品保持领先的市场份额。从产业活跃度看，信息通信技术革命与产业变革以及安全威胁类型的不断衍化，为安全技术创新演进提供了巨大的内在动力和外部需求。云安全、大数据情报分析、人工智能安全等新兴安全产品和服务逐步落地，自适应安全、情境化智能安全等新的安全防护理念接连出现。与之相应的网络安全创新融资持续活跃，2017 年全球网络安全融资活动超过 200 起，威胁情报、高级威胁分析、数据安全、风险管理、身份识别与访问控制等技术领域备受青睐。② 从具体国家看，以色列网络安全创新名列前茅，吸引了全球 15% 的网络安全创投资金。③

## （八）数字技术创新受到各国重视，各类新兴治理规则涌现

在世界经济增长动能不足、贫富分化日益严重的大背景下，数字技术创新驱动的数字经济异军突起，成为推动全球经济发展的有力引擎，数字经济新规则制定将直接关系各国长远发展利益，围绕人工智能、无人驾驶、物联网、区块链、5G 等新兴领域的安全规则制定成为各国竞争的焦点。美欧等主要国家政府一方面出台促进相关领域发展的战略政策，另一方面加速探索制定与人身保障、社会伦理等相关的安全治理规则，试图为全球数字技术领

①　数据来源：中国信息通信研究院全球网络安全产业地图，http：//119.61.66.226：8080/nsims/world。

②　摘自中国信息通信研究院安全研究所赵爽《借鉴国际经验　以创新为引擎》，《人民邮电报》2018 年 6 月 19 日。

③　数据来源：中国信息通信研究院全球网络安全产业地图，http：//119.61.66.226：8080/nsims/world。

域的治理树立标杆，影响和主导国际安全规则的制定。以人工智能为例，2017 年 2 月，欧盟议会通过全球首个关于制定机器人民事法律规则的决议，要求欧盟委员会提交关于机器人和人工智能民事责任的法律提案；6 月，德国提出全球首个关于自动驾驶汽车的 20 条伦理原则；7 月，韩国国会提出《机器人基本法案》，旨在确定机器人相关伦理和责任的原则；9 月，美国国会众议院通过一部《自动驾驶法案》，纽约州于 12 月通过关于算法问责的法案。与此同时，国际性组织对数字技术引发安全议题的关注持续升温，积极寻求达成新兴领域的国际安全共识。2017 年以来，国际标准化组织（ISO）在成立区块链和分布式记账技术委员会的基础上，加快推进安全隐私、身份认证等区块链重点应用方向的安全标准研制工作。12 月，电气电子工程师学会（IEEE）发布了《人工智能设计的伦理准则（第二版）》，进一步丰富伦理事项来规范人工智能的安全发展。第三代合作伙伴计划（3GPP）组织也投票通过了 5G 第一版标准并如期发布，国际 5G 网络组网规则基本确立。

## 三　2017年中国网络空间安全的主要成就

2017 年，我国以习近平新时代中国特色社会主义思想为核心的网络强国战略思想基本确立，网络安全管理体制机制更趋完善，网络环境治理工作取得阶段性明显成效，以网络空间命运共同体为核心的网络空间治理主张日益深入人心。

### （一）习近平新时代中国特色社会主义思想引领网络强国建设

2017 年 10 月 18 日，中国共产党第十九次全国代表大会在北京隆重召开，习近平总书记做的十九大报告，首次提出了中国特色社会主义进入新时代等一系列重大政治论断，明确把习近平新时代中国特色社会主义思想确立为我们党必须长期坚持的指导思想，全面描绘了决胜全面建成小康社会、夺取新时代中国特色社会主义伟大胜利的宏伟蓝图，为新时代推进网络安全工作和建设网络强国指明了方向。在网络安全形势方面，指出地区热点问题此起彼伏，恐怖主义、网络安全、重大传染性疾病、气候变化等非传统安全威胁持续蔓延，高度概括了当前全球网络空间安全的现状。在国内网络安全治理方面，强调建立网络综合治理体系，营造清朗的网络空间，为发挥网络空间各利益相关方作用、形成网络空间安全治理合力提供了根本遵循。在国际安全合作方面，提出世界正处于大发展、大变革、大调整时期，全球治理体系和国际秩序变革加速推进，深刻揭示了网络空间国际竞合发展的新机遇。总的来看，习近平新时代中国特色社会主义思想为加快推进我国网络空间安全防御能力建设，加快提升我国对网络空间的国际话语权和规则制定权提供了理论遵循和行动指南，必将指导和引领我国网络强国建设不断取得新胜利。

## （二）《网络安全法》正式实施全面加快我国依法治网进程

2017 年 6 月 1 日，我国《网络安全法》正式实施，标志着以《网络安全法》为基石的网络安全法律体系框架初步建立。围绕《网络安全法》明确提出的网络产品设备认证检测、关键信息基础设施安全保护、网络安全审查、重要数据跨境传输、个人信息保护等具体要求，2017 年各类法律、法规、规章的多层级配套制度建设贯穿始终。在行政法规层面，《未成年人网络保护条例（送审稿）》《关键信息基础设施安全保护条例（征求意见稿）》于 1 月和 7 月相继发布，并向社会公开征求意见；在规范性文件方面，4 月《个人信息和重要数据出境安全评估办法》公开征求意见，5 月《网络产品和服务安全审查办法（试行）》正式发布；在网络安全标准方面，《信息安全技术 数据出境安全评估指南》《信息安全技术 个人信息安全规范》《关键信息基础设施网络安全保护基本要求》等大批国家标准进入公开征求意见阶段。伴随《网络安全法》的落地实施，政府部门的网络安全执法力度大幅增加。2017 年以来，工业和信息化部监督抽查重点网络系统和工业控制系统 900 余个，通知整改漏洞 78980 个。仅全国网信部门和公安机关针对互联网企业网络安全问题的公开约谈和行政处罚就接近 20 次，其中腾讯

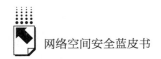
微信、新浪微博、百度贴吧等网民常用的网络应用因违反《网络安全法》遭到了重罚。此外，全国人大常委会还专门成立了执法检查组，于2017年8月至10月对"一法一决定"的实施情况进行了深度检查，督促各涉网管理部门加强网络安全的监督执法工作。

### （三）重拳整治下国内网络环境治理工作成效初步显现

当前，我国全面建成小康社会进入决胜阶段，实现中华民族伟大复兴进入关键阶段，但经济社会发展不平衡、不充分的深层次问题日益突出，各方面风险不断积累并逐步显露。互联网与经济社会各领域的融合渗透持续深化，使得网络空间日益成为映射现实社会问题的窗口。近年来，为营造风清气正的网络空间，我国不断加大互联网网络环境治理力度，并取得了阶段性成效。在打击网络犯罪领域，针对"徐玉玉被电信诈骗"事件，在党中央、国务院的周密部署下，公安部、工信部、中国人民银行等有关部门全面尽职履责，持续强化对电信网络诈骗活动的防范打击工作。公安部统计数据显示，2017年以来，共破获电信网络诈骗案件7.8万起，查处违法犯罪人员4.7万名，同比分别上升55.2%、50.77%；共收缴赃款、赃物价值13.6亿元，止付、冻结涉案资金103.8亿元，阻截、清理涉案银行账户28.5万个，关停涉案电话号码37.1万个，共立电信网络诈骗案件53.7万起，诈骗造成群众经济损失120.1亿元，同比分别下降6.1%、29.1%，初步实现了查处违法犯罪嫌疑人数量明显上升、破案数明显上升、发案数明显下降、人民群众财产损失明显下降的"两升两降"目标。① 在违法有害信息治理领域，全国"扫黄打非"部门先后开展"净网2017""秋风2017""护苗2017"等专项行动，查缴非法有害少儿出版物20万件，及时清理处置"蓝鲸"死亡游戏等有害信息，查办各类"扫黄打非"案件1万余起；关停网站、公众号等违法违规主体6000余个，关闭淫秽色情类网站6万多个，

---

① 摘自《2017年公安打击治理电信网络新型违法犯罪实现"两升两降"》，《法制日报》2017年12月24日。

处置网络淫秽色情等有害信息 450 多万条[①]，为营造风清气正的网络文化环境提供了有力支撑。

## （四）我国网络安全产业规模保持高速增长的良好态势

我国《网络安全法》《国家网络空间安全战略》《"十三五"国家网络安全规划》等一系列重大文件相继发布，为网络安全产业发展开辟了广阔空间。2017 年，国内安全企业发展态势总体向好，14 家主板/创业板上市企业营收增速超过 25.7%，69 家新三板挂牌企业营收增速超过 50%，我国网络安全产业规模达到 440 亿元，相比 2016 年增速超过 27%，年增长率同比提高 6 个百分点，预计 2018 年将达到 540 亿元。从区域分布看，我国网络安全产业集聚效应明显。据不完全统计，2017 年我国共有 2681 家从事网络安全业务的企业，其中北京、广州、上海企业数量最高，分别为 957 家、337 家和 279 家。值得注意的是，江苏、四川、浙江、山东等省份得益于自身信息化发展衍生的网络安全需求和网络安全人才成本比较优势，也呈现持续高速发展势头，省内企业数量均达百余家。从产业结构看，网络安全软硬件产品依然占据需求市场的主导地位，占比超过 74%，安全服务则仅占26%；按照预测、基础防护、响应和恢复的四个阶段划分，基础防护、响应领域企业布局较多，预测和恢复领域相对较少，事前事后能力尚不均衡。从产业活跃度看，物联网智能设备安全保障需求迫切，网络攻防领域以虚拟化为核心的高交互防御技术备受关注，人工智能、机器学习等新技术成为深度安全行为分析的主要助力，这些都极大地驱动了国内网络安全企业的产品创新，2017 年全年新增网络安全企业 189 家，新增网络安全产品超过 364 种。同时，活跃在网络安全产业的投资机构也在持续增长，既有 360、启明星辰等大型安全企业，也有如山资本、基石资本、真格基金等专业创投机构。[②]

---

① 摘自《"净网 2018"处置淫秽色情等有害信息 175 万余条 取缔关闭淫秽色情网站 2.2 万余个》，《法制日报》2018 年 5 月 24 日。
② 摘自中国信息通信研究院全球网络安全产业地图，http：//119.61.66.226：8080/nsims/world。

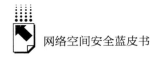

## （五）网络空间命运共同体建设全面引领网络空间国际合作

近年来，习近平总书记利用各类国际场合，主动阐述我国关于网络空间国际治理的基本理念，系统性提出了推进全球互联网治理变革的"四项原则"和构建网络空间命运共同体的"五点主张"，为推进网络空间国际治理工作贡献了中国方案、中国智慧，我国网络空间国际话语权和影响力显著提升。① 在参与国际互联网治理进程方面，2017 年 3 月，经中央网络安全和信息化领导小组批准，外交部和国家互联网信息办公室联合发布《网络空间国际合作战略》，首度为破解全球网络空间治理难题贡献中国方案，提出在和平、主权、共治、互惠四项基本原则基础上推动网络空间国际合作，为我国参与网络空间国际安全合作提供根本遵循；6 月，举办亚欧数字互联互通高级别论坛，牵头形成了体现亚欧会议成员深化数字互联互通合作愿望和建议的成果文件《青岛倡议》。参加 G20 数字化部长会议，参与制定《G20 数字经济部长宣言》《数字化路线图》，共同致力于到 2025 年实现全球所有人接入互联网的宏伟目标。在搭建网络空间国际治理的中国平台方面，2017年 12 月第四届世界互联网大会召开，首次发布《世界互联网发展报告2017》和《中国互联网发展报告 2017》，并在 2015 年《乌镇倡议》和《2016 年世界互联网发展乌镇报告》的基础上形成年度成果文件——《乌镇展望》。同时，我国和老挝、沙特阿拉伯、塞尔维亚、泰国、土耳其、阿联酋等国家在会上共同发起了《"一带一路"数字经济国际合作倡议》，推进实现互联互通的"数字丝绸之路"。同时，深化网络空间国际交流与合作，持续加强中美执法及网络安全对话，聚焦合作，管控分歧②；持续深化金砖国家网络空间合作，发布《2017 年金砖国家网络大学年会郑州共识》；成功举办中阿博览会网上丝绸之路论坛、中国－东盟信息港论坛·电子商务峰会，区域性合作成效日益显现。

---

① 摘自《全面建设网络强国扎实推进网信工作》，《网络传播》2017 年 10 月 28 日。
② 摘自《聚焦合作管控分歧——解读首轮中美执法及网络安全对话》，新华社，2017 年 10 月 7 日。

# 四　加快自主创新推进新时代网络强国建设

当前，网络空间与现实世界的融合渗透持续深化，受大国关系等国际现实政治在网络空间投射的影响，各国在网络空间国际治理上的竞合博弈日益错综复杂，打击网络犯罪和恐怖主义、应对网络攻击等既有网络安全领域的结盟与对抗加剧，同时围绕新兴领域国际规则制定权和主导权的竞争与合作也越发激烈，全球网络空间格局进入大发展、大变革、大调整的关键时期。经过长期奋斗，我国网络空间治理的顶层设计和总体架构基本确立，高速、移动、安全、泛在的新一代网络基础设施建设持续推进，基础性、前沿性、非对称技术创新不断加速，网络化、智能化、服务化、协同化的数字经济新形态蓬勃发展，动态综合、协同高效的网络安全保障能力快速提升，网络空间国际话语权和影响力日益增强。当前，新时代网络强国建设事业已经步入攻坚期和深水区，网络空间治理工作的关联性、互动性明显增强，更加注重治理的系统性、整体性、协同性，更加注重统筹国内国际两个大局，深化国家网络综合治理体系建设，参与全球网络空间治理工作。

1.加快健全我国网络安全治理体制机制

治理网络空间、维护网络安全，体制机制起着根本性、全局性、长远性的作用。只有构建更加成熟完善的体制机制，才能有效发挥治理效力、有效保障网络安全。结合《网络安全法》的实施，应加快网络安全认证和检测、网络实名制、关键信息基础设施保护、数据安全等方面的配套制度和实施细则的出台。在网络安全认证和检测方面，在明确网络关键设备和网络安全专用产品目录的基础上，进一步制定网络安全认证与检测机构认定和管理的规范文件，推动评估评测工作规范化。在网络实名管理方面，细化网络实名登记的内容和范围，细化确保实名登记信息真实的相关主体责任和义务。在关键基础设施方面，加快出台《关键信息基础设施安全保护条例》，明确关键信息基础设施的定义范围，建立我国关键信息基础设施保护名录；抓紧完善网络安全审查和数据出境安全管理制度以及配套管理机制。在数据安全保护

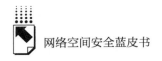
方面，探索出台数据安全法律法规，明确相关部门管理职责，细化相关主体的权利和义务。

2. 持续推进国内网络综合治理体系建设

构建网络综合治理体系既是网络安全和国家安全建设的需要，也是推进国家治理体系和治理能力现代化的重要组成，加快建立完善网络综合治理体系意义重大。应积极构建企业网络安全责任体系，通过制定企业网络安全责任清单等形式，细化企业在安全人员机构配套、公共网络安全巡查、用户举报通报核查、安全事件突发应急处置等方面的责任义务的具体操作性规范；加强对网络安全工作相关责任主体的监督问责，通过构建常态化、多层次的督导检查工作体系，及时发现网络安全问题隐患，依法加大对违法违规企业、用户的惩处力度；强化对新技术、新业务治理的前瞻性布局，做好网络安全风险分析研判与提前应对，同步探索运用人工智能等新兴技术提升治理工作的智能化水平；推进政产学研之间网络安全信息共享与技术交流，积极发挥社会监督举报作用，构建社会监督管理闭环，最终形成党委领导、政府管理、企业履责、社会监督、网民自律等多主体参与，经济、法律、技术等多种手段相结合的综合治网格局。①

3. 全面加强安全技术自主创新能力建设

核心技术是国之重器，网络安全技术作为网络信息技术的重要组成部分，更要深入推进自主创新能力建设。重点强化基础技术研究，突出通用芯片、基础软件、智能传感器等关键共性技术创新，重点研发系统底层安全防护技术，强化安全主动防御能力建设。超前布局网络前沿技术，推进高性能计算、人工智能、量子通信等的研发和商用。大力加强网络攻防能力建设，加大非对称技术、"撒手锏"技术的研发攻关力度。推进网络攻击行为监测发现、痕迹回溯和跟踪分析等追溯技术能力建设，有效支撑网络攻击信息分析和网络安全事件溯源。同时，积极推动政府部门与企业间网络安全技术的

---

① 摘自《习近平在全国网络安全和信息化工作会议上强调敏锐抓住信息化发展历史机遇 自主创新推进网络强国建设》，《中国共青团》2018 年第 5 期。

实质性合作，加强网络安全威胁监测信息共享和联动处置，建立涵盖政府、企业的网络安全技术保障能力评估机制，根据评估评测结果动态调整和优化网络安全保障技术手段建设方向。

4. 大力加强数字技术治理规则研究实践

在新一轮科技创新与产业变革浪潮中，由于数字技术创新引发的"技术转轨"效应，国际规则体系尚未形成，全球治理主导者还没确立，为我国打破旧有网络空间秩序、掌控网络安全治理的主动权提供了广阔空间。在国内，应推进人工智能、区块链、大数据等数字技术前沿领域治理规则方式的自主研究，聚焦机器人法律责任归属、人工智能算法歧视、网络数据过度采集和滥用等核心问题，研究提出法律规制、社会伦理、隐私保护等方面的治理原则与规范；在自动驾驶、智能投顾、共享经济等数字应用先导领域，通过制定国内法律法规制度、推进行业自律协作等方式，明确规范相关主体的权利、义务和责任，探索建立产品研发设计、生产制造、市场投放、运营维护等全环节全流程的网络安全治理机制。在国际方面，密切跟踪全球数字技术领域治理规则制定的动向，加强与 ISO、ITU、IEEE 等全球国际化组织的沟通，积极参与数字技术新兴领域国际规范标准的制定工作，在构建全球数字经济治理体系中贡献中国力量。

5. 持续推进我国网络空间治理国际主张

当前，美国单边主导的全球网络空间格局面临挑战，全球主要国家积极参与互联网治理的主观意识高涨，推进全球互联网治理体系变革已成为国际社会的共识，但随着美国对网络空间主导权的日益重视，中国网络空间综合实力的持续提升，中美两国的网络安全困境仍在持续深化，围绕构建新型网络空间秩序的矛盾冲突日益显现。积极宣传我国网络治理主张，赢得国际社会认同是维护我国网络空间安全和发展利益的重要内容。应主动做好对美国网络空间对抗行动的提前应对，充分利用 WTO 等国际规则的保护和争议解决机制，充分借鉴发达国家外资审查、出口管制、政府采购、侵权调查等制度，研究和储备相应的反制措施。同时，继续高举习近平总书记阐述的"四项原则""五点主张"这面旗帜，务实推进我国与他国在网络空间方面

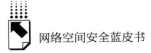
的深度交流与合作。在坚守我国自身立场的前提下，持续推动全球互联网治理体系变革和打击网络犯罪、恐怖主义的国际合作。不断加强与金砖国家及其他发展中国家在网络安全领域的交流合作，帮助和动员相关国家在维护网络主权和网络空间稳定等方面积极表达自身诉求，进一步团结相关国家，在政治、外交和道义上保持主动，共同维护各国在网络空间领域的主权、安全和发展利益。

# 风险态势篇

## Risk and Situation

# B.2
# 2017年网络空间安全态势

刘洪梅　张　舒*

摘　要：　2017年，全球网络空间遭遇了巨大的安全挑战。国家型黑客
　　　　　攻击事件频发，针对关键基础设施与物联网的攻击接连不断，
　　　　　勒索软件肆意泛滥，数据泄露越发严重，网络攻击威胁纷繁
　　　　　复杂，网络安全领域的各类新风险和新挑战此起彼伏。中国
　　　　　仍是全球网络安全的焦点和重心，面临的信息安全形势依然
　　　　　严峻，相关态势值得我们高度重视。

关键词：　网络空间　信息安全　网络安全

* 刘洪梅，中国信息安全测评中心副研究员，主要研究方向为信息安全态势与战略研究；张舒，
中国信息安全测评中心副研究员，主要研究方向为信息安全态势与战略研究。

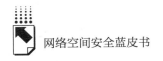
# 一 全球网络空间安全新形势

2017 年，网络攻击威胁纷繁复杂，敲诈勒索软件危害波及全球。面对网络安全领域的各类新风险和新挑战，世界各主要国家纷纷开启网络治理升级模式，不断优化顶层设计、突出核心职能，并谋求攻防能力的对位建设，力图在网络空间治理问题上赢得战略先机和时代主动权。①

## （一）世界各国网络空间顶层设计持续升级，推动网络空间立法向细分领域纵深推进②

网络安全顶层设计一直是世界各主要国家安全治理工作的重中之重。2017 年，针对网络安全领域所出现的新问题、新趋势和新风险，各主要发达国家开始深入研究、细致调研，不断加强顶层设计。一方面，各国纷纷出台或更新网络空间战略。3 月，中国外交部和国家互联网信息办公室共同发布《网络空间国际合作战略》，这是中国首次就网络问题发布国际战略，是指导中国参与网络空间国际交流与合作的战略性文件③；9 月，土耳其政府对外发布新闻称，为应对日益严峻的网络安全问题和各类全新的威胁挑战，土耳其政府正在着手制定"国家网络安全战略与行动计划"，特别针对跨境数据传输、网络反恐和企业安全职责等新生威胁或新兴问题，开展了系统的规划；10 月，哈萨克斯坦政府正式批复执行"国家网络安全战略"，即哈萨克斯坦网盾计划，该计划是哈国首次开展建设的一项大型网络安全系统工程，涵盖"政策措施调整""基础设施建设""国际交流合作"等多项发展任务，旨在有效应对网络空间领域不断加剧的新威胁和

---

① 《网络空间国际合作战略》，新华网，http：//www. xinhuanet. com/2017 - 03/01/c _
1120552256. htm，2017 年 3 月 1 日。

② 刘洪梅、张舒、磨惟伟：《2017 年国际信息安全总体态势》，《中国信息安全》2018 年第 1
期。

③ 《网络空间国际合作战略》，新华网，http：//www. xinhuanet. com/2017 - 03/01/c _
1120552256. htm，2017 年 3 月 1 日。

新挑战；12月，特朗普发布任内首份《国家安全战略报告》，申明将"保护关键基础设施""严惩网络恶意行为者""增强美国网络能力"等作为特朗普政府在网络空间领域的努力方向，整体提升美国应对、处置网络威胁的能力。

另一方面，各国及时对自身网络安全法律法规中不适宜的地方进行修订调整和优化完善，使其更符合本国发展实际需要、时代发展客观需求。1月，欧盟出台新隐私法草案，表示新规不仅能让互联网用户实现对个人隐私更多的掌控权，同时还将让欧盟电子隐私法律的适用范围扩大至电信运营商范畴，通过法律措施的优化升级实现加强企业监管和保护公民隐私权利的双重目的。同月，韩国政府向国会正式提交《国家网络安全法案》，迈出了国家安全工作向网络安全领域优化升级的关键一步。[①] 韩国现行的网络安全治理体系主要依据的是《国家网络安全管理规定》，但该规定仅属于总统训令形式的行政规则，并非国会制定的法律，而且只规定行政、立法、司法等政府部门的职责，未将民间领域的网络安全管理涵盖其中。新法案建立了国家网络安全推进、预防和应对的立体机制，提升了网络安全管理机构层级[②]，有效提高了网络安全治理水平。5月，特朗普总统签署名为《增强联邦政府网络与关键性基础设施网络安全》的行政令，从联邦政府、关键基础设施和国家安全三个领域规定了美国即将采取的加强网络安全保障的具体举措，从而优化美国网络空间安全顶层设计。7月，新加坡公布了一份新网络安全法规草案。长期以来，新加坡一直是全球遭受网络攻击最为严重的国家之一，但过去的监管法案对新加坡国内关键基础设施的保护力度略显不足，为扭转被动局面，新加坡政府及时出台新草案，其关键组成部分就是针对国家关键基础设施所有者进行有效监管，以法律的手段强制相关行为体定期开展网络安全风险评估，严格遵守网络安全业务守则。

---

① 《网络空间国际合作战略》，新华网，http：//www.xinhuanet.com/2017 - 03/01/c_1120552256.htm，2017年3月1日。

② 《网络空间国际合作战略》，新华网，http：//www.xinhuanet.com/2017 - 03/01/c_1120552256.htm，2017年3月1日。

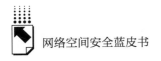
### （二）世界各国网络空间领域的互动合作日趋增多，旨在共同捍卫网络安全国家利益

2017 年，世界各主要国家网络联盟越发紧密，在网络空间安全防御、网络空间技术创新、执法与打击网络犯罪等方面不断深化合作。3 月，德国和日本政府通过了《汉诺威宣言》，表示双方将共同推进在物联网（IoT）和人工智能（AI）等尖端技术领域的标准制定与科研攻关，确保两国在未来网络技术创新潮流中能继续保持国际领先优势。6 月，欧盟理事会宣布推出"网络外交工具箱"联合框架，标志着欧盟 28 国就联合对抗国家支持型黑客行动达成协议，这意味着未来欧盟各国将以联合实施经济制裁、禁止入境旅游、冻结资产等方式共同应对网络黑客活动，这也标志着网络空间的西方阵营已逐渐成形。同月，美国和以色列宣布建立新型网络安全合作关系，成立双边网络工作组，就彼此共同关心的关键基础设施保护、前沿技术研发、网络安全国际交流与人才互动等议题深化合作，此次美以新型网络安全合作关系的构建是对双方过去十年间在网络空间领域合作关系的一次全方位升级。10 月，首届中美执法及网络安全高级别对话在美国举行，在这次极具历史意义的合作对话中，中美双方表示未来将进一步改进与对方的协同配合，及时分享网络诈骗、黑客犯罪、网络暴恐和网络色情等违法犯罪行为的相关线索和信息，对涉及网络违法事件的刑事司法协助请求及时做出回应；同意保留并用好已建立的热线机制，根据实际需要，就涉及的紧急网络犯罪和与重大网络安全事件相关的网络保护事项，及时在领导层或工作层进行沟通；同时，中美还明确了要围绕网络空间国际规则的修改与制定，构建更高层次、更加聚焦的对话机制，以推动中美两国构建新型网络大国关系。11 月，北约在爱沙尼亚举行代号为"网络联盟"的全球最大规模网络防御演习，此次演习的核心任务是强化网络攻防能力训练，内容包括：针对基础设施的恶意软件攻击，涉及社交媒体的混合挑战，应对电脑网络、移动通信网络和各类军用控制系统的攻击以及模拟电网系统、无人机、

军事指挥和控制系统等场景的网络攻防训练，从这次大规模网络联盟行动中可以看出，北约在不断加强各成员国和伙伴国应对网络攻击和联合防御的能力建设，未来其网络战应对策略将由防御转向反击，进而对潜在对手形成强力震慑，确保北约在未来网络攻防博弈战中立于不败之地。①

### （三）网络安全威胁挑战肆虐全球，关键基础设施和重要敏感行业频遭重创

2017年，黑客分子通过盗取美国的"网络武器"制造新型勒索软件肆虐全球。网络武器的泄露扩散使关键基础设施成为网络攻击的侵害重点，各国关键基础设施和重要敏感领域均深受其害。网络武器的泄露扩散致使网络攻击逐渐呈现目标泛化、手段翻新化、危害严重化和影响全球化等特征。5月，勒索软件WannaCry在全球范围内大规模爆发，150多个国家和地区超过30万台电脑感染此病毒，教育、医疗、电力、能源、银行、交通等多个行业受到攻击，同时互联网个人用户也深受其害，严重威胁全球互联网安全。WannaCry主要利用了美国国家安全局漏洞利用程序"永恒之蓝"，它是美国军用级别的"网络武器"，可将恶意程序高效扩散至互联网，危害性极高；但在4月却被黑客组织"影子经纪人"在互联网上披露，致使攻击者以低成本的方式成功开发高危害性的勒索病毒肆虐全球。6月，Petya勒索病毒在乌克兰爆发，该病毒最早攻击了乌克兰政府，后蔓延至乌克兰银行、国有能源公司、邮政系统、地铁系统、航空机场和最大的电信公司，美、英、俄、德、荷等国的敏感行业设施也遭受不同程度的网络攻击，其负面影响扩散至全球。同月，美国国土安全部（DHS）与联邦调查局（FBI）联合发布二级黄色预警，称自5月起，有黑客持续试图渗透美国和其他国家的核电站、制造工厂与能源设施，黑客的目的是通过

---

① 《网络空间国际合作战略》，新华网，http：//www.xinhuanet.com/2017－03/01/c_1120552256.htm，2017年3月1日。

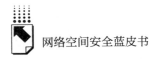

入侵能源关键基础设施中安全性较低的小型网络，最终进入核心系统实施操纵破坏活动。①

### （四）网络科技巨头的政治影响力大幅提升，政府不断深化同网络安全企业的战略合作

随着网络科技企业尤其是信息安全企业影响力的不断扩大，各国政府积极着手将信息安全企业的优势力量收入旗下，为其所用。美国总统特朗普自上台初期就组建了"网络安全企业家团队"，由前纽约市市长朱利安尼负责，该团队旨在强化政企网络安全合作，为美国政府和私营企业创建沟通互动的平台，同时会定期召开企业家会议，向特朗普总统介绍网络安全问题并就解决方案建言献策。3月，美国国家标准及技术研究所（NIST）提出了一个名为"态势感知"的网络安全计划，该计划要求美国能源企业与政府通力合作，收集和共享网络威胁态势数据，发挥安全企业在态势感知方面的技术优势，进而强化政企合作，共同对抗网络攻击威胁。与此同时，各国政府还进一步从政策、人才和资金等多个方面全面扶持网络科技企业的创新发展，力图通过科技企业的成长壮大巩固自身在网络空间领域的优势地位。2月，美国能源部出资400万美元，鼓励国内四家网络安全公司开发新技术，这项400万美元的联合研发项目将由Veracity安全智能公司、Schweitzer工程实验室、Ameren公司和Sempra能源公司共同承担，旨在通过资金扶持和科研攻关的方式保护美国电力供应系统免遭黑客攻击。4月，新加坡贸工部表示，新加坡将在2017年第三季度启用中小企业数码科技中心，为中小企业在网络安全和数据分析方面提供免费一对一的咨询服务，进而帮助中小企业改善供应链管理、库存和资产追踪等经营管理问题，并协助中小企业选择符合自身需要的科技解决方案。从全球趋势来看，世界各主要国家政府通过政策、资金、人才等多管齐下的扶持方式，帮助网络创新企业和骨干龙头企

---

① 《网络空间国际合作战略》，新华网，http://www.xinhuanet.com/2017 - 03/01/c _ 1120552256. htm，2017年3月1日。

业在互联网领域站稳脚跟、发展壮大，最终为国家综合实力的稳步提升奠定牢固基础。①

### （五）世界主要国家或地区动态

1. 美国网络与信息安全态势

2017 年，美国一方面通过机构调整、网络部队升级、技术创新和公私协作等措施，不断增强自身网络攻防能力；另一方面通过强化同盟合作关系，进一步巩固其在网络空间中的优势地位。

（1）战略层面：不断增强网络安全防御和攻击能力，积极捍卫网络空间安全

重视与保护网络空间资源。2017 年 5 月，特朗普签署网络安全行政令，从联邦政府、关键基础设施和国家安全三个领域规定了美国即将采取的加强网络安全的措施，随后，美国国家标准与技术研究院（NIST）、美国国家基础设施顾问委员会（NIAC）等先后发布指南草案和报告等以提供指导和建议。12 月，特朗普发布《国家安全战略》，力推"美国优先"论，并承诺保护电力和通信电网免遭电磁攻击。该报告涉及旨在改善国家网络安全方法的行动纲要清单，具体包括：投入资源以提升实现网络攻击归因的能力，确保有能力做出快速反应；努力改善美国政府已经严重老化的 IT 基础设施；"吸引、培养及挽留"各政府机构与部门网络安全专业人员队伍。除此之外，美国国会议员还提议推出针对金融网络安全的法案、无人驾驶车辆网络安全法案以及物联网设备安全法案。

加大关键信息基础设施安全性建设投资力度。2017 年 9 月，美国能源部（DOE）表示计划向 DOE 国家实验室投资 5000 万美元支持早期研究和下一代工具与技术的开发，以提升国家重要能源设施的安全弹性，这些设施包括电网、石油和天然气设施。美国能源部还发布了 20 个网络安全项目，这些项目

---

① 《网络空间国际合作战略》，新华网，http://www.xinhuanet.com/2017 – 03/01/c _ 1120552256.htm，2017 年 3 月 1 日。

都将研发创新型、可扩展和具有成本效益的网络安全方案提升国家电网、石油和天然气设施的可靠性和弹性。10 月，美国联邦能源管理委员会（FERC）提出新网络安全管理控制措施，以增强国家电力系统的可靠性与弹性。此外，美国能源部已投入数百万美元的资金开发区块链网络安全技术，以保障电网上分布式能源的安全。同月，美国国土安全部联合选举协助委员会、全国秘书服务协会以及全国各州和地方选举官员就"选举系统基础设施"召集首届政府协调理事会（GCC），旨在共享威胁信息、推进风险管理工作。

大力推进网络空间攻防力量建设。2017 年 2 月，美国空军装备司令部成立新部门，旨在诊断并解决网络入侵和攻击，以此保护武器系统。新成立的部门为"武器系统网络弹性办公室"（CROWS），其任务是分析武器系统中存在的漏洞，并解决包括入侵、恶意活动或网络攻击在内的潜在问题。5 月，美国空军下辖的 39 支网络使命部队全部实现初步作战能力，这些部队同时也是国防部长办公室总计 133 支网络安全力量的组成部分。根据五角大楼方面发表的声明，各支队伍将在 2018 年底之前实现最终作战能力。6 月，美国空军第二十四联队指挥官兼美国空军网络司令部司令克里斯托弗·韦格曼将军介绍，美国空军目前正加紧建设总计 39 支新型网络使命部队，其将分别负责新型网络作战手段、攻击技术以及安全规程等事务的制定与实施工作。

（2）战术层面：加大网络安全财政支持力度，持续调整执行机构和职能

增加网络安全财政预算。美国在 2018 财年预算案中增加了国土安全部在网络防御方面的资金，共为国土安全部网络操作申请了 9.71 亿美元预算，其中，国家网络安全和通信整合中心的预算增加了 4920 万美元，用于为政府机构提供额外的网络安全支持，确保高价值联邦系统的安全性；国土安全部的"持续诊断与缓解"项目预算资金为 2.79 亿美元，比 2017 财年预算增加约 400 万美元；另有 3.972 亿美元用于名为"爱因斯坦"（Einstein）的国家网络安全保护系统，该经费相比 2017 财年预算中的 4.711 亿美元大幅下滑。2018 财年司法部网络方面的预算也有所增加，增加了 4150 万美元，用于资助

20项额外的联邦调查局（FBI）代理、改进网络项目和高速网络；司法部另申请额外的2160万美元和1970万美元，分别用于应对针对FBI调查的"防搜"加密和打击内部威胁及外国情报部门窃取联邦政府情报。

提升网络部队级别。2017年2月，美国空军装备司令部成立新部门以保护武器系统免受网络攻击；3月，空军表示将运用"现实－虚拟－推定"技术把陆、海、空、天、网等领域的力量融合在一起。5月，美军将增建网络作战预备军，以应对黑客对美国各部门网络系统的威胁。特朗普于2017年8月宣布把战略司令部旗下的"网络司令部"升级为与战略司令部同级的联合作战司令部，此举旨在强化应对能力。特朗普18日下达指示，要求国防部部长马蒂斯推荐担任新网络司令部司令的人选。参议院批准总统提名后，该部队将正式升级。新网络司令部独立之后，意味着互联网将成为与空中、陆地和海洋类似的"战场"。

开展创新型网络安全规划。2017年2月，美国总务管理局（GSA）技术改革服务部启动漏洞悬赏计划以提高系统安全性。美国国防部通过安全漏洞披露平台HackerOne运营三大漏洞悬赏计划（"黑进五角大楼"——Hack the Pentagon，"黑进陆军"——Hack the Army，"黑进空军"——Hack the Air Force）以推动这项工作。美国总务管理局（GSA）也宣布启动漏洞悬赏计划。7月，美国陆军开展了为期一个月的"网络探索"演习，旨在评估陆军士兵检测异常和探索网络寻找证据的能力。美国陆军网络卓越中心总司令约翰·莫里森表示，虽然目前对许多未来高科技攻击不甚了解，但此次训练的重点在于为技术变革的快速步伐做好准备，并准备适应潜在对手。8月，美国国防部与卡耐基梅隆大学联合启动Voltron计划，旨在发挥尖端人工技术在军事软件漏洞挖掘中的作用。

（3）能力建设：提倡政企合作，重视人才队伍建设

政企联合共同实施网络保护。2017年2月，美国国土安全部表示已筹集近100万美元资金，计划为五家互联网网络安全初创企业提供竞争性奖励。3月，美国众议院通过了《网络安全框架》法案，为运营关键基础行业的公司制定一系列灵活的资源准则，以评估和管理其网络安全风险。另外，

收集网络活动的实时数据也可以帮助能源公司向外部团体展示其信息安全标准，并且是符合相关规定的。8月，国土安全部与社交媒体巨头等合作，共同打击网络暴力极端主义。9月，NIST 发布《数据完整性：从勒索软件和其他破坏性事件中恢复》指南，目标是帮助企业迅速从勒索软件攻击事件中恢复过来，并管理企业风险。

强化人才队伍建设工作。2017年1月，特朗普宣布，将就网络安全组建一个由企业家组成的团队，定期召开企业家会议，向特朗普介绍网络安全问题和解决方案。特朗普发表声明说，鉴于网络安全问题随时有变，政府的安全计划需要"即时关注"和"私营部门领导人的投入"，许多私营企业与美国政府及公共机构面临着相似的网络安全挑战，如黑客入侵干扰、数据和身份遭窃、人为网络操控及保障信息技术基础设施安全等，特朗普将定期主持会议并听取企业高级管理人员介绍应对网络安全问题的举措及经验教训。[①] 8月，美国国家标准与技术研究院发布《网络安全人才框架》，旨在支持机构组织发展和维持有效的网络安全人才队伍。

2. 俄罗斯网络与信息安全态势

在全球信息化迅猛发展的时代，信息安全问题给国家和军队带来了日益严重的威胁。[②] 俄高层非常重视信息安全建设，坚持从自身的国情、军情出发进行战略统筹和顶层设计[③]，完善法规体系，构建保障系统，谋求技术支撑，打造网络安全有效防护机制。

（1）战略层面：认真贯彻《信息安全学说》战略思想，采取一系列措施保障网络空间安全

2017年5月，俄罗斯联邦安全会议秘书尼古拉·帕特鲁舍夫表示，俄罗斯政府正在采取一切必要措施，以保障俄罗斯互联网信息安全。7月，俄

---

① 《特朗普宣布将组建网络安全企业家团队》，新华网，http：//www. xinhuanet. com/world/2017 –01/13/c_ 1120304074. htm，2017 年 1 月 13 日。

② 《频频出招，俄罗斯大力加强信息安全建设》，中国军网，http：//www. 81. cn/gjzx/2017 –05/19/content_ 7609730. htm，2017 年 5 月 19 日。

③ 《频频出招，俄罗斯大力加强信息安全建设》，中国军网，http：//www. 81. cn/gjzx/2017 –05/19/content_ 7609730. htm，2017 年 5 月 19 日。

罗斯议会上院通过了一揽子政府法案，并最终形成法律，以保护关键信息基础设施免遭网络攻击。9月，俄罗斯法律信息网站发布了一份草案文件，其中指出，俄罗斯联邦安全局（FSB）可能会负责国家的网络攻击检测与管理系统。此外，这份草案还包含一项重要提议，即修正2013年颁布的相关法令，增加总统针对俄罗斯数字资源而采取网络攻击检测、防御措施的内容。10月，俄罗斯总统普京在联邦安全会议上指出，网络安全对俄罗斯具有战略意义，事关国家主权和安全、国防能力和经济发展，应努力提高网络安全水平。①

（2）战术层面：强化关键基础设施安全保护制度，谨防信息泄露和重大损失

俄罗斯联邦安全会议副秘书奥列格·赫拉莫夫表示，俄罗斯关键信息基础设施并未因 WannaCry 病毒遭受重大损失，他指出："为有效保障本国关键信息基础设施，按照俄联邦总统令，正逐步建成发现、预警和消除俄联邦信息资源受网络攻击后果的国家系统。有赖于这个国家系统，俄罗斯得以避免重大损失。关键信息基础设施做好了抵御该病毒大规模传播的准备。"2017年7月，俄罗斯国家杜马第三次审议并最终通过了《关键信息基础设施安全法案》，确立了关键信息基础设施安全保障的基本原则，涉及各个主体的权利、义务及责任和主管权力机构以及如何确定关键信息基础设施等内容。该法案的出台对国际网络空间安全亦具有重要意义。

（3）能力建设：鼓励互联网企业跨境合作，规范信息产业监管

俄罗斯第一大搜索引擎 Yandex 和打车应用鼻祖 Uber 组成的合资公司计划 2019 年上半年上市。Yandex 首席财务官格雷格·阿布沃斯基日前出席摩根士丹利在西班牙巴塞罗那举行的 TMT 会议，他在会议间隙接受采访时表示，Yandex 和 Uber 组成的打车应用合资公司最有可能在美国上市。5月，俄联邦电信、信息技术和大众传媒局以违反信息技术和信息安全相关法律为

① 《普京：网络安全具有战略意义》，新华网，http：//www.xinhuanet.com/world/2017 - 10/27/c_ 1121865749. htm，2017 年 10 月 27 日。

由将微信海外版列入了被禁名单，由加拿大 RIM 公司推出的黑莓手机社交平台 BlackBerry Messenger，以及由韩国互联网集团 NHN 日本子公司推出的通信软件 LINE 等，也纷纷被禁。[①] 这一系列措施看似突然发力，实则是俄罗斯对信息安全监管的常态，不仅反映出俄在信息安全方面的重视程度之高、建设力度之大，也体现出其在信息安全系统建设上的不俗实力。[②]

3. 欧洲网络与信息安全态势

随着网络空间安全态势日益复杂，欧盟将网络犯罪和网络攻击视为其面临的主要安全挑战之一。各成员国一方面加强对本国信息和数据安全的保护，另一方面积极推进欧盟内部的协作、互助以及全球范围内的交流、合作。

（1）战略层面：明确网络安全战略地位，深化网络威胁应对策略

2017 年 1 月，欧盟委员会发布的安全事务进展报告中指出，网络犯罪、网络攻击是欧盟面临的主要安全挑战之一。[③] 这份报告主要关注欧盟在信息互通、对恐怖袭击"软目标"的保护、应对网络威胁和个人数据保护等四个关键领域取得的进展。同月，欧盟委员会提议制定《隐私和电子通信条例》，以加强电子通信隐私保护，并开拓新的商业机会，确保数字单一市场的信任与安全。5 月，欧盟委员会发布单一数字市场战略中期评估报告，强调欧洲议会和各成员国应重视相关立法，希望能在 2018 年完成这一战略。[④] 9 月，欧盟委员会公布了一系列旨在增强成员国网络攻击响应能力的计划，其中包括建立一个新的情报共享机构、举行网络战培训和演习、创建覆盖欧盟范围的网络安全认证系统等。

---

① 《频频出招，俄罗斯大力加强信息安全建设》，中国军网，http://www.81.cn/gjzx/2017 – 05/19/content_ 7609730. htm，2017 年 5 月 19 日。

② 《频频出招，俄罗斯大力加强信息安全建设》，中国军网，http://www.81.cn/gjzx/2017 – 05/19/content_ 7609730. htm，2017 年 5 月 19 日。

③ 《欧盟安全事务报告将网络威胁列为主要挑战》，新华网，http://www.xinhuanet.com/ world/2017 –01/26/c_ 129461273. htm，2017 年 1 月 26 日。

④ 《欧盟希望 2018 年实现单一数字市场》，新华网，http://www.xinhuanet.com/world/2017 – 05/11/c_ 1120955119. htm，2017 年 5 月 11 日。

（2）战术层面：联合应对网络威胁，推进网络安全态势感知共享

2017 年 4 月，部分欧盟国家和北约国家签署协议，在赫尔辛基建立一个应对网络攻击、政治宣传和虚假信息等情况的研究中心。这座研究中心将集结来自各个成员国的网络专家，并将以增强应对提高混合网络威胁以及在混合威胁中被利用的网络漏洞的意识为目标。6 月，欧盟 28 国集团就如何惩治黑客达成协议，今后将共同惩治黑客。欧盟理事会宣布推出"网络外交工具箱"联合框架，以指导盟国统一应对恶意网络活动。欧盟官员表示，欧盟成员国将根据具体情形决定应采取的应对措施，以此推进态势感知共享、信息共享和高效的决策制定。欧盟成员国应根据"网络外交工具箱"，制定追踪网络攻击归因的程序。欧盟成员国本着自愿原则使用该框架，任何集体响应将需要欧盟成员国支持。

（3）能力建设：加大打击网络犯罪资金投入，积极应对网络攻击

2017 年 6 月，欧盟开始资助一个叫作 TITANIUM（调查地下市场交易的工具）的新联盟，开展为期 3 年、耗资 500 万欧元的项目，以找到阻止涉及虚拟货币以及地下黑市的犯罪行为和恐怖主义行为的解决方案。[①] 此外，该项目联合负责人表示，跟虚拟货币、暗网市场相关的犯罪行为和恐怖主义活动正在快速进化，并且他们所使用的技术复杂程度深化、对外界变化的适应能力强化，目标也开始变得丰富。为此，他们希望通过建立这样一个联盟来找到不需要侵犯公民隐私的调查方法以及能够发现常见非法交易、反常现象和洗钱的工具。

4. 亚洲地区网络与信息安全态势

亚洲国家的网络空间发展不平衡，但都面临着复杂且多样化的网络安全问题。为了解决这些问题，亚洲各国一方面提高网络安全防御能力，保障基础设施网络安全；另一方面在国际上寻求与多个国家、国际组织建立网络安全合作机制。

---

① 《欧盟资助 TITANIUM 联盟阻止犯罪分子使用区块链技术》，cnBeta. COM，https：//www. cnBeta. com/articles/tech/619545. htm，2017 年。

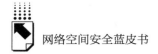

（1）战略层面：强化网络安全战略总体部署，增强网络统一指挥能力

2017 年 7 月，日本政府在首相官邸召开由官房长官菅义伟亲自挂帅的网络安全战略总部会议，为修改力争确保互联网环境安全的《网络安全战略》汇总了中期报告。[①] 报告称，将在 2018 年度结束前后成立政府指挥中心，应对瞄准 2020 年东京奥运会和残奥会的网络攻击。12 月，日本政府决定在防卫省和自卫队内部新设具备统一指挥太空、网络空间和电子战部队的司令部职能的高级部队。据有关人士透露，这次新设的高级部队与陆上总队是同一级别，统一管理太空、网络和电子战的各专门部队。[②]

（2）战术层面：实施网络攻击对策演习，提升网络安全攻防能力

2017 年 1 月，日本政府表示将实施设想 2020 年东京奥运会和残奥会期间发生网络攻击的对策演习。[③] 为尽可能模拟实际的赛事运营，演习计划使用数千人规模的全球最大级别虚拟网络环境以梳理出存在的问题。除东京奥组委之外，民间 IT 企业也将参与其中。演习将在名为"网络斗兽场"的虚拟环境中展开，参加者分成攻击和防御两组进行对战，假设奥运官网、网络票务系统及赛场的 WiFi 等受到攻击，双方展开攻防战。此外，其还将培养能发现攻击方弱点并发起反击的"正义黑客"。于日本总务省下辖的信息通信研究机构（NICT）的实验设施（石川县能美市）构建了虚拟环境。为迎接东京奥运会，该环境将在今后的演习中加以利用。[④]

（3）能力建设：增加网络安全人才储备，继续拓展国际合作

2017 年 3 月，日本政府举行竞赛活动，旨在发掘并培养精通计算机、

---

① 《日本政府就网络安全开会，将成立指挥中心迎奥运》，中国网，http：//news. china. com. cn/world/2017 - 07/14/content_ 41214163. htm，2017 年 7 月 14 日。

② 《日本政府就网络安全开会，将成立指挥中心迎奥运》，中国网，http：//news. china. com. cn/world/2017 - 07/14/content_ 41214163. htm，2017 年 7 月 14 日。

③ 《防范黑客，日本政府将实施奥运网络攻击对策演习》，新华网，http：//www. xinhuanet. com/world/2017 - 01/05/c_ 129433527. htm，2017 年 1 月 5 日。

④ 《防范黑客，日本政府将实施奥运网络攻击对策演习》，新华网，http：//www. xinhuanet. com/world/2017 - 01/05/c_ 129433527. htm，2017 年 1 月 5 日。

能抵御黑客攻击、保护信息系统安全的"正义黑客"人才。① 6月，日本政府启动了一个新项目，该项目由日本信息通信研究机构"国家网络训练中心"实施，以培养能对抗网络攻击的高尖端年轻技术人员为目的，参与者年龄最小的仅10岁。此外，3月，日本启动对东盟六国（柬埔寨、印尼、老挝、越南、菲律宾、缅甸）的网络安全培训项目，以加强双方在网络安全方面的合作；10月，日本与东盟在菲律宾马尼拉举行了网络安全演习，以提升其应对针对性网络威胁的紧急处理能力和网络防御水平。

## 二 我国网络空间安全新挑战

2017年，网信事业蓬勃发展，网络安全工作迎来新局面，各领域均取得了积极成效。与此同时，我国所面临的网络空间安全形势依然严峻，仍处于外有欧美等强国比肩较量，内有后门漏洞不断涌现的不安局面。美国视我国为主要网络威胁国，国内仍处于核心技术受制于人、产业存有差距、攻防两端皆不精湛、网络安全事件频发的现状。②

### （一）国家关键信息基础设施安全防护能力有待进一步提升

2017年6月1日《中华人民共和国网络安全法》正式生效，其中第三章"网络运行安全"的第二节为"关键信息基础设施的运行安全"，在我国立法中首次明确规定了关键信息基础设施的定义和具体保护措施。这些规定贯彻了习近平总书记的重要讲话精神和《国家安全法》的相关重要规定，对于切实维护我国网络空间主权与网络空间安全具有重大而深远的意义。③在保护个人信息、治理网络诈骗、保护关键信息基础设施、实施网络实名制

---

① 《日本将发掘"正义黑客"，培养信息系统安全人才》，中国新闻网，http：//www. chinanews. com/gj/2017/03－03/8164881. shtml，2017年3月3日。
② 刘洪梅、张舒、磨惟伟：《2017年国内网络安全风险挑战》，《中国信息安全》2018年第1期。
③ 《明确保护关键信息基础设施，切实维护国家网络安全》，中国网信网，http：//www. cac. gov. cn/2016－11/15/c_ 1119916350. htm，2016年11月15日。

等方面做出明确规定，针对公众普遍关注的一系列网络安全问题，勾画了基本的制度框架。《网络安全法》的制定出台，是贯彻落实网络强国战略的重要一环，将有力地促进并服务于"互联网＋"行动和网络强国战略的进一步实施，对于完善我国在网络空间的规范治理体系具有基础性意义。

同时，我国面临的网络空间安全形势不容乐观，安全威胁严峻，境内外敌对势力利用网络持续对我国关键信息基础设施进行渗透和破坏活动，攻击的频次和复杂性大幅增加，隐蔽性和目的性更强。同时，我国关键信息基础设施自身仍存在大量安全漏洞和隐患，在贯彻落实网络安全法及相关配套法律法规标准方面仍存在较多问题，关键数据的安全和业务的连续性面临极大的挑战，主要存在以下典型安全问题和隐患。[①]

1. 运营单位安全防护与《网络安全法》要求之间尚存差距

由于网安法出台时间较短，许多关键信息基础设施运营单位对《网络安全法》的重要性认识不到位，在信息化方面"重建设、轻安全，重使用、轻防护"，缺乏主动防御意识，不愿在安全防护方面进行必要投入，导致部分关键信息基础设施运营者的网络安全防护与法律要求尚存在一定差距。例如，部分关键信息基础设施运营者网络关键操作岗位人员配备不足，面临第三方厂商人员背景审查、管控不足的风险，给关键信息基础设施网络与信息系统的运行安全、业务连续性带来风险隐患。

2. 态势感知、应急处置能力欠缺，业务面临中断等潜在风险

目前，企业部署了相关的监测设备以获取当前的风险状态，但未基于采集的监控数据、审计数据以及第三方数据等，实时、自动化地分析关键信息基础设施的当前安全风险状态，包括工作性能状态、脆弱性状态、威胁状态、风险状态等，没有风险综合分析的过程和预警。存在保护对象未分类分级，重点保护、优先处置机制不完善，无法对正在发生的、潜在的、隐蔽的攻击威胁事件进行识别和分析，威胁情报质量低下，联动协同效应差。同

---

① 刘洪梅、张舒、磨惟伟：《2017 年国内网络安全风险挑战》，《中国信息安全》2018 年第 1 期。

时，关键信息基础设施运营者在网络安全应急预案方面体系化和可操作性不强，演练不足，应急处置人员和能力欠缺，导致这些重要领域的应急处置能力不足。

3. 重要业务数据和个人敏感信息等重要数据面临失窃风险

我国关键信息基础设施涉及大量重要行业和系统，处理和存储着大量的敏感数据，这些数据不但关乎企业自身核心利益，甚至关乎国家安全，当然也是国内外黑客组织、商业情报机构乃至政府的关注焦点。目前，我国关键信息基础设施运营者重要数据的防护措施不到位，数据防护手段缺乏，数据未分类分级、重要数据未采取备份和加密认证等措施的现象仍大量存在。同时，大多数关键信息基础设施运营者未能按照《网络安全法》的要求对网络和系统中的个人信息进行区分并实施有效的保护。①

4. 网络安全意识薄弱和人才短缺成为运营单位的共性风险

目前，运营者对关键信息基础设施网络安全的重要性认识不足，意识不到位。主要表现为：一是在设计时，"重应用、轻安全"。普遍存在安全需求分析不充分、缺少安全功能设计、密码明文存放、身份鉴别手段不足、敏感通信未加密等问题。二是在系统正式上线前，未开展安全测试。大量业务系统在上线前未进行严格的风险评估和安全测试，致使其存在的高危漏洞无法及时在上线前被消除。三是在日常运维中，"重外轻内"的防护思想严重。认为只要做好网络隔离，抵御外部攻击就可以，内部网络的漏洞可以不用急于修复。缺乏主动防御意识，不愿在安全防护方面进行必要的投入。大部分网络风险都缘于意识不到位，运营者对可能受到的网络攻击缺乏足够认知。同时，目前各运营者的网络安全技术人才都比较匮乏，现有的网络运营单位技术人才多侧重于系统使用、操作维护，对网络安全风险的监控、应急处置和综合防护能力不足，难以适应保障网络安全的需要。②

---

① 刘洪梅、张舒、磨惟伟：《2017年国内网络安全风险挑战》，《中国信息安全》2018年第1期。

② 刘洪梅、张舒、磨惟伟：《2017年国内网络安全风险挑战》，《中国信息安全》2018年第1期。

### （二）我国互联网舆论态势整体向好

2017 年，互联网信息内容安全状况总体稳定，网络舆情态势整体向好。随着网民利益诉求多元化、信息传播渠道快捷化，社会热点事件出现频率高，舆情热度高位运行。

1. 国内舆情总体趋稳，主旋律突出

2017 年，围绕学习贯彻十九大精神互联网舆论增添了社会正能量。"一带一路"国际合作高峰论坛成功举办、"千年大计"雄安新区横空出世、国产航母下水、国产大飞机 C919 试飞等重要的国家大事和成绩，提高了网民的国家认同感和民族自信心。特别是随着十九大召开，全国各地掀起学习宣传贯彻党的十九大精神热潮，讲述好故事、传播好声音、凝聚正能量成为新闻宣传的共识，为社会营造了良好的思想舆论氛围。以社会主义核心价值观为基础的网络价值观正在形成，以中华文明为底蕴的网络文化意识不断增强，"砥砺奋进的五年"重大主题宣传、大型政论专题片、国家形象宣传片《中国进入新时代》引发社会各界强烈反响。

2. 国外舆论逐渐向好，正面报道增多

随着经济不断增长，我国在国际上的话语权不断增强，国际形象发生了较大改变，西方主流媒体逐渐摒弃负面报道中国的惯性，开始正视我国发展的成果与经验。如在报道中国"一带一路"国际合作高峰论坛时，西方主流媒体的正面解读增多，更加理性务实地看待"一带一路"倡议带来的成果，承认"一带一路"倡议的重要价值。同时，随着国内网民价值观判断能力以及政治鉴别力提升，境外"民运"、法轮功等反动势力的网络影响力日益下降。

3. 公民权利意识不断增强，对国际时事的关注度提高

随着改革开放的不断深入，我国公民的法治意识、民主意识不断增强，公民主体性不断得到优化，对于社会治理的参与意识也在不断提高。在互联网时代，网络成为公民参与治理的新途径，许多网络舆情的产生与发展都伴随着网民对自身或某一个体或某一群体的权利的争取和维护。此

外，随着网络主体的年轻化，85后、90后、00后成为互联网主要活跃用户，同时也是社交媒体的深度使用者，拥有较高的网络搜集能力与评论意愿。这类主体往往对国际时事关注度高，爱国主义热情高涨，公民参与意识不断增强。[①]

## （三）我国信息系统安全漏洞逐年攀升

2017年，国家信息安全漏洞库（CNNVD）共发布漏洞信息13417条；发布补丁信息9156条，安全新闻952条。新增漏洞数量与2016年披露的8336个相比，呈现大幅度上升趋势，上涨近60.95%，涨幅达到历史最高。总体来看，随着软硬件产品及应用迅猛增长，漏洞数量急剧攀升，2017年漏洞数量是2016年的2倍多；其中已发布修复补丁的漏洞有10742个，整体修复率为80.06%，与2016年的90.88%相比，下降幅度较大，表明漏洞的修复效率尚未赶上漏洞的增长速度，这些未修复的漏洞将威胁网络空间的安全；在超危、高危、中危、低危四个等级中，超危漏洞占比有所上升，由2016年的7.76%上升至2017年的10.49%，在四个危害等级中超危漏洞修复率最高，达到90.27%，针对超危漏洞的修复是保障网络安全的重中之重。[②] 对2017年的漏洞数据进行总结和分析，可以看出如下特征。

1. 物联网基础设施的安全问题日益凸显，弱口令漏洞尤为突出

随着物联网的日益普及，物联网基础设施暴露出的漏洞越来越多。2017年，物联网终端漏洞较2016年的增长幅度为55.61%，创历年新高。云计算、大数据等基础支撑平台的安全问题，蓝牙设备、NFC设备、RFID、摄像头监控设备等基础探测终端的安全问题，以及智能家居、智能办公设备等基础工作环境的安全问题，可能成为网络安全的风险点。这些安全风险中弱口令漏洞引发的安全事件尤为突出，物联网安防监控设备的Telnet用户名大

---

① 刘洪梅、张舒、磨惟伟：《2017年国内网络安全风险挑战》，《中国信息安全》2018年第1期。

② 刘洪梅、张舒、磨惟伟：《2017年国内网络安全风险挑战》，《中国信息安全》2018年第1期。

多为 root、admin、guest 等常用名称，这些常用账号很容易被暴力猜测；另外使用这些设备的用户大多为非专业人员，很少会修改 Telnet 服务的默认密码，使得 Mirai 等恶意软件可以轻易控制大量安防监控设备。更有甚者某些物联网设备对登录口令采用了硬编码方式，不允许修改，这种情况下即使发现有病毒入侵这类系统，厂商和用户也无能为力。[①]

2. 勒索病毒等利用未修复漏洞快速传播，产生巨大危害

2017 年 5 月 12 日，WannaCry 勒索病毒在全球范围内爆发，短短一天内，在毫无预兆的情况下，百余个国家和地区遭受攻击并呈现蔓延态势，造成极大影响。2017 年 5 月 17 日，"永恒之石"病毒爆发。2017 年 6 月 27 日，Petya 勒索病毒在全球范围内爆发，乌克兰、俄罗斯、西班牙、法国、英国、丹麦、印度、美国等 90 余个国家受到病毒波及。上述 3 次大规模传播的病毒利用的是 Windows 操作系统在 445 端口的安全漏洞，而这几个漏洞并非零日漏洞，而是微软于 2017 年 3 月即发布了修复补丁的历史漏洞，之所以造成病毒的广泛传播，产生重大影响，有两方面原因：一方面是因为受影响的用户补丁修复不及时，甚至对内网漏洞根本不修复；另一方面是该病毒与勒索软件绑定，通过加密用户文件，索要赎金，解密难度较高。内网用户安全防护意识不足，漏洞修复不及时，修复手段不健全，由此带来的安全隐患应引起高度重视。[②]

3. 漏洞引发的信息失窃事件频发，个人信息保护难度倍增

2017 年漏洞引发的信息泄露事件频繁发生，全年泄露数据总量超 50 亿条。2017 年 1 月，暗网市场知名供应商双旗（DoubleFlag）抛售网易、腾讯、新浪、搜狐等多家中国互联网巨头数据，数据条数达到 10 亿以上；5 月，全球规模最大的生物识别 ID 系统，印度 Aadhaar 计划的 1.35 亿条用户数据被泄露，包括照片、十指指纹和虹膜扫描数据等；8 月，全球知名有线电视

---

① 刘洪梅、张舒、磨惟伟：《2017 年国内网络安全风险挑战》，《中国信息安全》2018 年第 1 期。

② 刘洪梅、张舒、磨惟伟：《2017 年国内网络安全风险挑战》，《中国信息安全》2018 年第 1 期。

公司 HBO 发生大规模数据泄露事件，至少 1.5TB 的数据被黑客通过系统漏洞所窃取，包括未发行的剧集、财报等敏感文档；9 月，美国最大征信机构之一 Equifax，声明由于网站漏洞 1.43 亿消费者信息遭到泄露；10 月，所有 30 亿雅虎用户的个人信息被泄露，这一数字是 2016 年 12 月公布数据的 3 倍。随着云计算、大数据和物联网的普及，2017 年信息泄露事件呈现高速增长态势，一系列信息泄露事件的背后是安全漏洞带来的巨大风险。面对信息泄露的巨大挑战，增强个人信息保护意识，提高安全防护水平迫在眉睫。①

### （四）我国互联网重大信息技术及应用快速发展引发诸多安全隐患

2017 年，工业控制系统、移动互联网、云计算、物联网以及区块链等互联网新技术、新应用融合发展势头迅猛，同时，这些重大信息技术及应用面临的信息安全形势值得关注。

1. 工控系统传统信息网络部分仍是攻击重点，专业性、定向性的工控专用恶意软件研究日趋深入

恶意代码攻击大部分集中在工控系统的传统信息网络部分。目前，大量工业控制系统核心设备与互联网直连，通过工控网络空间测绘可轻易发现这些联网工控设备，进而展开攻击，不仅可以直接获取工业实时数据，甚至还能对核心设备进行操作和控制，导致控制系统出现意外停机、执行错误指令等情况。同时，利用恶意软件以及安置后门来收集工业控制系统信息实施攻击，最终可达到窃取用户敏感信息、毁坏用户数据及勒索用户等目的。此种形式典型的病毒感染包括 Duqu 病毒、Flame 病毒、Shamoon 病毒和 WannaCry 勒索软件等。此外，针对控制系统层面的更具专业性、定向性的工控专用恶意软件研究日趋深入，对工控设备开展了多次攻击试验并取得初步成效。譬如，工控蠕虫、工控系统控制底层恶意软件、工控系统勒索软件等，这使得针对工控系统的攻击更具有隐蔽性，防护应急难度加大。一旦实

---

① 刘洪梅、张舒、磨惟伟：《2017 年国内网络安全风险挑战》，《中国信息安全》2018 年第 1 期。

施成功，均可导致工控系统大规模瘫痪。①

2. 移动互联网与各领域深度融合，移动操作系统、移动通信网络和移动应用软件安全风险不容忽视

2017 年，"移动互联网＋"与交通、教育、金融、传媒、营销、气象等各行各业展开深度融合，形成各行各业新的产业生态。与此同时，移动互联网的操作系统、通信网络和应用软件的安全风险日益凸显。一是移动互联网操作系统安全漏洞百出。据国家信息安全漏洞库（CNNVD）数据统计，截至2017 年 11 月 30 日，其分别收录了 1082 个 Android 系统漏洞和 624 个 iOS 系统漏洞，而 2017 年新收录的分别为 540 个和 115 个，占全部漏洞的一半还多。二是移动互联网通信安全不容忽视。利用 3G、4G 和 WiFi 等基础通信网络，对移动设备进行网络攻击，成为 2017 年移动互联网安全的新特征。三是移动互联网软件安全仍是移动安全的主角。据统计，流氓行为类恶意程序数量占全部恶意程序数量的 61.13%，恶意扣费类和资费消耗类分列第二位、第三位。②

3. 国内云产品安全自主可控水平低，国外云平台纷纷涌入给我国云安全带来重大挑战

目前，我国虽然已有一批云计算服务提供商能够提供构建云计算的技术、软硬件装备和服务，但自主可控水平仍然有限，大部分核心技术及组件依赖开源，而往往开源的技术来源于国外，待部署完成，用户增加、发展成熟后其存在的安全隐患可想而知。近几年，从行业及市场上看，国际云计算巨头、外资云计算服务商以各种方式借道入华，纷纷涌入中国云市场。随着国外掌握核心技术的云计算巨头的云服务继续向全球扩展，其同时深度渗透并绕道落地中国。未来国内云计算行业竞争趋向激烈，国内拥有自主产权的云计算厂商的市场份额势必受到挤压。可以预见，大量业务及数据将运行在由国外掌握核心技术的云计算平台上是必然的趋势。国外云计算技术和安全技术在国内的大范围发展，仍是国家及行业安全的关注重点。由国外云厂商

---

① 刘洪梅、张舒、磨惟伟：《2017 年国内网络安全风险挑战》，《中国信息安全》2018 年第1 期。

② 刘洪梅、张舒、磨惟伟：《2017 年国内网络安全风险挑战》，《中国信息安全》2018 年第 1 期。

掌握核心云计算技术,可以预见国外云平台的预置后门以及漏洞的存在,对我国网络空间安全的影响将更加严重,其范围和深度将前所未有。

4. 物联网相关资产价值的迅速增加和广泛存在的安全问题,使得物联网逐渐成为攻击者的主要目标

由于传统的安全解决方案,在面对新型智能终端设备、新型恶意软件和新兴攻击方式时,缺少有效的防护策略和应对机制。同时,物联网基于"云—管—端"的架构,将物联网安全分散至终端安全、传输安全与云端安全等多个方面,攻击者可利用任意一点的安全问题,实现对物联网系统的大范围攻击。当前,大量物联网智能终端的安全防护能力普遍较弱,终端设备厂商存在着安全意识不足、安全支出不够、安全能力不足等问题,导致终端设备存在很多安全漏洞,易于攻击。同时,由于各行业缺乏统一的标准,终端和云端交互进行数据传输时使用的协议也千差万别,甚至有厂商自行设计私有协议,随着通信数据价值的增加,网络传输也成为攻击者的重点攻击方向之一。传统针对云端的网络攻击和渗透对物联网系统仍然适用,因此越来越多的攻击者将攻击目标转向了物联网。

5. 区块链系统及其外围应用蓬勃发展,直接威胁我国金融等领域的系统安全

近年来,区块链技术得到了广泛的关注和认可。目前,区块链作为新兴技术正在孕育发展阶段,技术日新月异。区块链系统已在国内多个行业或组织开展研发测试,甚至已上线运行,应用最多的是金融行业。同时,区块链技术安全与传统的信息系统相比,有其特有的内容,如密钥保护、算法安全、智能合约安全等,区块链系统的安全风险日益趋高,特别是国外公有区块链系统及其外围应用蓬勃发展,给我国金融系统安全带来了直接的威胁。当前,国外公有区块链系统对我国产生较大影响的主要是数字货币,例如比特币、以太坊等,特别是区块链技术的滥用,包括国内外带有欺骗、圈钱等性质的 ICO(初始货币发行)和不合规的数字货币交易平台等,对我国金融安全产生了较大的影响。[①]

---

① 刘洪梅、张舒、磨惟伟:《2017 年国内网络安全风险挑战》,《中国信息安全》2018 年第 1 期。

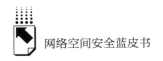
**（五）信息安全产业管理体系落地性较差，核心技术难以自主可控，专业人才流失现象加剧**

2017 年，我国信息安全产业快速发展，尤其是《网络安全法》的出台和信息安全标准化工作的快速推进，对信息安全行业的发展起到了积极的引导作用。但同时，信息安全服务企业的管理体系落地性较差、核心技术受制于人、信息安全高端人才流失等诸多问题仍然存在。

1. 信息安全服务企业的规范化管理不到位，管理体系落地性较差

随着信息安全产业的规范化和国际化，通过质量管理体系认证已经逐渐成为信息安全行业参与商业活动的基本资质要求，但很多信息安全服务企业在内部推行质量管理体系的过程中出现难以落地的情况。一方面，将贯标和日常管理工作分割开来，认为体系建立只是为了认证需要，只是形式。因此在实际实施时仍延续原有的工作方式，并不按照程序进行。同时片面地认为贯标是质量部的工作，未对质量管理体系的运行给予足够重视，从而导致在整个公司推行时举步维艰。另一方面，管理体系文件规定的内容和要求与企业实际的运作方式脱节，程序文件一旦形成，很少更新改动，不能随现状的改变而修订，对具体业务的覆盖和管理不到位，导致管理体系落地性差。[①]

2. 网络安全企业壮大推动自主可控产业链整体向前持续发展，但核心技术自主可控差距依然存在

我国大力推进网络空间安全领域的自主创新发展，近几年国家颁布了一系列文件。积极的政策环境促进自主可控产业链日趋完善。在信息基础设施、基础软件、信息安全产品、应用软件、网络安全服务等行业，涌现出一批龙头企业，虽然其技术和产品与国外同类相比存在一定差距，但基本可以实现对国外产品的替代。企业的发展壮大，较好地带动了产业集群发展，企业自发建立产业联盟，形成联合开发、优势互补、利益共享、风险共担的战

---

① 刘洪梅、张舒、磨惟伟：《2017 年国内网络安全风险挑战》，《中国信息安全》2018 年第 1 期。

略合作组织，打造了良好的自主可控产业生态圈，推动自主可控产业链整体向前持续发展。但涉及网络安全核心技术的元器件、中间件、专用芯片、操作系统和大型应用软件等基础产品自主可控能力较低，关键芯片、核心软件和部件严重依赖进口。在密码破译、战略预警、态势感知、舆情掌控等网络安全核心技术产品上，与西方国家还有一定的差距。①

3. 境外网络安全培训机构加大在华活动力度，争夺我国专业人才资源的手段升级

一方面，国外机构以资质认证名目，依托其非政府组织身份，利用我国针对境外社团类非政府组织监管的缺失，扩充其在中国境内的高质量学员群体，通过证书申请、维持和多种宣传交流活动，以公开合法方式搜集我国安全从业人员的基本情况、重要行业安全岗位在职人员的相关信息、重要信息系统的基本状况，已成为我国安全人才及敏感信息泄露的途径，严重危及我国信息安全人才体系的建设和发展。另一方面，通过信息安全大会和网络攻防竞赛建立与我国顶尖信息安全特殊人才的接触渠道，拉拢并为其所用。Black Hat、DEFCON、Pwn2Own 等国际重大赛事甚至直接或间接由国外网络军备供应商主办，越来越多的中国顶级安全人才崭露头角，而国内各类信息安全大会及攻防对抗竞赛安全意识不足，各类信息全程公开不加防范，这些都可能加剧人才流失。②

---

① 刘洪梅、张舒、磨惟伟：《2017 年国内网络安全风险挑战》，《中国信息安全》2018 年第 1 期。

② 刘洪梅、张舒、磨惟伟：《2017 年国内网络安全风险挑战》，《中国信息安全》2018 年第 1 期。

# B.3
# 2017年度移动APP安全漏洞报告[*]

FreeBuf[**]

**摘　要：** 在数据研究和分析过程中，本报告选择了金融、购物、医疗健康、社交、游戏、娱乐、交通与出行、生活服务等八个分类的892款Android平台流行APP作为样本，借由启明星辰的应用自动化安全测试平台，发现移动APP存在的安全风险与漏洞。与此同时，以大中小不同规模企业组织的移动APP开发者、项目管理人员和安全专家为对象，下发近200份问卷，尝试解读造成移动APP安全漏洞和问题的根源；最后针对移动APP普通用户下发近300份问卷，了解普通用户对应用安全的需求及其所处位置。

**关键词：** 网络空间　网络安全　移动安全　漏洞报告　移动应用安全

## 一　概述

### （一）背景

近10年来，移动设备在消费领域乃至企业领域的扩展，从速度和数量

---

  \* 本报告是FreeBuf研究院在中国泰尔实验室的指导下，辅以漏洞盒子、启明星辰和中国信息通信研究院安全研究所的数据与内容支持，从第三方移动APP安全及信息泄露的角度共同撰写的智库报告。

\*\* FreeBuf，国内领先的互联网安全新媒体，同时也是爱好者交流与分享安全技术的社区。

来看都是相当惊人的。早在 2014 年，Andreessen Horowitz 分析师 Benedict Evans 就说："移动正在啃噬这个世界"（Mobile is Eating the World）。[①] 这从来就不是夸张，全球范围内移动设备的数量早就在多年前超越了世界人口总和。从 2007 年苹果推出初代 iPhone 革新智能手机至今短短 10 余年，移动行业的市场规模都在急速增长。

Statista 的数据显示，2016 年全球范围内智能手机的出货量在 15 亿台左右，预计到 2020 年这个数字会增加到 17.1 亿台；到 2018 年，全球手机用户总数将达到 25.3 亿人次——其中 1/4 来自中国。仅 2016 年中国智能手机市场规模就已经超过 1335 亿美元。[②]

《2017 金融行业应用安全态势报告》中提到，无论是移动设备数量的爆发式增长、移动市场规模的扩大，还是移动技术的发展令互联网流量激增，都极大地增加了信息安全的攻击面——攻击者有了更多的突破口针对个人和企业组织实施入侵。[③]

与许多技术由上至下、从企业到消费市场的发展方式不同，移动技术始于消费用户领域。这在一定程度上意味着移动设备和软件前期对于安全的不重视，相较于桌面和其他传统领域，安全在移动领域的起步也明显更晚。仅从操作系统层面来看，2017 年 CVE Details 报告显示，Android 系统全年记录在册的漏洞数量达到 523 个，成为 CVE 排行榜上名副其实的漏洞之王。[④] 而移动安全不仅与系统和漏洞相关，而且涉及多方面、多层级的问题，仅应用层即面临配置、网络传输、第三方 APP 等安全问题。

FreeBuf 研究院在中国泰尔实验室的指导下，辅以漏洞盒子、启明星辰和中国信息通信研究院安全研究所的数据与内容支持，从第三方移动 APP

---

① Andreessen Horowitz，Mobile is Eating the World，http：//a16z.com/2014/10/28/mobile-is-eating-the-world/.

② Statista，Smartphones – Statistics & Facts，https：//www.statista.com/topics/840/smartphones/.

③ FreeBuf：《2017 金融行业应用安全态势报告》，http：//www.freebuf.com/news/topnews/128874.html。

④ CVE Details，Top 50 Products by Total Number of "Distinct" Vulnerabilities in 2016，http：//www.cvedetails.com/top－50－products.php？year＝2016.

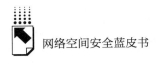

安全及信息泄露的角度共同撰写了这份报告。

在数据研究和分析过程中，我们选择了金融、购物、医疗健康、社交、游戏、娱乐、交通与出行、生活服务等八个分类的 892 款 Android 平台流行 APP 作为样本，借由启明星辰的应用自动化安全测试平台，来发现移动 APP 存在的安全风险与漏洞。与此同时，我们以大中小不同规模企业组织的移动 APP 开发者、项目管理人员和安全专家为对象，下发近 200 份问卷，尝试解读造成移动 APP 安全漏洞和问题的根源。另外，也针对移动 APP 普通用户下发近 300 份问卷，了解普通用户对应用安全的需求及其所处位置。

这份报告旨在从移动 APP 安全漏洞和数据泄露的角度来窥见移动 APP 的安全现状，以及移动领域的开发者和安全专家在 APP 安全开发方面的不足，并期望以此帮助开发者、安全专家以及项目管理人员在进行相关 APP 安全决策时给出参考和指引。

虽然这份报告并不专注于企业级 APP 的安全问题可能对企业安全造成的危害，而更多地将注意力集中在消费类移动 APP 的漏洞、数据泄露、仿冒等安全风险层面，但 BYOD 工作方式也能够让这类移动 APP 对企业安全造成影响，因此报告对于企业级 APP 开发亦有一定的参考价值。

在《中华人民共和国网络安全法》于 2017 年 6 月 1 日起开始施行的当下，相关移动 APP 开发与安全的企业组织有义务"防止网络数据泄露或被窃取、篡改"。解决报告即将阐述的 APP 漏洞和安全问题已经不只是企业组织和开发者应该做的，而且是必须做到的。

因此，无论从安全问题造成的用户和企业直接损失，挽救企业信誉的角度，还是从按照相应规范进行 APP 开发、遵守《网络安全法》的角度来看，移动 APP 漏洞、数据泄露和其他安全问题都应该成为企业组织、开发者和安全专家重视的问题。

### （二）关键发现

· 过往 10 年移动 APP 在数量和规模上的爆发，为攻防双方开辟了新战场。
· 移动 APP 更出色的安全性可以成为吸引和留住用户的差异化竞争要素。

·用户对于移动 APP 安全普遍更加乐观，而开发者则恰好相反。

·65% 的测试移动 APP 至少存在 1 个高危漏洞，平均每个 APP 就有 7.32 个漏洞。

·娱乐类移动 APP 成安全漏洞重灾区，每 10 个娱乐类移动 APP 就有 9 个至少包含一个高危漏洞。

·社交类 APP 被仿冒的概率相较其他类别平均高出 10 倍以上，社交类 APP 被仿冒的数量占测试中所有仿冒移动 APP 的近六成。

·多达 88% 的金融类 APP 存在内存敏感数据泄露问题。

·移动 APP 安全问题的主要原因在于开发和安全的分化：69% 的开发者认为安全是其他人的工作。

·在开发者看来，强制合规仍是移动 APP 安全的最大驱动力，这或许是造成当前移动 APP 安全问题的一大原因。

# 二 移动 APP 信息泄露与安全漏洞现状

## （一）移动 APP 高速发展现状

如背景部分所述，移动技术的发展主要是由消费市场反哺企业市场，并在企业组织间发展铺陈的。消费用户对于安全级别的要求更低，决定了移动技术在大规模应用于企业市场前期是存在大量风险的。如果不谈消费用户可能遭遇的信息泄露与各种损失，从受访者反馈的数据来看，即便是从事 APP 开发的这些企业组织，89% 允许员工将个人移动设备带到企业中，即时下流行的 BYOD（Bring Your Own Device）办公方式，以期提升办公效率和生产力。

企业组织在这种场景下很难限制员工个人移动设备及移动 APP 的使用。这些 APP 可能来自不受信任的源，而员工个人移动设备又需要连接和处理敏感数据。

另外，如果企业期望随时能够联系客户，并增加业务机会，移动技术的应用也就成为必要选择。这些是移动技术和 APP 带来的更多可能性，但也

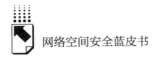
正因如此，企业组织需要为此承担更多的责任。然而企业级 APP 本身的安全性并不比普通 APP 更好①，所以移动 APP 的安全问题现如今早已不仅是普通消费用户需要担心的问题，更是企业应该重视的问题。

我们在对待移动平台及 APP 的安全威胁时，无法照搬传统桌面平台的经验，一方面在于近些年移动设备感染恶意程序的概率在其遭遇攻击威胁中的占比虽然逐步增加，但相较其他安全威胁类型占比并不大，这原本是桌面平台面临的主要威胁；而根源在于移动设备暴露于更广范围的风险之下——因为移动设备的本质是"移动"，它需要穿梭于各种网络环境，遭遇攻击的可能相当多样。另一方面就在于海量的移动 APP：越来越多的应用发布到应用商店中，越来越多的应用被用户下载。

Statista 最新数据显示，Google Play 应用商店 2017 年 1 月的应用数量达到 280 万款，苹果 APP Store 应用商店应用数量则为 220 万款——9 年前这个数字是 800 款；② 2017 年 9 月，苹果 APP Store 中 APP 下载累计次数达到 1400 亿次，而移动用户平常 87% 的时间都花在移动 APP 之上。

从移动安全的角度来说，这份数据表征的是移动平台的攻击面变得越来越大，风险也越来越大。过去 10 年移动 APP 的爆发，甚至可以说为攻防双方开辟了一个全新的战场。这场战争的最重要参与者，即开发者，在安全问题上又是严重滞后的。这也是这份报告专注于移动 APP 安全漏洞及数据泄露的原因。

## （二）用户眼中的移动 APP 安全现状

在"新战场"为攻防双方开辟如此之久的当下，普通消费用户与企业用户眼中的移动 APP 安全现状似乎仍旧相当"乐观"。图 1 显示的是 FreeBuf 研究院针对移动 APP 用户发放近 300 份问卷后获得的统计结果。

---

① NowSecure, 2016 NowSecure Mobile Security Report, https：//www. nowsecure. com/ebooks/ 2016 - nowsecure-mobile-security-report/.

② Statista, Number of Apps Available in Leading App Stores as of March 2017, https：// www. statista. com/statistics/276623/.

近一半（48%）的受访用户认为自己所用的移动 APP 是安全的——在我们的随机采访中，不少受访者表示自己只从 Android 和 iOS 官方应用市场下载移动 APP，所以手机中的 APP 是安全的；仅有 17% 的受访者认为自己使用的移动 APP 存在安全漏洞；其余用户则表示不清楚移动 APP 安全情况如何。

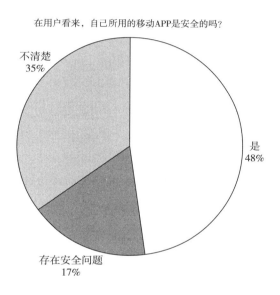

图1　用户眼中的移动 APP 安全现状情况

　　在本次针对移动 APP 用户的调查中，我们还发现：相比普通 APP 用户，企业 APP 用户对 APP 安全的担忧明显更甚，尤其是从事 APP 开发的开发者和项目管理人员。这群人对于移动 APP 安全情况普遍更没有信心，这并不是没有原因的。有关这一点，我们将在下文进行更为详细的阐述。

　　实际上从后续章节针对 APP 安全漏洞的追踪也不难发现，用户对于移动 APP 的安全问题的确过于乐观，或者他们并不清楚移动 APP 到底存在怎样的安全隐患；且这份报告测试的所有移动 APP 都来自官方应用商店或手机制造商出厂搭载的应用商店，却依旧充斥着各种安全漏洞。但对于普通用户来说，安全也的确成为使用一款移动 APP 的考虑因素，即便可能并非首要因素。

如图 2 所示，虽然一部分用户（29%）没有经历过，或者并不清楚（69%）自己是否因移动 APP 安全漏洞而导致个人信息泄露，但约七成用户在信息泄露的问题上是存在担忧的。而且这些受访者中，明确表示在下载使用一款移动 APP 之前，不在意安全问题的比例仅有不到 2%；26% 的用户则认为，在明确或怀疑一款 APP 存在安全隐患的情况下，就会放弃下载使用；超 5 成（51%）受访者表示需要视情况而定，但金融类、医疗健康这些数据十分敏感的应用必须首先考虑安全问题；其余 21% 的用户虽然对安全问题有担忧，但仍然倾向于下载使用所需的应用。

这对移动 APP 开发者而言显然是需要明确的问题，即用户的确在意移动 APP 安全性。不只于此，Arxan 2016 年《第 5 次应用安全年度现状报告》的统计结果显示，82% 的用户表示若已知正在使用的 APP 存在安全缺陷，且有更为安全的 APP 可替代，他们会改投其他 APP 门下。[①] 从 FreeBuf 研究院的调研结果来看，国内的情况更为复杂，42% 的受访者表示如果的确知道使用的 APP 存在高危安全风险，则会更换其他同类应用；没有一个受访者明确表达不会更换，但更多的人（58%）认为需要看情况，尤其是如果对某些 APP 存在重度依赖，或对其生态系统存在依赖，则很难更换。

不过这也提醒了移动 APP 开发者和企业组织，移动 APP 更为出色的安全性可以成为吸引和留住用户的差异化竞争要素。我们认为，随着如今攻击方越来越强悍，这种竞争优势未来可能会表现得愈加突出，直到所有的开发者都明确了解到安全为其业务带来的好处。这种趋势意味着，将安全融入开发和业务环节或许只是时间问题。

## （三）移动 APP 安全漏洞与信息泄露的现状与危害

移动 APP 用户对于安全有如此乐观的态度，而从我们的移动 APP 测试来看，现实却比较严峻了。这份报告以金融、购物、社交、游戏、娱乐、医

---

① Arxan，5th Annual State of APPlication Security Report，https：//www. arxan. com/wp-content/uploads/2016/01/State_ of_ APPlication_ Security_ 2016_ Consolidated_ Report. pdf.

你是否经历过因移动APP安全漏洞而导致的个人信息泄露
或其他安全威胁?

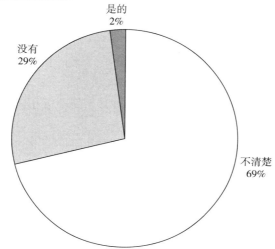

若明确或怀疑一款APP存在安全问题,你是否考虑弃用该
APP?

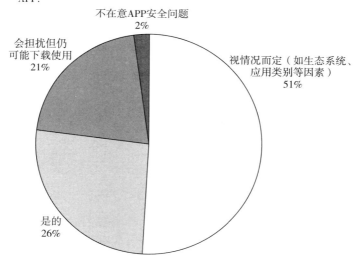

**图 2 移动 APP 用户是否在意安全问题情况**

疗健康、生活服务、交通与出行几大分类的 892 款流行 Android 移动 APP 为
样本,借由启明星辰的移动应用自动化安全检测平台进行扫描检测。

　　启明星辰移动应用自动化安全检测平台通过对 892 个样本 APP 进行逆向分析静态检测以及动态检测，做到对移动 APP 更为全面、深度的安全扫描。整个过程还将模拟交互检测、自动化渗透检测、服务器指纹探测等多种检测方式相结合，以期发现移动 APP 存在的各类潜在安全漏洞与风险。

　　一般来说，静态检测是通过代码反编译的方法还原 APP 源代码，然后采用源代码审计的方法对其进行检测。但在实际检测中，由于静态检测的环境限制，这种检测方式并不能覆盖漏洞验证。且静态检测发现的大多数漏洞，其利用条件较为苛刻，漏洞影响也不尽相同——这也是常见的移动 APP 安全检测平台所用静态检测引擎的通用缺陷。因此本次测试还配合了动态检测：将移动 APP 安装到定制化的虚拟运行环境中，从而模拟真实环境，对移动应用常见的脆弱点进行检测。我们期望通过这样的测试方法，尽可能做到报告呈现的数据针对性更强、测试参考价值更大。

　　从针对 Android 平台移动 APP 的测试结果来看，65% 的移动 APP 至少有 1 个高危漏洞，88% 的移动 APP 至少有 1 个中危漏洞，96% 的移动 APP 至少有 1 个低危漏洞（见图 3）。如果不看漏洞严重程度与漏洞类型，则平均每 1 个 APP 就有 7.32 个漏洞。

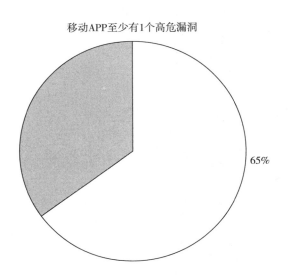

移动APP至少有1个高危漏洞

65%

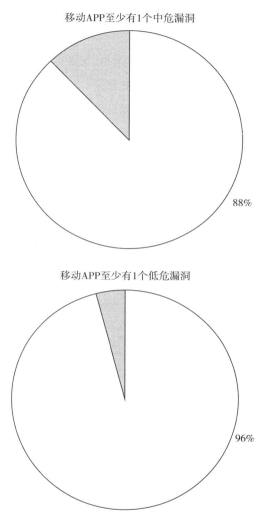

移动APP至少有1个中危漏洞

88%

移动APP至少有1个低危漏洞

96%

**图 3　移动 APP 漏洞检测情况**

　　且本次测试的漏洞仅涉及移动 APP 客户端本身，并不涉及服务器端（如认证/授权等）以及通信与网络相关漏洞。这些漏洞包含以下几个方面。

　　本地拒绝服务、应用反编译、外部存储设备信息泄露、硬编码敏感信息泄露、运行其他可执行程序、剪贴板信息泄露、Java 层 SSL 中间人攻击、Android 系统 Sqlite 数据库注入、动态加载 DEX 文件、PendingIntent 包含隐式 Intent 信息泄露、WebView 组件忽略 SSL 证书验证错误、WebView 组件远程代码执行、WebView 明文密码保存、Android APP allowBackup、Broadcast Receiver 组件任意调用、Service 组件任意调用、Activity 公开组件暴露、Content Provider 组件任意调用、ZIP 文件解压目录遍历、弱加密算法等漏洞。

在这些漏洞类型中，排名前 10（测试 APP 出现最多的漏洞）的分别是：①Activity公开组件暴露；②Broadcast Receiver 组件调用漏洞；③Service 组件任意调用漏洞；④运行其他可执行程序漏洞；⑤应用反编译漏洞；⑥硬编码敏感信息泄露漏洞；⑦本地拒绝服务漏洞；⑧外部存储设备信息泄露漏洞；⑨ PendingIntent 包含隐式 Intent 信息泄露漏洞；⑩ Android APP allowBackup 安全漏洞（见图 4）。

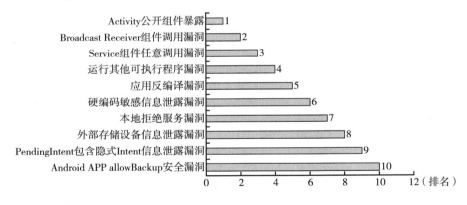

**图 4 测试 APP 中排名前 10 的漏洞**

1. 移动 APP 漏洞严重性评级

漏洞标准是关于漏洞命名、评级、检测、管理的一系列规则和规范，为信息安全测评和风险评估提供了基础。启明星辰在本次移动 APP 安全测试中采用了 CVE 作为标识漏洞的统一标准。CVE 是美国 MITRE 公司开发的一个对公开的信息安全漏洞或者暴露进行命名的国际标准。在漏洞严重程度分级方面，报告也参考了 OWASP 相关内容标准。

高危：此类安全漏洞存在较大安全风险，可被直接利用，能够直接或潜在造成系统破坏，或对数据完整性、机密性和/或可用性造成潜在威胁；考虑其利用的逻辑、复杂性，攻击发生可能性较大或一般。

中危：此类安全漏洞可对应用产生一定程度的影响和/或破坏，或无法被直接利用，但能够协助攻击者发动更多的攻击；

低危：并不构成直接的威胁，本身造成破坏性的概率较小，在与其他安全漏洞配合的情况下可发动更多的攻击。

2. 从APP类别看安全漏洞危害

本次测试选择了8个类别的应用，这8个类别分别是金融、购物、社交、游戏、娱乐、医疗健康、生活服务、交通与出行，是Android用户使用最为频繁或装机量最大的类别，也是日常接触最多以及安全漏洞可能波及范围最广的类别。从启明星辰的测试结果来看，社交、游戏和娱乐类移动APP的安全漏洞数量较多，且高危漏洞占比较大，可能对用户造成的危害最严重（见图5）。

其中娱乐类移动APP的近期版本中，至少有1个高危漏洞的APP占比达到91%——也就是说每10个娱乐类APP就有9个是含有至少1个高危漏洞的，相较本次测试APP总量均值，高出了近30个百分点。我们统计的娱乐类移动APP包括音乐流媒体、视频流媒体、在线直播、VR、搞笑（如糗事百科）等类别。

这里的高危漏洞如应用反编译，也就是指移动APP的APK包容易被反编译为可读文件，稍加修改后就能打包成新的APK；破坏性还包括容易造成软件破解、内购破解、软件逻辑修改、插入恶意代码、替换广告商ID等。也就是说，娱乐类移动APP超过九成的比例存在应用极易被反编译的高危安全风险。下面将提到的其他类别也如是。

再比如中危级别的安全漏洞中，几乎所有娱乐类APP都包含硬编码敏感信息泄露漏洞，这类漏洞是指用户名、密码、密钥等敏感信息硬编码在程序中，逆向分析APP可获取敏感信息。

除了娱乐类APP之外，游戏与社交类移动APP也属于安全漏洞的重灾区。测试样本中，84%的社交类移动APP存在至少1个高危漏洞，80%的游戏类APP存在至少1个高危漏洞；这两个数据相比所有测试APP的均值

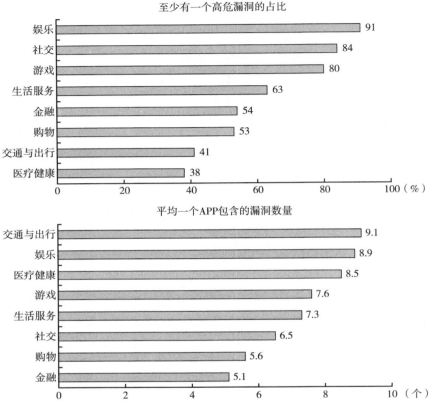

图 5　APP 类别的安全漏洞危害情况

也高出了近 20 个百分点。尤其在游戏类 APP 中，敏感数据泄露的比例相较一般应用多出近 300%；社交类数据泄露比例相比均值多出 400%，用户名、密码和用户邮箱都是社交类 APP 泄露的主要个人数据。

　　在数据泄露问题中，值得一提的是移动端内存攻击成为攻击者获取用户敏感数据的重要方式。所谓的内存敏感数据泄露，是指攻击者直接通过获取内存空间数据的方式，窃取、篡改、劫持程序的核心交互数据。这个问题在移动 APP 数据泄露安全风险方面表现得尤为突出，针对该问题，后续还会有章节作详细解读。

　　从总的安全漏洞占比情况来看，金融和购物类移动 APP 的表现较佳。

就启明星辰测试的所有漏洞类别来看，部分 APP 没有检测到漏洞，或者不存在高危漏洞以及中低危漏洞数量较少，这在其他类别中已经比较难得。这两个类别的安全性做得相对更好并不让人感觉意外，因为当涉及金钱交易时，开发者总是需要更专注其安全性。

这里的金融类 APP 包含银行、保险、证券、信贷、理财、支付等子分类，其中一部分的确涉及真金白银以及用户隐私数据的交互。但即便如此，依旧有过半（54%）的金融类 APP 存在至少 1 个高危漏洞，即便不直接导致信息泄露，应用反编译这类问题依旧可以产生被社工的后果；购物类 APP 的这一数值为 53%，中低危漏洞占比相对更低——购物类 APP 不仅包含 O2O 式综合线上购物平台，也包括某些厂商（如服饰、超市、数码、二手类买卖平台等）所推的官方 APP。这两个类别平均每个 APP 的漏洞数量为 5～6 个。

不过如果要单就高危漏洞占比情况来看，医疗健康类和交通与出行类 APP 中包含高危漏洞的比例是最低的：测试中，38% 的医疗健康类 APP 与 41% 的交通与出行类 APP 包含至少 1 个高危漏洞。不过这两个类别的移动 APP 单就敏感数据泄露方面的成绩来看并不出色，且中低危漏洞数量也不少。医疗健康类别中，平均一个移动 APP 有 8.5 个漏洞；而交通与出行类 APP 中，平均一个移动 APP 就有 9.1 个漏洞。

比如，某医疗健康类应用包含中危级别的剪贴板敏感信息泄露漏洞：对于非高权限的 APP 而言，就可以通过剪贴板功能来获取密码管理器中的账户密码信息——Android 剪贴板的内容是向任何权限的 APP 开放的，很容易被嗅探泄密。该应用还存在动态加载 DEX 文件漏洞：APP 外部加载的 DEX 文件未作完整性校验，加载的 DEX 易被恶意应用劫持或进行代码注入，攻击者即可执行恶意代码，进一步实施欺诈、获取账号密码等恶意行为。

生活服务类 APP 取样涵盖了快递、饮食、天气、招聘、租房、通信等领域，这个类别的移动 APP 基本处于所有测试 APP 安全漏洞数量及占比的平均水平，63% 的生活服务类 APP 至少包含一个高危漏洞。总的来说，无

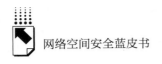

论是哪个类别的移动 APP，安全性表现都算不上出色，即便个别 APP 的漏洞数量较少也无法表明整个大类的安全措施是到位的。

3. 移动 APP 仿冒之殇

本次测试的移动 APP 高危漏洞中，有一项应用易遭遇反编译的问题：如果某个 APP 存在该问题，则意味着移动 APP 的 APK 包容易被反编译为可读文件，稍加修改后就能打包成新的 APK；破坏性还包括容易造成软件破解、内购破解、软件逻辑修改、插入恶意代码、替换广告商 ID 等。

这个问题导致了大量仿冒应用的出现，这些仿冒应用可能对开发者造成恶劣的影响，如大量游戏 APP 被某些不法渠道替换广告商 ID 后重新封装；更糟糕的是，如果攻击者对应用反编译，插入恶意代码后对用户可能造成更大范围的影响，包括用户个人信息泄露，还可能导致直接或间接的经济损失。

《2017 金融行业应用安全态势报告》中呈现的数据表明移动 APP 遭遇的仿冒攻击日益增加，金融类移动 APP 的仿冒情况已经呈现逐月递增的趋势，每月增加的金融类仿冒移动 APP 平均超过 100 款。在本次报告中，启明星辰于 2017 年 4 月总共 30 天时间，监控 397 个不同渠道，针对不同类别的 892 款移动 APP 做了全面追踪，以期了解移动 APP 的仿冒情况。这些移动 APP 依旧覆盖金融、购物、社交、游戏、娱乐、医疗健康、生活服务、交通与出行几个领域。这些移动 APP 在过去 30 天不同渠道的下载量至少有数十万次，多的可达数千万次。

其中有些数据呈现的结果是追踪每个类别的样本都能发现相应的仿冒 APP：如出行类的 28 个样本出现仿冒移动 APP，16 个渠道中存在相应的仿冒 APP；再如购物类 22 个样本出现仿冒移动 APP，17 个渠道存在相应仿冒 APP——而且这些渠道都相当主流，不少是国内手机厂商所推机型出厂时预置的官方应用商店。

同时，与我们所想的有所不同：从我们测试每个应用至少数百万次的下载总量来看，网页端的下载总量超过移动客户端的下载量，且超出约 31%。可见，许多 Android 用户还是有从 Web 端下载移动 APP 的习惯，这也从侧面表明，在我们监控的诸多渠道之外，还有大量 Android 用户会从不受信任的第三方源下载移动 APP，这也加大了移动 APP 可能对用户产生的危害，不管是从安全漏洞方面，还是从仿冒 APP、恶意 APP 方面，如图6 所示。

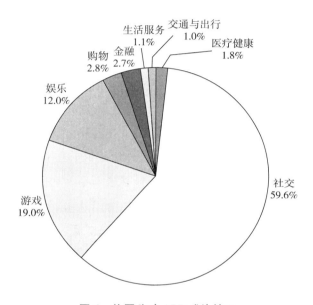

**图6　仿冒移动 APP 感染情况**

从启明星辰的测试结果来看，社交类移动 APP 被仿冒的比例明显高于其他类别。在 397 个渠道中，依据不同渠道出现仿冒 APP 的次数及其下载量来统计（而非被仿冒 APP 的个数），社交类 APP 被仿冒并对用户产生影响的概率相较其他类别应用平均高出 1000% 以上。仅社交类 APP 被仿冒的占比，就达到本次测试中所有仿冒移动 APP 的近六成。

以某款明星粉丝社区交流 APP 为例，275 个渠道出现该 APP 的仿冒版本，下载量最大的渠道（应用商店）中其仿冒版移动 APP 的下载量在一个月的时间内就达到 20 万次。虽然我们并没有追踪该仿冒 APP 的具体仿冒行为，但不难想见，此类仿冒能够对普通用户造成多大程度的个人数据泄露损失，甚至经济损失。

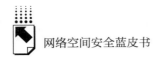

仿冒 APP 出现的根源或许并不能单纯归结至原 APP 开发者，但这些 APP 易遭遇反编译的安全风险却是不可忽视的。

4. 有关敏感信息泄露

本报告在行文中多次提到敏感信息泄露或数据泄露——我们之所以将侧重点瞄准移动 APP 漏洞可能导致的信息泄露，原因是多方面的，不仅在于上文提到的《中华人民共和国网络安全法》自 2017 年 6 月 1 日起开始施行，对企业组织和开发者提出更多安全的强制合规要求，还在于全球范围内大量开发者参照的安全实践 OWASP TOP 10 风险中，敏感数据曝光（Sensitive Date Exposure）一直都是其中的重要组成部分。实际上，其他类别的风险威胁，如各种注入式攻击、安全错误设置、未受保护的 API（OWASP TOP 10 2017 年新入榜）、弱加密算法等都有可能导致敏感信息泄露。

另外，移动端内存敏感数据泄露的问题在移动 APP 中也非常普遍。报告参考的移动 APP 自动化安全测试提到的绝大部分漏洞也都能造成潜在数据泄露的结果。即便是最直接的个人/敏感信息泄露问题，也占到所有漏洞总数的五成以上。而移动 APP 的仿冒，更是用户个人信息泄露的大敌。因此，我们认为有必要将敏感数据泄露问题单独成章，在接下来的章节中进行更为细致的探讨。

任何移动 APP 的个人及敏感数据泄露，都应当受到用户和开发者的重视，即便许多普通用户会认为部分数据的泄露是微不足道的。这些数据对于攻击者而言存在极大价值，大量移动 APP 的个人数据泄露，即使不能用于直接经济或情报利益的攫取，却完全能够用于社工；且这些信息环环相扣，如攻击者在获取用户的用户名和地理位置信息后，就能进一步解锁该用户的其他敏感信息，并做出更具针对性的社工攻击。

通常移动 APP 端的敏感数据泄露包括：Email、用户名、密码、IMEI（International Mobile Station Equipment Identity，是移动网络用于标识设备有效性的）、用户姓名、地理位置、设备 Mac 地址，及更多移动 APP 在本地存储的信息等。

# 三 导致移动 APP 数据泄露的形式与成因追溯

## （一）移动 APP 信息泄露的形式

如报告第二部分移动 APP 信息泄露与安全漏洞现状提到的，漏洞以及其他安全问题导致的移动 APP 信息泄露是移动技术面临的一大安全风险——某些安全漏洞即便并不直接与信息泄露挂钩，却也存在信息泄露的潜在风险；而移动 APP 的仿冒很多情况下也造成了用户敏感数据泄露。此外，如不安全第三方 SDK/代码、不安全的数据存储等问题也能导致敏感数据泄露；像移动端内存中的敏感数据大多以明文形式存储也构成信息泄露甚至其他恶意行为的基础……

但移动 APP 信息泄露并不只是安全漏洞、不安全数据存储等导致的，其泄露途径是多种多样的，总体来看可以分为主动泄露和被动泄露两种形式，此部分将对一些主流的泄露形式进行总结。所谓主动泄露是指在 APP 使用者可以控制信息并知情的状态下，主动将信息泄露出去；所谓被动泄露是指 APP 使用者在未知情况下的信息泄露。通常主动泄露多是隐私保护意识不强造成的；而被动泄露多由产品本身技术能力不足所造成。

1. 主动泄露

主动泄露大多是信息拥有者自我安全保护意识不足，导致信息主动暴露在互联网上，通常会有以下泄露形式。

社交媒体：网上购物、博客、论坛、即时通信工具已经成为时下互联网用户的一大沟通方式，其留言评论功能是社交网络的重要组成部分。信息拥有者会无意间通过移动 APP 主动在互联网上发布敏感信息，例如在购物软件中透露个人身高体重，甚至联系方式、住址等信息；博客留言板泄露个人敏感数据；朋友圈的信息分享；等等。

调查问卷：在日常生活中可能经常会碰到各种形式的"调查问卷""购物抽奖活动"，免费资源申请、会员卡申请等活动，这些活动通常会出现在

某个移动 APP 中，如微信公众号等。

信息收集发起者会有意或者无意地收集被调查方的敏感信息（如个人详细联系方式、家庭住址等个人信息），而信息拥有者也会因为自己主观安全意识的薄弱导致个人信息的泄露。

2. 被动泄露

被动泄露大多是在信息拥有者无意识状态下，由技术漏洞、被动采集等形式而导致的信息泄露，通常会有以下泄露形式。

常规漏洞：应用本身的安全问题是攻击者常用的窃取信息的方式之一，常见漏洞如代码注入、API 越权、XSS、暴力破解等。移动 APP 的常规安全漏洞，以及包括不安全第三方 SDK 或代码、不安全数据存储在内的移动 APP 安全问题也是本报告的关注重点，第二部分已经就这些漏洞的现状与危害做了相应的数据呈现。

客户端的木马/病毒/恶意软件：使用者不良的操作习惯可能导致终端设备中毒/下载木马/下载到恶意软件。这种行为会导致数据的严重泄露。

不安全的通信协议：文本传输、电子邮件、即时通信……不同规范、协议帮助互联网的世界有序运行。许多协议的利用如 HTTP、FTP 等在设计之初并没有考虑过安全因素，而应用却出于某些原因（如使用方便性、开发者习惯、某些历史版本继承原因等），使用不安全的协议。通常这些协议存在明文传输数据、缺少访问控制等缺陷，也会直接导致数据泄露的问题。

不安全的第三方 SDK 或代码：第三方 SDK 或代码在应用开发中经常被用到，然而使用者却无法追溯第三方 SDK 及代码的可靠性与安全性。开发者由于个人的工作习惯往往会使用不安全的第三方 SDK 及代码。这将会带来许多未知的安全风险，常见的恶意行为有：收集用于定位和追踪用户的信息，如设备的 ID 和未知信息；收集用户的邮箱地址以及安装在用户设备的应用程序列表；读取短信、邮件、电话通信记录和联系人列表等，在没有任何访问控制措施的情况下通过 Web 服务公开共享这些数据；数据的明文传输；等等。

不安全的数据存储：为了应用更快捷有效地运行，开发者需要将应用数据存储在本地，这些数据中就有涉及使用者的敏感信息，如应用软件的登录账户信息、购物软件的个人信息（身份证、家庭住址、交易密码等）。因此，应用中需要可靠的加密措施对这些敏感数据进行保护。然而，基于开发商及开发者的安全认知不足，多数应用采用弱加密或不加密的方式，这种行为会大大降低攻击者破解的难度，导致信息泄露。而移动端的内存敏感数据泄露问题也可以归结到此类别中。

不安全的数据使用：弱口令已经成为整个安全界为之头疼的话题，这个完全没有技术难度的话题却时刻挑战着用户的数据安全。无论是企业的运维人员还是普通的大众用户，依旧存在使用弱口令的习惯，而这一安全陋习也会导致其数据泄露。

网络钓鱼：有时，我们通过某些渠道收到一些奇怪的网站链接，通知你领奖；通知你更改密码信息；通知你即时兑换积分、里程；通知你登录认证信息过期、重新登录等。这类网站信息就是恶意攻击者经常使用的网络钓鱼手段，其目的就是收集信息。

应用程序访问：在安装许多移动 APP 时，用户经常会看到弹出对话框，申请"向您发送通知"或"使用您的位置"等权限。如果用户点"允许"，这些应用便可扫描并把手机信息上传到网际网络云端服务器，这样手机使用者的位置、通话记录甚至家庭住址等都很容易被人窃取。

Log 文件：Log 文件在开发过程中有着重要作用，它能有效帮助开发者定位 bug 信息，解决实际问题。同时，它还有效地起着追溯审计的作用。然而日志中也会存在敏感信息如用户名/密码、传输数据等。

不安全的配置文件：全局可读文件，应用内存在其他任何应用都可以读取的私有文件，可能造成信息泄露；APP 调试风险，允许程序被调试；私有文件存在敏感文件泄露风险；APP 备份风险，允许程序备份，可能导致用户信息泄露。

企业不合规的数据收集：出于某种目的，企业会在应用中植入某些数据采集功能，实现数据收集目的。主要形式有通过 WebService 远程数据传送、通过业务进行用户行为采集等。

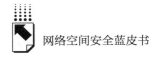
## （二）案例列举

### 1. 不安全的数据存储/传输/log 输出

针对上述移动 APP 安全漏洞及可能导致的信息泄露等安全问题，本部分将进行具体的案例列举。如开发者的安全认知不足，多数应用依然采用弱加密或不加密的方式，这种行为会大大降低攻击者破解的难度，导致信息泄露，这类 APP 案例相对普遍。如本地明文存储账号密码，见图 7。

**图 7　不安全的数据存储案例**

### 2. API 接口越权导致的信息泄露

用户在某购物应用中点击购买商品时，APP 后台会调用 API 接口查询对应用户的个人信息。这部分信息，不会显示在 APP 界面，但通过工具抓包可以看到返回的信息中包含未经打码的个人敏感信息，包括姓名、手机号码、登录 IP，甚至数据库中 Hash 密码也会返回给前端，见图 8。

**图 8　API 接口越权导致的信息泄露情况（1）**

更为严重的信息泄露问题是，APP 缺乏权限控制，遍历请求中的用户 ID，攻击者可轻易获得全站用户的用户名、密码、手机号码等敏感信息，见图 9。

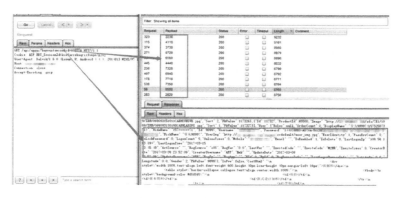

**图 9　API 接口越权导致的信息泄露情况（2）**

在某物流公司的移动端应用中，我们也可以看到 APP API 相类似的信息泄露问题，甚至都不需要身份验证，外部均可任意调用 APP 接口查询寄送物流信息，造成上千万物流订单敏感信息泄露（见图 10）。

3. 客户端的木马/病毒/恶意软件

漏洞盒子平台监控到近期手机木马 APP，利用某银行支付业务漏洞，盗刷用户银行卡。

第一步：诱导用户安装木马 APP，并隐藏图标。

不法分子通过地下黑产拿到身份证、银行卡号、电话号码，定向给用户

图10　物流应用信息泄露情况

发送诱骗信息，如"您好，这是你孩子近期成绩情况，请重视，［校讯通/成绩单］xxxxx. cn/pmg"，不少家长用户信以为真，点击了链接导致手机静默安装了木马APP软件，见图11。

点击"校讯通"APP图标，弹出界面，询问是否激活并获取相关权限，一般用户由于缺少信息安全防卫疑似会轻易点击"Activate"。

之后提示用户"应用卸载成功"，实际是隐藏了图标，见图12。

第二步：利用某银行在线支付业务特点，拦截用户短信，盗刷用户银行卡。

经过APP行为分析发现，木马通过拦截用户短信，利用某银行在线支付业务，购买虚拟产品盗刷银行卡。而某银行在线支付，输入用户手机号码，短信验证码，卡号后六位即可支付成功，见图13。

即使用户未开通在线支付业务，如图14所示，不法分子在知道用户手机号码、卡号、短信验证码情况下，也可代替被害者完成在线支付注册（实际不需要到柜台通过u盾介质开通）。由于客户端已经中招，木马APP可以将银行的支付验证码拦截并删除，整个过程用户都毫不知情。

**图 11　诱导用户安装木马 APP**

**图 12　恶意软件事例情况**

图 13　拦截用户短信盗刷信用卡案例（1）

图 14　拦截用户短信盗刷信用卡案例（2）

## （三）移动端内存敏感数据泄露

由于移动端内存敏感数据泄露，在所有数据泄露问题中显得相对突出和重要，所以这里将移动端内存敏感数据泄露问题单独作为一个部分进行探讨；泰尔实验室为这部分内容提供了数据和内容支持。2017 年初至今，泰尔实验室研究人员单独对上述 892 款移动 APP 的敏感信息保护进行检测，发现其中 96.2% 的移动 APP 存在内存敏感数据泄露风险。

移动 APP 在运行过程中会在本地保存缓存文件、配置文件、数据库文件等数据，同时在内存中会保留程序常驻内存数据、网络传输数据明文阶段数据、本地存储数据明文阶段数据等敏感数据。移动端内存敏感数据泄露，即攻击者可以通过直接获取内存空间数据的方式，窃取、篡改、劫持程序的核心交互数据。

1. 内存敏感数据为何需要保护

泰尔实验室研究人员通过对移动应用信息泄露的检测分析发现，按照移动应用使用场景可将敏感数据泄露情况分为三类。

第一是用户信息泄露，指移动应用在主动或被动的情况下，泄露用户个人敏感数据，如用户姓名、身份证号、联系方式、地址等；第二是登录信息泄露，指移动应用在登录过程中，泄露本应用的用户登录相关信息，如登录账号、登录密码、短信验证码等；第三是交易信息泄露，指的是在业务交易的过程中，泄露用户交易相关信息，如交易账户、交易金额、开户银行名称、开户银行地址等。

这些数据在移动终端内存处理过程中，大多是以明文的形式进行的，容易受到攻击。一方面，手机银行等移动 APP 在运行过程中，用户在进行转账汇款等交易时输入的账号、开户行等敏感数据信息在写入移动终端内存时，可被黑客利用相关技术手段进行篡改，使得原本要转给亲友或企业的资金被转入黑客指定的账户。另一方面，黑客也可以通过获取移动终端内存相关数据，劫持手机银行等移动 APP 运行时关键 Activity 组件，对登录或支付界面进行劫持替换，窃取用户登录或交易的敏感数据。

2. 内存敏感数据泄露现状

如图 15 所示，虽然从总的移动 APP 安全漏洞数据来看，金融类 APP 在安全性方面相较其他类别表现尚可，但泰尔实验室研究人员通过对 892 款移动 APP 的内存敏感信息泄露进行检测分析发现，仅内存敏感信息泄露问题，移动金融类 APP 位居榜首，存在内存敏感数据泄露风险的金融类 APP 占比高达 88%，其次为购物类和生活服务类移动 APP。

如图 16 所示，实验室研究人员检测分析结果显示，金融类 APP 中存在内存敏感数据泄露高危风险的手机银行 APP 涉及国内多家大型商业银行，而中小银行的内存敏感数据泄露风险更高。被检测的手机银行 APP 存在自身防御手段较弱、易被破解等安全风险，导致用户在使用手机银行 APP 进行转账、支付等操作时，容易被黑客通过相应的技术手段劫持用户的转账交易信息，致使用户的转账交易资金被非法窃取。

《2017 金融行业应用安全态势报告》提到，金融服务行业已经成为攻击者的主要攻击目标——互联网与移动金融近两年发展迅速，而金融类 APP

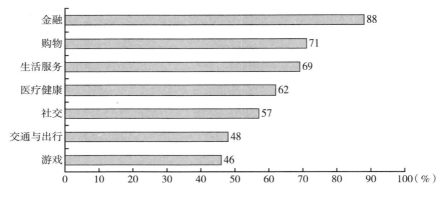

**图 15　内存敏感数据泄露现状（1）**

的内存敏感数据泄露问题的确给用户的隐私和财产安全带来了严重威胁。

中国泰尔实验室建议企业应当利用独立 SDK 检测工具来提高移动应用的安全等级，针对风险点进行安全防护，增强移动应用运行过程中敏感数据的保密性，达到防查看、防盗用、防篡改的目标。同时，对移动应用中的数据进行加密处理，并在运行时动态解密。

此外，应在安全组件设计过程中加入内存敏感数据防御功能来解决此类问题：如在 APP 开发阶段，对程序核心数据进行代码阶段的迁移保护；在 APP 编译阶段，对程序核心数据进行格式变换的保护及解析，确保程序核心数据及敏感数据在整个 Android 生命周期中都处于安全状态。而安全与设计的融合也是下文研究分析中将要从更大维度强调和展开的内容。

### （四）移动 APP 安全漏洞及信息泄露成因

为了追踪和深入了解移动 APP 安全漏洞及信息泄露问题，我们针对移动 APP 开发者、项目管理人员下发了近 300 份问卷，期望从根源上窥探当前移动 APP 安全现状的成因，并尝试就问题本身提出有价值的建议。Arxan 在《第 5 次应用安全年度现状报告》中激进地提到，其 50% 的受访企业组织对移动应用安全几乎是零预算状态。从我们的统计结果来看，超过七成（72%）的受访者均表示其 APP 开发有安全方面的专门开支，但很少有开发

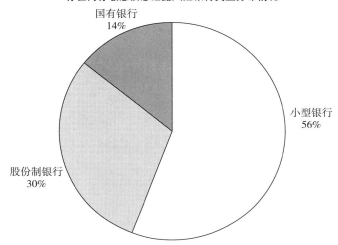

存在内存敏感信息泄露风险银行类型分布情况

国有银行
14%

小型银行
56%

股份制银行
30%

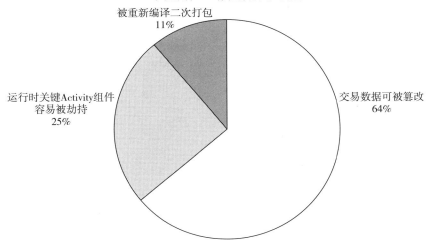

手机银行APP存在部分风险问题

被重新编译二次打包
11%

运行时关键Activity组件
容易被劫持
25%

交易数据可被篡改
64%

**图16　内存敏感数据泄露现状（2）**

者或项目管理人员知道这笔开支在整个项目，或者企业级 APP 安全在企业 IT 预算中的占比情况。

不过我们依旧发现，即便再怎么呼吁将安全融入开发和运营流程中，就如今国内移动 APP 的现状来看，安全似乎仍然是明确脱离于开发之外的话

题。这一点从开发者的反馈中就能表现出来，也表明移动 APP 安全问题的改善依旧任重道远。

1. 开发者对于 APP 安全性普遍更悲观

在上文中，报告提到一般用户对于移动 APP 安全性是相当乐观的，而在那份针对消费用户的问卷中，部分参与开发过程的受访者已经表现出对于移动 APP 安全的消极态度。在这份主要针对开发人员和项目管理人员（及部分安全专家）的问卷中，从开发的角度来说，受访者明显认为移动 APP 安全性做得不够到位。

近一半（49%）受访者认为，其 APP 安全性未满足预期，需要提升；8%的受访者则表示开发的 APP 在安全性上完全不满足预期，理应推倒重来；38%的开发者与安全专家认为其 APP 安全性基本符合预期；仅 5%的受访者认为安全性超出预期（见图 17）。这和前文提到 48%的普通消费用户认为使用的 APP 是安全的这一结论恰好相反，足见消费用户对于 APP 安全的自信绝大部分是盲目的。更何况在很多情况下，普通用户还会从未受信任的源下载 APP，其盲目性会显得更加突出。

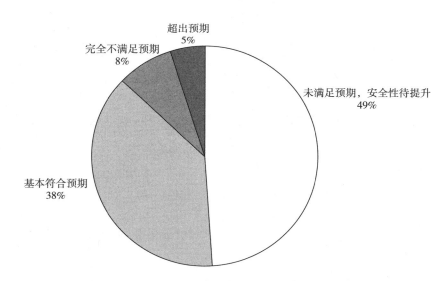

**图 17　在开发者看来，移动 APP 的安全性是否到位**

且即便是开发者，对于移动 APP 安全性的认识也可能是不到位的。比如某些 APP 曝出安全漏洞或用户数据泄露的事件之后，其他同类业务的开发者和安全专家会庆幸，幸好不是自家 APP，或因此认定自家 APP 安全性是到位的。实际情况可能和 APP 的市场影响力以及攻击者的目标有关，而并非安全性足够到位。

2. 开发与安全的分化是根本原因

SANS Institute 近几次的《应用安全现状：拉近距离》报告反复提到了 Builder 和 Defender 之间的分化和距离。这里的 Builder 就是指 APP 开发者（架构、开发、设计）与 APP 开发决策人员，而 Defender 除了运营之外，则是泛指负责 APP 安全的研究人员，可以是企业内部的专门安全人士，也可以是外部安全服务团队。SANS 的这份报告重在从企业内部 APP 及其安全的角度来阐述移动 APP 的安全问题。其中提到一个有趣的现象，即超过 25% 的 Defender 并不知道企业中使用和管理多少应用，而这原本是 Builder 很容易为 Defender 提供的信息，足见开发和安全是何等分裂。从我们的统计来看，面向普通消费用户的移动 APP，在国内的情况也大同小异。

从 FreeBuf 研究院的统计结果来看，绝大部分开发团队的移动 APP 安全会依赖第三方安全服务提供商（68%）和安全工具（48%），较少的企业组织或开发团队拥有独立安全人员，或者说安全问题可由自己解决（见图 18）。这个问题是由来已久的，且早前被开发者认为是理所应当的，即我负责开发，不负责安全。而且即便是内部有专门安全人员的开发团队，其开发和安全依旧存在分化的问题。

69% 的开发者认为，"安全问题应该找专业人员来解决"，言下之意即安全是其他人的工作，这个比例显得有些令人惊讶。认为"很难腾出时间解决安全问题"和团队"缺乏资金支持"的占比分别达到 65% 和 58%，但最高比例（80%）的开发者认为难点在于自己"缺乏相应的安全知识和技能"。可见开发者和安全专家之间的确存在较大鸿沟，或者也可以认为安全培训在 APP 开发中是极为缺失的。

"很难腾出时间解决安全问题"这一选项可表征的是，开发者所专注的

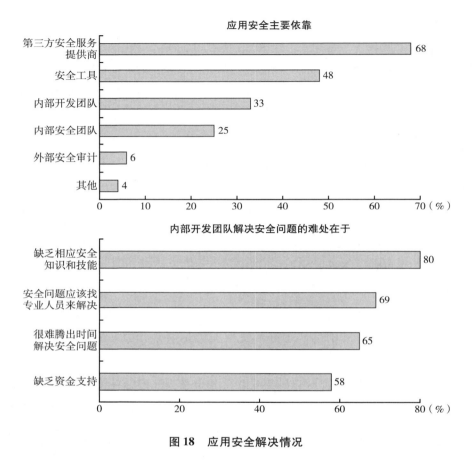

图 18　应用安全解决情况

主要是移动 APP 的功能特性及其更新，开发团队需要按照要求及时将 APP
交付到市场上。这可能也正是开发人员默认"我负责开发，不负责安全"
的根源所在，因为毕竟安全专家没有这方面的压力。另外，绝大部分安全专
家实际对于 APP 开发也不够了解，双方的鸿沟因此形成。这甚至使得针对
APP 安全补丁的开发都成为一种挑战，此时如果再加上企业组织内部的其他
组成部分，安全问题的解决将变得更为复杂。

　　诚然双方工作的优先级是有差异的，但仍有越来越多的企业组织开始采
用合作式的 DevOps 实践，将 APP 开发的项目管理人员、开发者、运营者与
信息安全结合起来，并在系统构建和运营间实现责任共担，这才是健康的

APP 开发方式。我们认为，正如前文提到安全性能够成为移动 APP 差异化竞争的优势项，未来越来越多的开发者和企业组织意识到这一点后，开发和安全的这种鸿沟会随着此类趋势发展而逐渐弥合。安全本身会因为市场现状成为双方沟通的一种推动力。

3. 当前 APP 安全最大驱动力仍是合规

从受访的开发者选择为自家 APP 所做安全活动的数据来看，绝大部分开发者、安全专家或企业组织都为 APP 进行过渗透测试，且许多企业内的安全专家将渗透测试（以及安全培训）看作安全控制和实践有效性的最佳活动。[①] 实际上，渗透测试经常作为安全阶段性检查或强制合规的组成部分，且渗透测试在 APP 安全方面具备了相当价值。但开发团队和安全团队如此看重渗透测试，实际上也是他们对安全与开发做切割的客观表现，从源头上并没有形成从移动 APP 设计和构建阶段就加入安全考量的意识。

而且绝大部分（36%）APP 开发和安全团队进行 APP 安全评估与测试的时机，仅在应用发布（更新或升级等）之前，更有甚者（20%）是发现安全问题后才做安全评估与测试；9% 的开发者在首次应用发布之后就再也不对 APP 做安全评估与测试，这几乎可以认为是对 APP 安全问题的漠视（见图 19）。

从根本上来说，约四成（42%）开发者和安全专家认为，其移动 APP 安全的主要驱动力在于强制合规（或者对于审计结果的响应）——这从安全的角度来说表明国内的移动 APP 开发仍处于初级阶段（见图 20）。无论是渗透测试成为"安全最佳实践"，还是合规审计成为"安全最大驱动力"，都充分表明安全和开发的割裂。

合规作为防御方的主要驱动力，能够表现防御方与攻击方的不对等。SANS 在报告中提供了有趣的一份数据，其报告测试的 19 款医疗健康类 APP 是获得 FDA（美国食品药品监督管理局）认证批准的，但其测试表明这些 APP 并不比其他普通 APP 更安全。SANS 在报告中提到：作为具体规则和标准

---

① SANS，State of APPlication Security：Closing the Gap，https：//www.sans.org/reading-room/whitepapers/analyst/2015 – state-application-security-closing-gap – 35942.

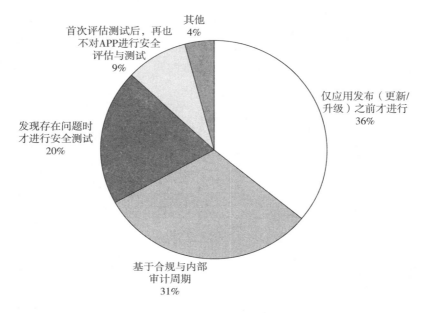

**图 19　对移动 APP 进行安全评估和测试调查**

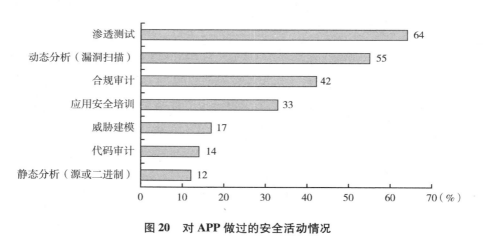

**图 20　对 APP 做过的安全活动情况**

制定的实体通常滞后于网络犯罪。这已经很好地表明了，合规从来不能也不应该作为 APP 安全的主要驱动力，它只对 APP 安全提出最基础的要求。但对国内的开发商而言，真正做到合规仍是第一步，这种投资也是完全有必要的。

从我们的调研结果来看，仅有 12% 的开发者回应称其安全就处在移动

APP 开发的标准流程中（见图 21）。这可能是未来很长一段时间内移动 APP 开发需要解决和正视的问题。

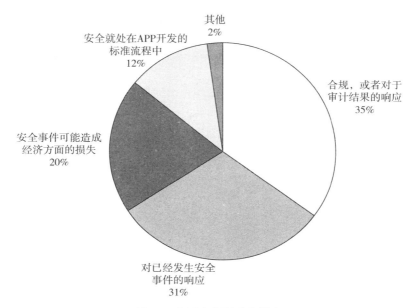

**图 21  应用安全驱动力调查**

4. APP 安全投入还会增加

许多开发者及其所在的企业组织已经意识到安全培训对于移动 APP 开发的有效性，而且他们中的绝大部分也了解开发与安全相结合的重要性。但由于开发者和安全专家在工作优先级上的差异，近五成企业组织从来没有或者很少为开发团队提供安全培训——需要注意的是，这里主要是指对开发团队的安全培训。SANS 的报告中提到，安全培训是其受访者认为安全实践有效性评价最高的项目。

统计结果显示，仅 25% 的开发团队会借由内部安全团队进行 APP 安全开发培训，22% 则会邀请第三方安全专家进行培训，极少数团队会针对开发中的不同角色，为其进行强制性的安全认证。就很少进行安全培训的团队而言，这个数字还是有极大的提升空间的。

好在过半的企业组织表示，未来一年内会少量增加移动 APP 安全方面的投入；20%则表示会大幅增加投入；26%有可能增加投入（见图22）。即便这个统计结果可能偏向乐观，移动APP安全总体仍是在朝着好的方向迈进的。

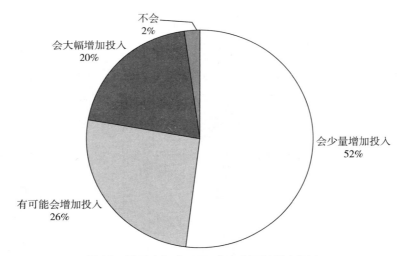

**图22　是否会加大APP安全方面的投入调查**

# 四　解决方法与安全建议

## （一）移动APP安全该怎么做

### 1. 安全开发运营层面

2007年Android系统出现至今，移动APP安全走过了几个时代。2012～2014年，安全加固服务开始崭露头角。不过彼时的安全加固只解决了客户端和代码安全问题，对隐私、业务、通信安全而言并没有很大的帮助；到2015年开始有了移动APP安全检测服务，这个阶段的安全加固引入了自动化审计，对通信安全有了一定的帮助，但隐私安全和业务安全依旧是问题。

就安全部分，移动APP安全加固现如今的发展阶段引入了"安全生态链"（见图23），所以顺势出现了融入整个APP开发上线周期链中的全套安全服务。这个生态链包含了安全 SDK 组件、安全编译器、安全检测与风险评估、安全加固、渠道检测和智能云更新。该生态链对行业而言是有价值的。如报告中提到的内存敏感数据即贯穿移动应用产品的整个生命周期，仅仅采取单一的 APP 加固解决方案并不能完全杜绝敏感信息泄露问题。

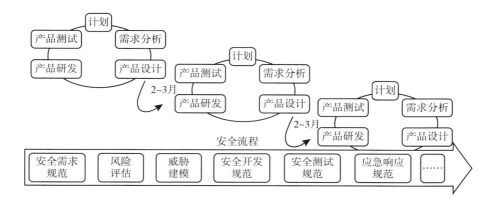

**图 23　安全生态链**

这个生态链的本质在于将安全融入开发周期中，试图解决开发和安全分割的问题。不过，这仍是需要开发团队或项目管理人员，以及配套的安全专家真正树立起足够的安全意识并跨出一步，做出配合方能见效的。

本次报告的前三部分内容从移动 APP 安全漏洞、APP 仿冒、数据泄露等安全问题入手，以统计和测试数据为依托，对这些安全问题的现状进行解读和分析，期望从 Android 平台移动消费类 APP 客户端安全问题的角度，对移动安全进行管中窥豹，并让所有读者了解移动 APP 安全问题的紧迫性。

漏洞盒子与启明星辰的安全专家为此提出建议：移动 APP 安全，也包括报告中探讨并不多的企业级 APP 安全，都不是游击战，不应该在察觉到漏洞后才去修复，遇到安全事故才采取补救措施。安全需要的是未雨绸缪，而非亡羊补牢，反复进行安全补救只会让产品千疮百孔。攻击者可以通过一个两个漏洞去挖掘自己需要的信息，而企业则需要正规化的体系建设来支撑整个产品生命周期的安全。

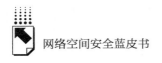

面对 APP 应用整个产品生命周期管理各个阶段，操作建议如下。

需求阶段：这个阶段需要将 APP 应用的功能需求统一规划制定出来，而需求文档是整个移动应用开发的指导性文档。文档中需要涵盖客户对安全的需求、企业自身对安全的需求、开发安全需求、测试安全需求等。

产品整体设计阶段：这个阶段可根据企业自身的安全开发规范、安全评估规范进行整体安全设计，其中包括应用安全、源码安全、数据安全、通信安全、服务安全等。

产品开发阶段：这个阶段需要保证需求与设计阶段的落实，包括是否遵循企业安全编码规范、是否有质量把控等。

产品测试阶段：产品安全测试阶段主要是针对 APP 应用的安全评估工作，以及安全评估规范要求，查验产品安全落实情况。整个评估过程需要符合客观性与公正性原则、经济性和可重用性原则、可重复性和可再现性原则，以及符合性原则。增加有效的测试过程，保证产品上线前的安全性。

产品运维与运营阶段：产品发布过程中需要有安全发布流程，针对 APP 应用发布渠道进行监控，确保发布渠道安全、可信、可控、可用。产品上线后更需有效管理，有必要的监控措施和问题反馈渠道，建立运营管理操作规范。

安全事件处置与应急响应：产品在运营过程中需要进行必要的预案准备，当安全事件发生时，启用预案响应机制进行安全事件处置。对未知事件根据相关规范进行事件分类、定级，制定相关处置措施，必要时成立专家项目组进行应急响应。

应用废止阶段：这是软件生命周期的最后环节，应当保证应用在转移、终止、废弃时，对应用中的敏感数据、核心技术进行保护，确保各个环节的安全性。

2. 企业安全战略布局与行业监督管理层面

除了开发与运营层面的具体实施，中国信息通信研究院安全研究所从企业安全战略布局与行业监督管理层面提出更多建议。相关企业应以合规合法运营为根本，以促进企业持续健康发展为目标，积极转变发展理念。

大力提升安全意识，强化内部安全管理，确保合规合法运营。移动应用安全漏洞频发，数据泄露问题时有发生，严重损害了用户合法权益。《网络安全法》中提出网络运营者开展经营和服务活动，需要履行网络安全保护义务，接受政府和社会的监督，承担社会责任。

积极转变发展理念，进行安全战略布局，促进企业持续健康发展。为抢占移动互联网入口，企业各方不遗余力地推广与更新自身应用，重用户体验而轻安全保障。但历次数据泄露等安全问题的爆发，无不给企业带来巨大的经济损失和重大的不良社会影响。相关企业亟须转变理念，加大安全投入，积极在网络安全上进行战略布局，提升行业安全竞争力，促进企业持续健康发展。

行业管理者可从安全管理机制建立健全、标准体系配套完善、安全意识重点提升方面着手，积极引导提升行业安全基准、大力增强移动 APP 安全防护能力。

第一，强化移动 APP 安全防护能力审查机制，积极引导提升安全基准。我国相关主管部门需积极引导提升移动 APP 安全防护能力水平，增加对企业自主研发移动应用的安全防护能力审查力度。一是将其作为基础电信企业网络与信息安全责任制考核要点，保障安全基线要求，并积极推动相关工作落地实施；二是深入贯彻《国务院关于积极推进"互联网+"行动的指导意见》，重点开展"互联网+普惠金融""互联网+益民服务""互联网+电子商务""互联网+高效物流"等典型互联网企业移动应用安全防护审查试点示范工作，健全行业网络安全防护审查机制。

第二，增强监管标准技术支撑能力，强化平台主体责任。一是完善相关标准体系，积极推动《移动应用开发安全能力技术要求/评估》等标准的贯彻实施，为开发实践、安全防护测评提供指导；二是增强监管技术支撑能力，强化事中监管薄弱环节，支持国内第三方检测、评估、认证相关技术手段建设，为行业监管提供有力抓手；三是引入平台治理模式，移动应用分发平台在应用上架前的安全审核中，可增加移动应用安全防护能力测试评估，从分发源头进行安全防控。

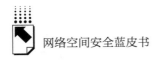

第三，引导提升企业安全意识和能力，激励行业安全技术创新。鼓励相关组织机构，一是展开"移动应用安全开发"宣传周活动，推进网络安全文化建设，增强企业安全意识；二是开展 APP 安全开发培训、竞赛，提高开发者安全开发能力；三是组织产业峰会、学术沙龙，加强技术交流，鼓励行业安全技术创新。

## （二）合规本身是一种投资

欧盟《一般数据保护条例》（GDPR）关于个人信息违法的罚款可达2000 万欧元或上年全球营业收入的 4%。对于那些年入数百亿美元的跨国企业来说，一旦确定其违法，罚款金额将是惊人的数字。全球各地的监管机构和法院普遍采用巨额罚款或赔偿手段来惩治相关数据泄露的违规违法行为。

虽然报告在总结移动 APP 安全问题频发时，将其中部分原因归结为近四成开发团队进行 APP 安全实践的驱动力只在于合规。但就国内开发商和开发者现阶段状况而言，合规仍是首先需要迈过的一道门槛，且国内相关规定虽不及发达国家，却也正在发展和完善，对于移动 APP 安全而言具有推动力。

2016 年 11 月，中国正式出台了《中华人民共和国网络安全法》，并于2017 年 6 月 1 日开始施行；2017 年 5 月 2 日，国家互联网信息办公室发布《网络产品和服务安全审查办法（试行）》。未来国家还会增加更多促进网络安全的相关法律法规，推进网络安全的发展。针对数据泄露相关问题也在部分条款中做了明确说明，如《网络安全法》第二十一条国家实行网络安全等级保护制度。网络运营者应当按照网络安全等级保护制度的要求，履行下列安全保护义务，保障网络免受干扰、破坏或者未经授权的访问，防止网络数据泄露或者被窃取、篡改：

（一）制定内部安全管理制度和操作规程，确定网络安全负责人，落实网络安全保护责任；

（二）采取防范计算机病毒和网络攻击、网络侵入等危害网络安全行为的技术措施；

（三）采取监测、记录网络运行状态、网络安全事件的技术措施，并按照规定留存相关的网络日志不少于六个月；

（四）采取数据分类、重要数据备份和加密等措施；

（五）法律、行政法规规定的其他义务。

第三十一条、第四十二条、第四十五条对数据泄露都有相关规定。于此，合规是成本还是投资这一问题的答案已经相当明确。从大众视角来看，《网络安全法》的颁布标志着中国互联网安全正式告别蛮荒时代。对企业而言，贯彻落实《网络安全法》合规性的过程本身就是一种投资。不仅在避免因违规而遭遇处罚的问题上，合规投入有了最为显著的收益，而且唯有做到合规，才真正有了安全性可言，业务开展及其连续性才能得到基本保障，这是移动 APP 安全、企业安全乃至整个信息安全领域的第一步。报告中的更多举措建议不只是呼吁，而理应上升为责任与义务。

# B.4
# 区块链技术和数字货币应用的
# 相关安全问题研究

腾讯守护者计划安全团队 *

**摘　要：** 区块链技术面世至今已近十年，其以去中心化、分布式存储等特点，对传统互联网架构造成了巨大的冲击。作为区块链技术的第一批应用，数字货币近几年来快速发展，种类和价格一路走高，但在其以"自主监管"的特性为人追捧的同时，也往往与非法交易密不可分。本文从区块链、数字货币的基本概念、特点、风险入手，结合腾讯公司运用安全能力对我国网络黑灰产的打击治理实践和探索，对区块链、数字货币涉及被利用引发的网络黑灰产做出盘点和浅析，并在此基础上尝试提出治理建议，期望为中国网络空间在政府有效监管和行业自律下取得更快更好发展做出贡献。

**关键词：** 区块链　数字货币　网络安全

---

\* 腾讯守护者计划是腾讯公司推出的公益平台，其充分发挥大数据分析、研发能力和海量用户运营经验，联合政府、行业及用户，共同防范和打击新型网络违法犯罪，促进行业技术创新和研究经验分享，着力维护网络空间清朗。本文由腾讯守护者计划安全专家与安全管理部高级研究员主笔，基于安全团队长期开展的网络犯罪研究及反诈实践完成。主要撰稿人：周正，中山大学公共管理学硕士，腾讯安全管理部高级研究员；赵文俊，复旦大学公共管理学硕士，腾讯守护者计划安全专家；李新，中国人民公安大学治安学学士，腾讯安全管理部高级研究员；张文涛，毕业于西安电子科技大学，腾讯安全管理部高级研究员。

# 一　区块链和数字货币概述

## （一）基本概念

区块链（Blockchain）是一种用分布式数据库识别、传播和记载信息的智能化对等网络，由比特币协议及其相关软件 Bitcoin-Qt 的创造者中本聪在 2008 年于《比特币：一种点对点的电子现金系统》一文中提出，同时他还提出区块链的第一个应用——比特币（Bitcoin）。

在区块链网络中，任何参与者都可以成为其中一个节点。每个节点都能在区块链中保存信息，只要符合该区块链的基础规则，节点产生的新信息就会以"区块"的方式储存，进而以时间轴为"链"不断叠加。区块一旦形成就不易被修改，网络上的各个节点都能进行访问。

## （二）区块链的特点

### 1. 去中心化

去中心化是区块链技术的核心。区块链技术从根本上改变了需要一台中心服务器存储数据或由一个中心组织来评判信用的局面，或者说，它解决了缺少可信任中央节点和可信任通道情况下数据确认和存储的问题。在节点生成区块的过程中，由于遵循了该区块链网络的基础规则，生成的区块便是有效可信的，并同步到该网络其他节点；若未遵循规则，则生成的区块就会遭到其他节点的拒绝，导致无法保存。

可以看到，在此信息生成、保存过程中，传统互联网（亦称信息互联网）时代的信息发布权限边界被打破了，不再是权威平台或机构拥有信息发布权，取而代之的是在规则共识下，任何一个区块链网络参与者，都是平等的发布权拥有者。

### 2. 数据不易被篡改

区块链网络中的数据呈分布式存储状态，因此每个节点所拥有的数据库备份都是同步的。不同于中心化网络结构中，一旦中心服务器被攻破就会威胁数据安全的情况，在区块链网络中，单独篡改一个或多个节点的数据库是无效的。理论上要篡改区块链上的数据，攻击者必须要在两个区块生成的间隔时间内，同时篡改超过半数以上的节点数据，才有可能成功，攻击篡改门槛高，成功率低。因此，信息数据的完整性、可靠性能够得到最大限度保障。

随着区块链网络的扩大、节点的增多，全链条上发动网络攻击、篡改信息的成本和难度将会上升，有助于信息安全性的进一步提升。

3. 信息公开透明

由于区块链网络中各节点拥有相同数据备份，所以该体系中存储的信息是公开透明的。以最典型的区块链技术应用比特币为例，区块链中完整记录了每一笔交易的交易双方、交易时间和金额。交易双方以"公钥"的形式体现，每一个"公钥"对应一个比特币钱包，自比特币诞生起每一笔交易都存在区块链数据中，且保存在全球任何一个加入比特币网络的用户计算机系统中。

4. 数据匿名性

区块链节点之间的数据交换基于协商一致的规范和协议（即该区块链网络的基本协议，如一套公开透明的算法），人为的干预不起作用，对"人"的信任变为对机器的信任，所有节点能够信任系统环境而自由安全地交换数据，节点之间无须信任彼此，亦无须通过公开身份的方式确认交易节点，具有匿名性。

由于信息数据分布保存而具备的公开透明性，个人隐私信息保护显得尤为重要，而区块链数据匿名性也能实现隐私保护。仍以比特币网络为例，在全网分布存储历史全量交易数据（交易双方、时间、金额）的同时，又不能把交易者（用户）信息暴露在外，所以在"公钥"代表用户之余，设计了"私钥"来将用户和其真实身份解释做关联，由此同步实现数据的公开与隐私的保护。

## （三）区块链的类型

区块链系统根据设计体系和应用场景的不同，一般分为公有链、联盟链和专有链（私有链）。

公有链的各个节点可以自由参与区块链数据的维护和读取，容易部署应用程序，运行时以扁平的拓扑结构互联互通，完全去中心化不受任何机构控制。典型应用如 BTC（比特币）、ETH（以太坊）等基于开源项目的数字货币区块链系统。这也是最为公众和外界所知的区块链概念类型。

联盟链的各个节点通常有与之对应的实体机构组织，通过授权后才能加入和退出网络，是一种半开放类型的系统。各机构组织组成利益相关的联盟，共同维护区块链的健康运转。

专有链各个节点的写入权限收归内部控制，而读取权限可视需求有选择性地对外开放。专有链仍然具备区块链多节点运行的通用结构，适用于特定机构的内部数据管理与审计。专有链系统最为封闭，仅限企业、机构或单独个体内部使用，不能够完全解决信任问题，但可改善可审计性，因此又被称为"私有链"。具体如图 1 所示。

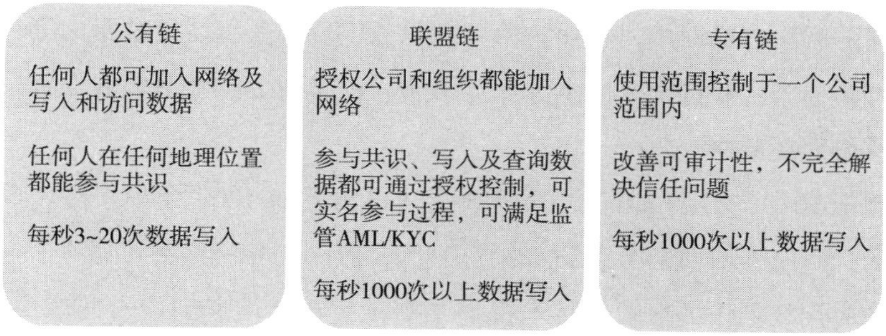

| 公有链 | 联盟链 | 专有链 |
|---|---|---|
| 任何人都可加入网络及写入和访问数据 | 授权公司和组织都能加入网络 | 使用范围控制于一个公司范围内 |
| 任何人在任何地理位置都能参与共识 | 参与共识、写入及查询数据都可通过授权控制，可实名参与过程，可满足监管AML/KYC | 改善可审计性，不完全解决信任问题 |
| 每秒3~20次数据写入 | 每秒1000次以上数据写入 | 每秒1000次以上数据写入 |

**图 1　区块链的类型及特性**

资料来源：工信部，《中国区块链应用和发展技术白皮书》，2016 年 10 月。

### （四）区块链技术的应用场景

在国务院印发的《"十三五"国家信息化规划》第四部分重大任务和重点工程中，明确指出要加强包括区块链在内多种新技术的基础研发和前沿布

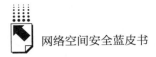

局。基于区块链系统的不同类型和技术特点，其已在互联网行业的多种场景实现不同应用（见图2）。

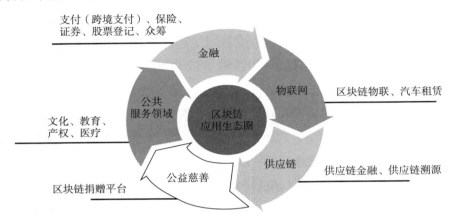

**图 2　区块链经济发展的重点行业**

资料来源：腾讯公司，《腾讯区块链方案白皮书》，2017 年 4 月。

1. 数字货币

伴随区块链的诞生，以比特币为首的数字货币是区块链技术的第一批应用，可被称为区块链 1.0 版本。比特币后，以太坊、门罗币等数字货币如雨后春笋般发展起来。

截至 2018 年 4 月 24 日，全球数字货币种类有 1200 余种，市场单日交易额约 2500 亿元，数字货币总市值接近 2.5 万亿人民币。①

此应用场景中的区块链技术提供了一种货币从生成到流通的解决方案，由于总数恒定，很大程度上避免了法币可能遭遇通货膨胀的风险。但由于去中心化特点和无须政府干预的特性，数字货币发展的同时，其监管面临极大挑战。

2. 金融行业

由于区块链技术与金融行业的契合度更高，也受到数字货币的"首因

———————

① 《2018 年 Q1 数字货币交易平台研究报告》，2018 年 5 月。

效应"影响，金融行业成为区块链应用从数字货币扩张走向其他领域的第一站。为解决金融交易中的诚信、记账、数据安全等问题，国际上成立各类型区块链产业联盟，推动区块链技术上在金融行业的应用。如 2015 年 9 月成立的 R3 区块链联盟，先后吸引了全球数十家国际银行和金融机构加入，共同开发区块链技术架构。① 国内也成立了中国区块链研究联盟（CBRA）、中国分布式总账基础协议联盟（China Ledger）、金融区块链联盟（金链盟），在致力于金融行业开发运用区块链技术方面有较大影响力。

3. 社会管理

2017 年下半年，我国政府、企业和学界开始将区块链技术应用向社会管理领域拓展。基于数据公开透明、不易篡改等特点，人们发现在知识产权、票据信用、审计、医疗信息储存等领域，区块链技术有着广阔的运用空间。

2018 年 5 月，深圳市国税局和腾讯公司合作发布国内首个基于区块链的数字发票解决方案，这一应用将有效解决税务场景中存在已久的一票多报、虚报虚抵、虚假发票等顽疾，标志着区块链应用场景，从单一的数字货币、金融领域向征信、文娱、医疗、公益等经济社会管理领域延伸。

4. 公益寻人

在社会公益方面，区块链的数据可信、信息透明等特性优势能满足公益捐赠对信任与合约的要求。基于区块链技术的共识机制和智能合约，公益捐赠在发起、认领、支付和审计等环节均能实现良好的技术监督和管理。

2017 年 5 月，腾讯公司启动"公益寻人链"项目。腾讯可信区块链在接入读写全球寻人协议（PFTF）基础上，结合国内公益寻人的实际特点，利用成熟的区块链模型"分布式账本"，构建"公益寻人链"。通过区块链技术优势，整合多个平台和渠道资源，加固信任机制，安全快速地共享公益寻人信息数据，提升公益寻人效率和安全性。

① 张苑：《区块链技术对数字经济发展的影响研究》，《全球数字经济竞争力发展报告（2017）》，社会科学文献出版社，2017。

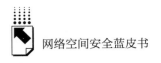

# 二 区块链技术面临的挑战

## （一）分布式存储下的数据安全两难

前文提到，区块链技术具备数据公开透明和匿名的特点。但不可否认的是，数据的天生分布存储仍有可能带来泄露风险。尽管针对这一问题设计了"公钥＋私钥"的解决方案，平衡数据公开与隐私保护间关系，可随着应用场景的多样化，特别是在其他交互性更强的场景（如个人征信或智能合约等），信息安全与信息公开间的矛盾，将极有可能浮出水面。

在现有信息互联网体系下，盗取核心数据需要黑产人员具备专业技术或使用专业工具，通过采取一系列"钓鱼""撞库""入侵"行为，从中心数据库拖取数据资料，盗取其中隐私信息；鉴于区块链节点备份有全量数据库，若该技术被黑产人员利用，他们只需进行简单提取，再加以破解即可盗取所需信息。

## （二）私有数据唯一性确权

在比特币网络中，"公钥＋私钥"是认定钱包和资金归属的唯一途径。公钥证明用户钱包的存在，私钥是开启钱包的唯一钥匙。私钥一旦丢失，用户就会面临资金数据无法找回的风险，尽管由于公钥的存在，所有节点均承认这笔资金的归属，但无法帮助该用户重新拥有它。这是基于区块链技术比特币网络安全性的设置和体现，但同时也牺牲了意外发生后的救济可能。

在区块链更广泛的应用场景中，数据维度更多，数据全公开不加密保存的概率微乎其微，一旦用户丧失私有数据确权依据（甚至私钥被盗篡改），损失将可能无法挽回。因为用户无法再像传统互联网那样，通过求助中心机构来重新获取密码。可以预见，这一风险极有可能被黑产人员加以利用，以专门破解私钥，借机敲诈勒索。

## （三）程序正义大于内容正义

区块链数据的生成严格遵循规则，因此被规则确认并存储的区块链数据便是"可靠可信的"。相对于传统互联网的信息存储方式，这一点尤为突出。

譬如，某用户在传统互联网络中发布一条有害、不实信息，内容平台（中心机构）能够通过审核机制将不良信息屏蔽或删除，如同这条信息从未出现过。在区块链网络中，信息一旦被规则认可（或夹杂在被规则认可的其他信息中）发布成功，将会永久存于"区块"内，无法被删除。但这种"程序正义大于内容正义"的特点，给不良信息监管带来极大挑战，也会被黑产人员利用，在区块链网络上发布虚假、色情、恐怖等有害信息，污染网络环境。

## （四）能源和资源消耗奇点

区块链技术诞生的前几年，去中心化策略使得数据遭遇攻击的威胁处于低点，网络硬件维护和人力成本也被大大降低，区块链技术应用多以"绿色、经济、高效"形象示人。然而随着时间的推移，其不可篡改性、全历史数据库分布存储技术，将会造成数据规模越来越大，每一个节点都将面临巨大的存储压力。

以比特币网络为例，起初每个区块大小设定为 1MB（后决定可升至 2MB），尽管平均 10 分钟才产生一个区块，但诞生至今，其每个单一节点的存储容量已超过 180GB，产生不小的存储压力。其他场景区块链网络因存储数据容量更大或更新周期更短，存储压力和维护成本呈指数级上升。数字货币区块链，还将面临与"挖矿"相关的运算压力和电力资源消耗，这些都会背离"绿色、经济"的应用理念。特别是"挖矿"环节，目前已出现因个人用户无力承担日益增加的资源消耗（电力及设备投入为主），由此产生的算力集中解决方案——矿池（下文详述），将分布式节点理论和实践初衷，演变成少数机构和矿池的"权威"信息发布平台，给信息安全与合法性带来挑战。

## 三 区块链和数字货币风险案例及黑产分析

近年来，网络黑产已呈现集团化、趋利化、产业链细分化的趋势。[①] 由于网络黑产犯罪的趋利性，目前涉及区块链的黑产主要集中在以公有链为主的数字货币及其算力等衍生方面。

去中心化特性和私钥的存在，使得数字货币交易的匿名匿踪性特点显著，不法分子正是利用这一点来布设暗网和进行非法交易，比如，交易双方往往使用比特币作为资金的载体逃避追踪打击。黑产演变过程中，衍生出网络攻击、敲诈勒索、控制僵尸网络挖矿、侵犯公民信息、洗钱等不同形式的违法犯罪行为。此外，国内已出现利用区块链技术和数字货币 ICO 概念二次包装，进行集资诈骗等违法犯罪活动。

### （一）信息内容安全问题

2018 年 4 月 23 日，有网民以 0.23 美元的成本，将"北大岳昕公开信事件"以代码形式写入 Ether（以太币）的交易备注信息中，通过公开平台查询和编码转换方式，即可查看"公开信"的中英文全文内容（见图 3）。7 月 22 日，有网民以 2.34 美元的成本，将一篇《兽爷，疫苗之王》的网文内容，以相同手法写入 Ether（以太币）。

这种利用公有链上加密数字货币交易备注的方式，将敏感信息内容注入区块链中，相关数据会被同步复制记录到 Ethereum 区块链的分布式存储节点，无法修改删除，也很难溯源，给信息内容安全和网络监管带来挑战。

此前，媒体报道德国研究人员的发现，存储在比特币区块链中的约 1600 个文件，有 59 个数据文件暗藏有害信息，含有 274 个虐童和儿童色情有关的链接、142 个暗网内容链接。

理论上，在区块允许的记录容量内，数字货币的附加信息，可被写入任

---

① 百度百科词条"网络黑产威胁源"。

**图 3 以太坊区块查询平台上的"公开信"查询结果**

资料来源：在以太坊区块查询平台（https：//etherscan.io）对指定哈希数值的查询结果。

意经过转换符合格式的信息内容，包括政治敏感、隐私侵权和违法犯罪等有害信息。

## （二）智能合约漏洞攻击

智能合约是"执行合约条款的计算机交易协议"。区块链智能合约是双方在区块链资产上交易转账时触发执行的一段代码（合同）。

以以太坊为代表的开源区块链底层系统采用智能合约框架，基于权益证明机制支持更强大的图灵完备脚本语言，给予开发者更高的自由度，提供更广的开发和交易空间，所有用户可见合约内容和作用。目前已有 200 多个应用在以太坊系统上开发运行。智能合约的特性也会导致编程语言、编译器、虚拟机等程序性错误的所有漏洞均共享可见，且无法迅速修复。如 2016 年

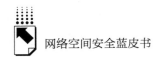

6月发生的著名的 The DAO 漏洞攻击事件，黑客攻击导致 300 多万 Ether（以太币）约 20 亿美元被分离，致使以太币价格暴跌，经济损失约 5000 万美元，直接造成以太币的硬分叉和现今 Etc、Eth 两种以太币并存的局面。

2018 年 4 月，BEC 和 SMT 两款数字货币先后被爆智能合约数据溢出漏洞，黑客利用 BatchOverFlow 漏洞进行数据溢出攻击，两款数字货币先后暂停交易和提现。

### （三）挖矿黑产

由于数字货币在非法交易中的广泛应用，"挖矿"成为热门行业。黑产人员非法控制他人计算机系统，为其"挖矿"牟利。

至 2018 年第一季度，腾讯电脑管家 PC 端拦截病毒木马 4.5 亿次，平均每月拦截病毒木马近 1.5 亿次，较 2017 年第四季度，病毒木马拦截量环比上涨 4.25%。

伴随挖矿木马、勒索病毒、漏洞攻击等安全威胁持续上升，用户前端病毒、木马的活跃量呈现明显回升趋势，预计后续季度整体拦截量仍将继续回升。黑产利用病毒、木马感染形成僵尸网络挖矿，获取暴利已成为一大趋势。预计 2018 年是挖矿木马爆发的一年，其将利用现有网络机制和系统平台存在的安全漏洞在更大范围、更广领域进行传播作恶。

1. 蠕虫病毒控制计算机挖矿

在 Wannacry 爆发并逐渐平息的过程中，安全专家们发现另外一个同样利用 NSA "永恒之蓝" 0day 漏洞的蠕虫病毒 ADYLKUZZ，该病毒与 Wannacry 相反，它不锁定或破坏系统，而是 "借用" 计算机的算力，挖掘另一种数字货币——门罗币（Moneros）。两种 "商业模式" 的根本分歧使 ADYLKUZZ 等挖矿木马类病毒生存更久、获益更广。

目前，国内已发现利用与 Wannacry 勒索病毒相同的 "永恒之蓝" 漏洞传播挖矿木马的黑客行为。2018 年 5 月，腾讯守护者计划团队协助广东警方成功打掉该挖矿木马黑产团伙。

2. 病毒、木马感染形成僵尸网络挖矿

根据腾讯数据统计，现已发现的挖矿僵尸网络超过 20 个，规模较大的有 PhotoMiner、Myking、WannaMiner、JBossMiner、NrsMiner 等，以上僵尸网络感染的用户量级均在百万以上。

其中，PhotoMiner 具有较强的自复制性和扩散能力，通过入侵感染 FTP 服务器和 SMB 服务器暴力破解来扩大传播范围，构建挖矿僵尸网络。数据表明，PhotoMiner 已非法控制海量用户计算机为其挖取门罗币（Moneros）80094 枚，非法获利超过 8900 万元。该挖矿僵尸网络已扩散全球，感染量排名前三的国家是中国（26%）、美国（25%）和德国（12%）。具体如图 4 所示。

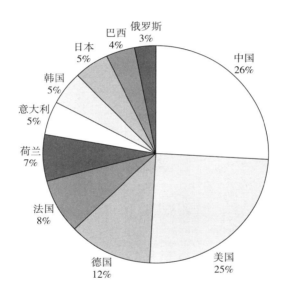

**图 4　PhotoMiner 僵尸网络全球感染区域分布**

我国也同样存在黑产团伙通过在热门游戏外挂、盗版视频软件和网吧机器植入木马挖矿的情况。2018 年 4 月，腾讯守护者计划协助国内警方破获利用 "tlminer" 等近百款木马非法控制 389 万台计算机进而形成僵尸网络集群算力进行挖矿牟利的系列案件，刑事捣毁某公司通过运营开放式木马平台、公开招募代理实施木马投毒挖矿，非法获利过千万元的黑产团伙。

3. JS 挖矿

黑客通过入侵渗透服务器，在网站内植入挖矿 JS 脚本，当用户访问相关网站页面时，用户计算机会执行已植入的挖矿 JS 脚本，连接黑客指定的矿池领取任务进行挖矿获利。另有通过植入挖矿 JS 脚本到用户浏览器插件，在用户浏览网页时加载插件进行挖矿。

JS 挖矿脚本种类繁多，目前主流的有 Coinhive、JSEcoin 等。2017 年 9 月诞生的 Coinhive 脚本，只需在页面嵌入 Coinhive 代码，即可令访问用户计算机为其挖矿，操作的简易性为黑产团伙"青睐"。

在利益的驱使下，黑客团伙加入网页挖矿大军中。他们提取 Webshell 权限，将 Coinhive 的 JS 文件嵌入入侵网站页面，利用访问网页的用户计算机性能，为其运算获取 CryptoNote 类数字货币，如 Monero（门罗币）、Dashcoin（达世币）等。具体如图 5 所示。

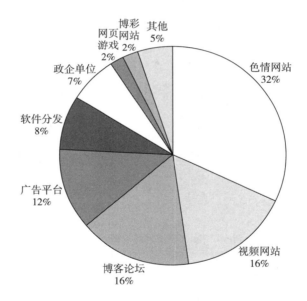

**图 5　JS 挖矿网站类型分布占比**

利用黑客手段入侵植入挖矿 JS 脚本，成为黑客非法获利的新途径。腾讯电脑管家统计，每天近 800 个网站、4000 多个网页被黑客植入 JS 挖矿脚本，此类网站和页面以色情、小说、视频等大流量内容为主，用户访问网站页面后将被动参与挖矿。

## （四）高算力及衍生风险

据互联网数据统计，中国的矿池在全网 22 个矿池中占 90% 以上的算力。排名前十的矿池中，8 个来自中国。其中，全球最大的矿机生产商 Bitmain（比特大陆），旗下两个矿池 BTC.com 和 AntPool 掌控了全网近半数的算力（见图 6）。

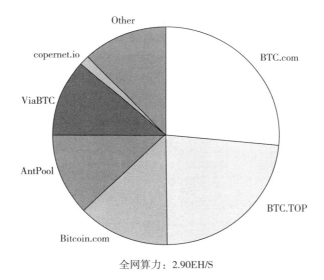

全网算力：2.90EH/S

**图 6　全网算力分布统计**

资料来源：https：//Viiabtc.com，2018 年 7 月 12 日 24 小时算力分布统计。

当拥有和控制足够多算力时，恶意组织可利用高算力进行解密运算，发动针对以数学和密码学为代表的安全机制（如账号密码安全体系、网络验证码安全机制）的暴力破解。

1. 算力攻击

当高算力集中控制达到一定比例时，黑客可发动"51% 算力攻击"，利用算力优势篡改区块链记录，通过撤销已付款交易记录变相获利。这种攻击方式主要是通过控制算力、区块广播欺诈和交易环节等流程配合，有预谋地

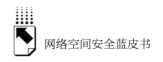

控制算力改写区块，使之前的区块链交易失效，造成一笔交易支付两次的情况，攻击者实现双倍获利，即俗称的"双花攻击"。

2018年5月，BTG（比特黄金）的区块链网络遭到51%算力攻击，攻击者使用双花攻击手法，共获得约38.8万枚BTG，折合过亿元人民币。

2. 算力投机

过分集中的高算力，在挖矿时也可被用来制造"算力暴击"，即利用不同数字货币的价格和挖矿算法的难度阀值差，影响全网算力在不同数字货币挖矿中的投入比例，导致个别数字货币区块生成时间变慢，影响市场价格波动或导致暴跌，形成"暴击"效应，以完成对数字货币和区块链网络的定点打击，从中获利。

此手段在一定程度上与传统金融投机犯罪相类似，是区块链和数字货币等新领域的复用，严重影响数字货币市场金融秩序。

3. 矿池作弊、算力劫持

数字货币全网运算水准呈指数级别上升，传统矿机和算力的投入产出比过低，少量算力已无法获取足够的区块奖励。因此，有人开发出一种可将分散的不同算力联合运作，再以算力贡献度为主要逻辑分配区块奖励的方式，这种连接集合算力挖矿的网络服务叫作"矿池"（Mining Pool）。

由于矿池搭建、奖励分配方案、算力调配、抽成标准（手续费）等核心要素均由矿池所有者设定，当管理员将中心化服务器作为托管矿池对矿工提供服务时，其可通过控制矿池服务器规则，在奖励分配方案和算力调配方案上进行暗箱操作，垄断开采权、记账权、分配权，实施矿池作弊和算力劫持，获取更多的区块链挖矿利益，甚至侵占矿池所有矿工的挖矿成果并逃逸。

部分矿池采用的中心化服务器模式更易造成DDoS攻击、黑客入侵等网络安全问题，这些网络威胁会形成针对矿池连接的海量矿工计算机的网络攻击，相关网络安全威胁还有云挖矿平台等开放式网络服务。

4. 能源消耗和窃取

根据Bitcoin Energy Consumption Index统计，全球每年比特币挖矿成本约为15亿美元，2017年比特币挖矿电力总消耗累计已达29.51兆瓦小时，约占全球总电力消耗的 0.13%。该数字甚至超过近 160 个国家或地区一年的电力消耗。

近一年来，国内多地警方分别破获多宗电力盗窃案，均与大量矿机挖矿有关。矿机、矿场等相关算力的聚集势必造成大量地方电力补贴和廉价电配额的消耗，也导致局部用电紧张。为节约成本、减少投入，更有黑产团伙铤而走险盗窃电力，危害能源系统的稳定和安全。

### （五）其他常见的网络犯罪活动

1. 病毒攻击勒索比特币

2017 年 5 月集中爆发的 Wannacry 勒索病毒，利用"永恒之蓝"漏洞入侵局域网进行蠕虫式感染传播，爆发后锁定计算机数据和文件，向用户敲诈比特币等数字货币。据统计，全球超过 150 个国家、10 万家机构组织、100 万台电脑遭受该病毒攻击，因计算机系统瘫痪和文件数据被恶意锁定造成的经济损失超过 80 亿美元。

2. 利用数字货币在暗网非法交易

近两年被打掉的"丝绸之路""阿尔法湾""汉莎"等暗网交易平台，都是以比特币等数字货币为结算工具，从事公民信息、违禁药品、毒品、枪支等非法交易。2017 年 8 月，腾讯守护者计划协助国内警方打掉了一个专门通过暗网渠道购买境外信用卡 CVV 信息和苹果 ID 信息，从事盗刷犯罪的黑产团伙。该团伙从暗网上购买信用卡信息的交易结算，就是通过比特币来实现的。

3. 洗钱活动

数字货币的便捷性、匿名性、高流通性和不可撤销性，已成为网络黑产和犯罪分子最常用的洗钱手段。通过个人交易或平台交易，可快速高效实现非法资金的结算清洗，再通过后续的数字货币变现，套现牟利，整个过程非常隐秘且极难追踪。

4. 交易所等平台安全问题

区块链的节点服务器、交易所网络平台、网络矿池、用户个人钱包等目标，从服务器端到客户端，均承载着信息交换、数据传输和货币交易等重要功能。针对这些目标，当黑客获取足够网络特征值后即可发动 DDoS 攻击、入侵破坏、网络钓鱼攻击等行为，带来数据篡改、数字货币盗取、平台用户信息泄露等风险。2016 年 8 月，全球大型数字货币交易所 Bitfinex 被黑客攻击，所有交易被迫停止，约 6600 万美元的比特币被盗，用户账户平均损失近36%。2017 年 12 月，斯洛文尼亚挖矿平台 NiceHash 遭遇黑客攻击，4700 多枚比特币被盗，损失约 6392 万美元。2018 年 6 月，韩国数字货币交易所 Coinrail、Bithumb 先后遭到黑客攻击，Coinrail 交易所被盗价值约 4200 万美元的数字货币，Bithumb 交易所则被盗价值约 3000 万美元的数字货币。值得注意的是，早在2017 年 7 月，Bithumb 交易所就出现过被盗事件，黑客成功获取 Bithumb 交易所近 31800 名用户的个人信息，随后使用钓鱼攻击的方式盗取了价值约 90 万美元的数字货币。以上案例均是针对重点目标的特定攻击，危害性高，防范难。

### （六）利用区块链概念进行网络传销和集资诈骗

尽管不使用区块链技术和数字货币，黑产人员仍可利用其概念实施诈骗传销。2017 年 5 月，警方破获"五行币"跨国网络传销案，此案作为以区块链、虚拟货币，为幌子实施传销的典型案例而广为人知。该"五行币"采取的传销手段与传统犯罪完全一致，分层级推荐会员、发展下线，以获取奖励。2018 年 4 月，警方破获"大唐币"网络传销案，该案犯罪团伙组织套用"区块链"概念在境内外召开推介会，以"中国区块链经济先驱者"的虚假形象迷惑参与者，在网络平台以每枚 3 元的价格销售虚拟货币"大唐币"，操控价格虚假涨跌进行不法牟利。

# 四 区块链和数字货币黑灰产的治理建议

## （一）重视安全问题

对区块链技术现有应用的安全问题，既要重视从服务器端到终端的传统问题，又要重视共识机制和智能合约中的算法缺陷、代码漏洞、程序性错误等系统风险。政府、企业及改革方应进一步提高对网络安全问题的重视程度，加大网络安全基础建设投入，采取更有效、更周全的安全方案，防范和解决问题。

## （二）加强行业监管

区块链及数字货币衍生的算力产业、信息存储和传输领域，在开发、运营和管理方面需要政府主管机关给予相应的监管、制度规范以及法律规制。对新技术应用，监管部门应及时掌握新技术特点、应用及影响，更新完善监管手段，改进监管方式。另外，监管部门应重视对以公有链为主的数字货币市场，包括对参与者的权益保护，加快普及民众对区块链概念的认知，强化行业和民众的风险防范意识。

## （三）推动标准规制

参考和借鉴互联网发展初期遇到的问题和情况，推动制定区块链技术等创新领域标准。通过标准建设，从区块链项目的入口和框架上，防范规制技术安全问题，引导新技术正确发展。

## （四）政企协同治理

针对区块链及数字货币衍生的问题，政府资源与企业实践应相结合，开展研究和治理探索，形成经验指导，认识并完善主流的联盟链、私有链等应用维度，将区块链技术的应用分层次对应到不同需求场景中，这将有助于推动技术升级和行业进步。

# 政策法规篇

**Policies and Laws**

## B.5
## 网络数据治理的国际经验及
## 对中国的启示

顾 伟*

摘　要：　在创新驱动的数据时代，政府如何有效推进网络数据治理已
成为国际社会普遍关注的问题。本文以美欧国家的网络数据
治理实践为样本，分析了有关国家的数据自由流动理念与实
践，社会公共利益和国家安全相关重要数据的管控类型与机
制，以及个人信息保护的不同方法路径。在比较研究与综合
分析的基础上，对中国网络数据的治理进行了积极思考并尝
试提出建议。

关键词：　网络数据　数据治理　重要数据　个人信息　国家安全

* 顾伟，中国社会科学院研究生院法学博士，主要研究方向为数据保护与网络安全。

人类社会正在迈入普适计算的时代，以网络数据为核心要素的信息产业正在不断以数据洞察力与科技效率赋能传统业态，为社会创新发展不断注入新动能。在物联网、人工智能等新技术、新应用的不断助推下，网络数据也越来越成为改变人类社会生活、改变世界的新能源，经济发展的新引擎，社会建设的新机遇。

《促进大数据发展行动纲要》明确指出，数据已成为国家基础性战略资源。在当前新一轮科技革命和产业变革与国际产业分工格局快速重塑的历史背景下，大规模数据利用也越来越成为传统法律秩序的新挑战，国际竞争的新焦点。面对新形势，政府如何在发展中实现网络数据的安全与创新、保护与利用的平衡，实现有效的数据治理，成为当下值得分析的重要问题。

国家对网络数据的治理，一方面仍有赖于传统社会的治理基础，另一方面需要考虑网络空间的技术特点和数字经济的发展规律，通过政府的一系列技术、政策、法律等手段进行有效调整，以至于有学者提出国家网络治理的核心本质是一种存在网络空间的"虚拟政府"。[1] 鉴于欧洲与美国在数据治理相关法律及行政监管方面的历史最久，在顶层设计方面最有代表性，因而本文在说明网络数据治理的国际经验时使用的案例主要来自欧洲和美国。

# 一 网络数据治理的概述

## （一）网络数据的概念

"数据"（Data）一词是舶来概念，根据维基百科的介绍，英文中使用"数据"这个词来表示"可传输和可存储的计算机信息"最早是在1946年。[2] 作为法律概念的"网络数据"则更多的是一个中国特色的表达。[3]

---

[1] 张琳、杨毅：《大数据视野下国家网络治理路径优化研究》，《湖北社会科学》2015年第5期。

[2] Wikipedia, data, https://en.wikipedia.org/wiki/Data#cite_note-eol-4, 2018/6/11.

[3] 国外政策法律文件中"Data"一词基本单独使用，Network data 一些情况下会作为计算机技术概念表达。

中国的《网络安全法》明确对"网络数据"的概念进行了界定，即"通过网络收集、存储、传输、处理和产生的各种电子数据"①。其中，"网络"，根据该法律的解释，可以解释为广义的网络，即"由计算机或者其他信息终端及相关设备组成的按照一定的规则和程序对信息进行收集、存储、传输、交换、处理的系统"②，这样的系统包括所谓的局域网、城域网和广域网，乃至涵盖工业控制网络。

而"电子数据"，在中国法律中最早的概念是《电子签名法》和《合同法》中的"数据电文"，其源于《联合国电子商务示范法》的数据电文（Data Message）③，即"以电子、光学、磁或者类似手段生成、发送、接收或者储存的信息"。④ 随后中国刑事、民事和行政诉讼法修订时，则引入更为通俗的"电子数据"这一术语，《最高人民法院关于适用〈中华人民共和国民事诉讼法〉的解释》中，明确将"电子数据"定义为"通过电子邮件、电子数据交换、网上聊天记录、博客、微博客、手机短信、电子签名、域名等形成或者存储在电子介质中的信息"，并且"存储在电子介质中的录音资料和影像资料，适用电子数据的规定"。⑤ 从概念上看，数据电文的法律概念突出了数据的技术特性，而电子数据的法律概念则强调数据的载体与广泛存在，二者均反映电子数据的信息属性。

据此，从中国法律角度，"网络数据"可以理解为所有信息系统中的各种信息，与英文"Data"的概念基本对应，以下基于这两个对应概念展开分析。

### （二）西方国家网络数据治理的理念

作为国家治理技术的大数据是一种积极的治理资源⑥，大数据技术的广

---

① 《网络安全法》第七十六条第（四）项。
② 《网络安全法》第七十六条第（一）项。
③ 《联合国电子商务示范法》第 2 条 a 项，《联合国国际合同使用电子通信公约》第 4 条 c 项。
④ 《电子签名法》第二条第 2 款。
⑤ 《最高人民法院关于适用〈中华人民共和国民事诉讼法〉的解释》第一百一十六条第 2、3 款。
⑥ 唐皇凤、陶建武：《大数据时代的中国国家治理能力建设》，《探索与争鸣》2014 年第 10 期。

泛运用，促进国家治理能力现代化的路径变革。① 在国家治理语境下讨论"网络数据"，既需要有政府如何利用大数据推进治理机制优化的视角，更要有"数据治国"的战略思维②，抓住大数据的基本要素——具体类型的网络数据，建立健全网络数据管理体制，为产业发展夯实制度基础，进一步提升网络数据对国家治理能力现代化的助推作用。

如何推进不同类型网络数据的差异治理，由于经济社会结构、政治制度和文化背景的不同，各国选择的路径方式不尽相同。作为这个时代的最大挑战之一，欧洲国家与美国也分别面临各自的问题，都难言找到了完美的解决方案。但从欧美对网络数据治理的具体内容看，也有一些共性的特征，实际上存在某些共同规律可循。

至少从整体时代背景看，欧美国家数据治理的宏观目标均包含促进数据自由流动、释放市场活力。在新一轮技术革命浪潮下，数据资源价值被全面发现，数据的开放、流动和共享将颠覆传统工业时代的商业形态和产业边界。③ 同时，数据作为推动新一轮技术创新、制度创新和管理创新的关键生产要素，其全球流动是全球化的典型形态。④ 因此，欧盟"单一数字市场"战略中提出三大支柱之一就是最大化实现数字经济的增长潜力，提出"欧洲数据自由流动倡议"，推动欧盟范围的数据资源自由流动。⑤ 欧盟《电子商务指令》（2000/31/EC）"意在通过确保信息社会服务在成员国之间的自由流动来促进内部市场的正常运作"，《一般数据保护条例》也强调立法目

---

① 张琳、杨毅：《大数据视野下国家网络治理路径优化研究》，《湖北社会科学》2015 年第 5 期。

② 李江静：《大数据对国家治理能力现代化的作用及其提升路径》，《中共中央党校学报》2015 年第 4 期。

③ 惠志斌、张衡：《面向数据经济的跨境数据流动管理研究》，《社会科学》2016 年第 8 期。

④ 2016 年麦肯锡《数字全球化：新时代的全球性流动》（*Digital Globalization：The New Era of Global Flows*）报告提出，"2008 年以来，在全球商品流动趋缓、跨境资本流动出现下滑的趋势下，全球化并没有因此而逆转或停滞。相反，因为跨境数据流的飙升，全球化进入了全新的发展阶段。"

⑤ Digital single market. *Bringing down Barriers to Unlock Online Opportunities*，https：//ec. europa. eu/commission/priorities/digital – single – market_ en，2018/6/11.

的在于"促进个人信息自由流动","防止个人信息在内部市场中的自由流动因保护程度不同而受到阻碍"。① 美国则长期以来一直强调"在合法公共政策目标得到保障的前提下,强调数据实现全球自由流动"。② 近期,美国、日本和新加坡等71个国家向世界贸易组织提交了一系列意见书,呼吁电子商务全球规则,强调以电子方式自由流通跨境数据,禁止服务器本地化,并就政府干预调用数据隐私形成明确流程。③

在促进数据流动、释放市场活力的宏观目标下,欧美国家总体上对网络数据治理采用市场优先、有限规制的治理理念。美国一直强调互联网的行业自我规制,网络数据治理也主要依托市场规律作用下的行业主体的自我治理。因为在美国看来,互联网的持续发展与创新,只有通过"市场驱动的竞技场"才能实现④;欧洲国家在20世纪70年代后相继掀起了政府改革的浪潮,这场改革几乎与欧洲互联网发展保持同步,因此网络数据监管领域总体上实行有限管制,自我规制也仍然是文化领域等最常使用的监管模式⑤。只是相较于美国,欧洲大陆国家文明与文化各具特点,人的尊严、平等与公平等民主核心价值传统悠久,在网络规制方面也会呈现特殊之处,前者如法国对国内网站法兰西语言、文化、价值观的规制⑥,后者如欧洲国家普遍注重个人信息权利的立法保护。

---

① Whereas (6) & (13) of General Data Protection Regulation.
② 典型的意见表达如《跨太平洋伙伴关系协定》(TPP)中倡导缔约方在更广范围内进一步降低市场准入门槛,推动服务贸易的自由化、便利化,在确保保护个人信息等合法公共政策目标得到保障的前提下,确保全球信息和数据自由流动。美国虽然最终退出TPP,但类似诉求也见于其他美国主导的双边、多边贸易协议或倡议。
③ Rich Countries Propose Free Flow of Data. *Oppose Server Localization*, http://www.cfo - india. in/article/2018/05/04/rich - countries - propose - free - flow - data - oppose - server - localisation.
④ 李洪雷:《论互联网的规制体制——在政府规制与自我规制之间》,《环球法律评论》2014年第1期。
⑤ 喻文光:《文化市场监管模式研究——以德国为考察中心》,《环球法律评论》2013年第3期。
⑥ 李洪雷:《论互联网的规制体制——在政府规制与自我规制之间》,《环球法律评论》2014年第1期。

在促进数据流动、释放市场活力的宏观目标下，西方国家政府不仅大力推动市场主体间的数据流动，也在不断推动政府数据对外开放，掀起"数据开放"（Open Data）运动。① 与既往的政府信息公开相比，政府数据开放重点在于充分挖掘数据价值，对数据资源进行整合再利用，核心内容是"数据"，明确指向"机器可读"的"数据组"，而信息公开主要着眼于公众的知情权和监督权，核心内容是"信息"，更强调"人眼可见"的"条目"。②

但是，市场机制不是万能的，市场经济也有其局限性，其功能缺陷是固有的，市场机制难以补偿和纠正经济外在效应，"市场失灵"光靠市场自身是难以克服的。③ 国家利益、公共利益、市场秩序和公民权利的保障，都离不开必要的政府干预，网络空间与网络数据的治理同样如此。为此，欧美国家针对互联网架构与技术本身的特点，制定针对性强的互联网法律④，在市场容易失灵的网络数据流通领域着力引导市场主体加强自我规范，乃至对于一些与核心利益紧密相关的网络数据类型，政府也采取了积极干预措施。

## （三）作为治理对象的网络数据类型

网络数据治理本身是异常复杂的概念。一些关于数据治理的讨论更多是从数据科学角度或者组织内部数据管理的角度。有国内学者总结，一些学者提出数据治理是一系列政策和规则的定义，而一些学者强调数据治理是有关组织数据资产的决策制定和职责划分，也有诸多学者综合考虑了数据管理控

---

① 2000 年以后源于互联网上的"软件开源"（Open Source）运动向"数据开放"（Open Data）运动深入转变。2007 年 12 月 8 日，开放政府数据的 30 名支持者在软件开源运动先驱蒂姆·奥莱理的召集下，在加州塞瓦斯托波尔通过两天会议共同起草了开放政府数据的八项原则，即数据必须是完整的、原始的、及时的、可识别的、机器可处理的、无歧视的、通用非专有的、不需要许可证的。
② 顾伟：《政府数据开放法律问题研究》，中国社会科学院研究生院硕士学位论文，2015。
③ 金太军：《市场失效与政府干预》，《中国矿业大学学报》（社会科学版）2002 年第 2 期。
④ 周汉华：《论互联网法》，《中国法学》2015 年第 3 期。

制活动中的过程、技术和责任等。① 企业也从数据生命周期角度对数据安全管理提出各项要求②，研究内部数据治理。

从国家治理角度分析网络数据治理，主要背景是数据时代已经到来，随着网络数据不断冲破企业等组织或某些行业的边界，成为泛在发展的数字经济，由此促发对国家治理理念与机制变革的新需求。数据治理的目的在于满足这样的需求，法律和监管的落脚点不在于数据的内容，而是那些关于不同内容的数据，是以"数据为中心"。因此，单纯的网络内容，如恐怖主义、极端主义、民族仇恨、民族歧视、暴力、淫秽色情、虚假信息等不是本文网络数据治理所要研究的对象。

需要指出的是，有观点认为部分数据信息也可以成为知识产权的一类客体。那么知识产权相关数据可否成为数据治理的对象？这种观点产生的背景是，当前大规模数据挖掘和数据应用，既使得知识产权保护面临更为严峻的挑战③，也令知识产权保护维度与利用规模得到进一步拓展。例如，著作权人的传统作品权利不仅自然延伸到网络上，网络空间新出现的作品权益也能得到传统著作权的扩大保护，网络数据形态呈现的知识产权同样受法律保护。

然而无论是传统的版权、商业秘密保护，还是后 TRIPs 时代，美欧等发达国家在世界贸易组织之外通过签订双边协定、诸边协定等形式进行机制转换，延展知识产权保护边界，探索扩大知识产权保护客体等超 TRIPs 标准④，抑或是欧盟认可的数据库权等新型权利，本质上都因循民事权利保护的逻辑，基于权利认定的视角。加强知识产权保护有利于推进数据治理，但不是为了数据治理目的。中国的《民法总则》最终也未将数据信息作为知

① 张宁、袁勤俭：《数据治理研究述评》，《情报杂志》2017 年第 5 期。
② 李克鹏、梅婧婷、郑斌、杜跃进：《大数据安全能力成熟度模型标准研究》，《信息技术与标准化》2016 年第 7 期。
③ 于志强：《大数据背景下知识产权侵权行为网络异化与解决思路——以著作权间接侵权为视角》，《国家行政学院学报》2016 年第 6 期。
④ 杜颖：《知识产权国际保护制度的新发展及中国路径选择》，《法学家》2016 年第 3 期。

识产权的客体。① 因此，目前知识产权相关数据信息难以成为数据治理对象。

纵观欧美国家政府采取主动干预措施的网络数据类型，目前主要集中在两个领域：一是关于社会公共利益与国家安全的数据（以下简称"重要数据"），二是关于个人权益的个人信息。

对重要数据而言，当前的全球网络安全态势日益严峻使其治理紧迫性日益突出，重要数据的保护力度与空间范围也在不断扩大。传统社会公共利益与国家安全问题在网络空间进一步演化，不仅有了网络数据形式的各类新载体，互联网发展本身还"对国家主权、安全、发展利益提出了新的挑战"②，网络安全威胁和风险日益"向政治、经济、文化、社会、生态、国防等领域传导渗透"。③ 欧美国家在网络数据治理时，也非常重视对重要数据的管控，这样的管控既包括《瓦森纳协定》等代表的传统安全思维下的敏感技术数据限制流动，保密法律对政务数据的安全要求，外商投资审查中对可能影响国家安全的数据存储与跨境的关切等传统社会公共利益，也包括域外数据管辖权等数据时代新问题。

对个人信息而言，其可以说是进入 IT 时代才有的④，或者进入数据时代之后变得突出的一个概念，随着网络与日常生活关联的日益紧密，其逐渐成

---

① 2016 年 7 月 5 日，全国人大常委会初审《中华人民共和国民法总则（草案）》时，尝试提出将"数据信息"作为知识产权的客体，见第一百零八条"民事主体依法享有知识产权。知识产权是指权利人依法就下列客体所享有的权利：……（八）数据信息……"，但是同年 11 月 18 日，全国人大常委会二审时就将"数据信息"移除出知识产权的客体范围。最终三审通过的《民法总则》仅在第一百二十四条规定，"法律对数据、网络虚拟财产的保护有规定的，依照其规定"。

② 习近平向首届世界互联网大会致贺词（2014 年 11 月 19 日）。

③ 习近平在网络安全和信息化工作座谈会上的讲话（2016 年 4 月 19 日）。

④ 20 世纪 60 年代计算机进入集成电路数字机时代，应用于文字处理和图形图像的计算机产品走向了通用化、系列化和标准化，而个人信息概念滥觞于 1968 年联合国"国际人权会议"中提出的"数据保护"（Data Protection），互联网则始于 1969 年美国的阿帕网。最早进行个人信息保护立法的地方是德国黑森州《个人数据保护法》（1970 年），而最早进行个人信息保护立法的国家则是瑞典（1973 年）。从历史发展看，个人信息与个人信息权利的出现几乎与互联网络的发展保持同步。

为网络数据治理的关键对象。个人信息一旦被非法收集和利用将侵害既有的人格权与财产权①，因此西方国家普遍重视个人信息保护问题。欧洲国家从权利保护出发，纷纷制定个人信息保护法律，并辅之专门的数据保护机构保障法律实施；美国也从风险管理的角度，除对部分风险较高的个人敏感信息类型实行立法保护，联邦政府总体积极引导并鼓励行业自律，推动企业不断提高内部数据治理的透明度，行政处罚、数据泄露的通知与惩罚性赔偿等事后救济机制较为完备。

据此，以下主要讨论欧美国家社会公共利益与国家安全相关的重要数据以及与个人权益紧密联系的个人信息所代表的网络数据治理路径，以及其中可能的经验、教训及启示。

## 二 欧美国家相对审慎的重要数据治理

随着信息技术和人类生产生活的交会融合，互联网快速普及，全球数据呈现爆发式增长、海量集聚的特点，对经济发展、社会治理、国家管理、人民生活都产生了重大影响。② 面对这样的影响，欧美国家在避免过度干预市场、违反国际贸易规则的审慎态度下，不断根据实践变化调整对敏感类型数据的规制，同时数据在敏感领域安全审查中受到的关注度越来越高，尤其是后者由于大数据技术的发展，内涵与外延不断丰富。

### （一）直接的敏感数据规制

西方国家历来对涉及国家安全的军用及军民两用的敏感技术数据实行强管控。典型的是 1996 年西方 33 国缔结的《瓦森纳协定》，它明确将与管制商品和技术清单内容直接相关的各类技术数据纳入管控对象。随着经济的发展，特别是技术的进步与军民两用技术大规模市场化的应用，一些领域的数

① 程啸：《论大数据时代的个人数据权利》，《中国社会科学》2018 年第 3 期。
② 习近平在中共中央政治局第二次集体学习时重要讲话（2017 年 12 月 9 日）。

据管控机制也在不断放松。例如 1958 年，由美国陆、海、空军联合发起 GIDEP "政府—企业数据交换工程"，推进政府与企业的数据交换，主要是武器装备研发、生产、使用中的敏感数据交换。[①] 1997 年，经合组织发布《密码政策指南》明确呼吁放松对密码技术的控制，开发基于市场、使用者驱动的密码产品和服务[②]，许多国家在经合组织指南的引导下，纷纷制定相应的密码政策，支持无限制使用密码，如加拿大、爱尔兰和芬兰。一些国家直接废止了之前对密码使用采取的限制政策[③]，例如法国于 1999 年 1 月放弃长期限制加密技术使用的政策，"尽可能让更多的人访问密码"[④]。

但是西方国家在总体限缩受管控敏感数据范围的同时，管控深度却在增加。美国《出口管理条例》[⑤]（EAR）提出"出口"是指将受 EAR 管制的物品装运或"传输"（Transmission）到美国境外，这里的"传输"包括"非公开数据的电子传输"[⑥]，即受管制的技术数据"传输"到位于美国境外的服务器保存或处理，需要取得商务部产业与安全局（BIS）出口许可。即便是美国公司向海外子公司或分支机构转移，或者已取得出口许可的数据从许可国家再转移到第三国同样须取得许可。并且，随着云计算的普及，BIS 也在不断强化对利用云计算跨境转移数据的管控。BIS 强调开发、生产或使用受管控产品相关的所有的非已公开的数据，都适用 EAR，如果这些数据的来源方使用云服务来存储数据或网络邮件，并且该服务使用超出美国国境服务器网络，则将数据从用户传送到这样的服务器构成"传输"，即需要取得许可证的出口。[⑦]

---

① Government – Industry Data Exchange Program（GIDEP），http：//www. gidep. org/about/gidep _ policy_ guidance. pdf，2018/6/15.

② 1997 OECD Cryptography Guidelines：Recommendation of the Council.

③ Electronic Privacy Information Center，Cryptography and Liberty 1999：An International Survey of Encryption Policy，http：//gilc. org/crypto/crypto – survey – 99. html，2018/6/15.

④ Tony Smith，France to End Severe Encryption Restrictions，https：//www. theregister. co. uk/ 1999/01/15/france_ to_ end_ severe_ encryption/，2018/6/15.

⑤ EAR 主要对既有军事用途也有商业用途的两用物品以及有关的数据信息提出管控要求。

⑥ 15 C. F. R. § 730. 5（c）.

⑦ Cloud Computing Provides Unique Export Control Challenges，*Inside U. S. Trade*，Jan. 7，2011.

类似强化管控深度的案例并不鲜见。《美国国际军火交易条例》（ITAR）对军用技术数据也有类似 EAR 的要求。[1] ITAR 明确强调除头脑中有技术数据知识的个人出境旅行外，任何发送或携带防卫文档出美国国境的行为都属于出口，在美国境内向外国人或其代表披露也视为出口，所有的出口行为都需要获取许可。[2] 另外，也会对一些新的安全威胁及时做出具体应对。例如，2014 年《瓦森纳协定》修订，新规定禁止缔约国出口特殊设计的或可以逃避"监视工具"检测的应用程序，以及使得"保护措施"无效的应用程序[3]，这实际上是禁止了黑客工具和漏洞利用程序数据的出口。

从某种程度上说，技术创新与市场发展驱动下内容重要的直接敏感数据管控，必然会面临投入与产出的权衡、发展与安全的平衡。行政资源的有限性与技术和市场发展的无限可能，决定了政府规制无法面面俱到乃至无边界扩张。为此，我们能够看到相关国家对关系社会公共利益和国家安全的直接敏感数据管控，一方面坚持清单管理，严格管控有关种类数据；另一方面也根据实践需要动态管理，强化对新业态、新应用的适用，避免出现政策真空或漏洞。

## （二）间接的敏感领域审查

西方国家普遍在政府采购和外商投资领域使用安全审查[4]，确保国家安

---

[1] 《美国国际军火交易条例》（ITAR）第 120.10 节规定，该法中的技术数据是指：①信息，除④中软件外，国防装备设计、开放、生产、制造、组装、测试、操作、维修、改造相关的蓝图、图纸、照片、计划、说明其他文档；②有关国防物品和国防事务的机密资料；③发明保密令所涵盖的信息；④与国防物品直接相关的软件；⑤该定义不包括一般学校通常教授的科学信息、数据或工程学原理，也不包括作营销功能的信息或一般的国防类系统描述文章。

[2] Section 120.17 of International Traffic in Arms Regulations.

[3] Jennifer Granick, Changes to Export Control Arrangement Apply to Computer Exploits and More, http://cyberlaw.stanford.edu/publications/changes – export – control – arrangement – apply – computer – exploits – and – more, 2018/6/15.

[4] 由于法律等国情差异，美欧法律文件中没有与"安全审查"（Security Review）直接对应的概念，但没有"安全审查"这样一种说辞，并不意味着不存在针对"安全"问题的"审查"性机制，这些前置安全测评、评估、认证机制，实质上构成了进入相关领域的准入门槛，因此本文冠以"安全审查"。

全相关的重要数据完整性、保密性和可用性往往是相关审查的核心考虑因素。在这一过程中，政府也会引入市场化的执行机制，包括自愿参与政府采购、安全协议约定、第三方检测等，在不违反 WTO "安全例外" 相关规则①情况下实施不同程度的各类安全审查。

1. 政府采购中的敏感数据管控

西方国家政府采购中普遍强调的保证信息技术产品与服务的安全，核心是保护其承载的数据安全。② 政府采购相关的安全审查某种程度上也可以被理解为对重要数据的载体进行安全审查。例如，虽然美国的政府采购安全审查机制最初是指向产品和服务而非数据本身，不过进入 21 世纪，美国陆续通过《信息质量法》（*Information Quality Act*，IQA）、《联邦信息安全管理法》（FISMA）等法律，将网络安全保护的核心定位为信息安全，强制推行联邦信息处理标准。

随着许多非公开的政府数据从传统数据中心转移到商业化云计算服务器中，由此产生了政府数据 "上云" 乃至跨境流动的管控问题。2011 年，美国行政管理和预算办公室发布《联邦风险和授权管理计划》（FedRAMP）。根据 FedRAMP 等相关规定，美国国土安全部、国防部、总务署成立 "联合授权委员会"（JAB），负责制定云服务安全基线要求、批准第三方机构认定标准、对云计算服务进行初始授权等工作的组织和协调。③ FedRAMP 对国家安全相关敏感数据的考虑在实践中表现得非常明显。例如，通过 FedRAMP 认证的亚马逊美国政务云服务（GovCloud US Region）在官网公开承诺，该政务云只有是美国公民在美国境内的员工才能操作，经过审核的美国实体和

---

① 世界贸易组织（WTO）国家安全例外相关条款主要有《关税与贸易总协定》（GATT）第 21 条、《服务贸易总协定》（GATS）第 14 条之二、《与贸易相关的知识产权协定》（TRIPS）第 73 条、《与贸易有关的投资协定》（TRIMS）第 3 条，以及《技术性贸易壁垒协定》（TBT）第 2 条、《政府采购协定》（GPA）第 23.1 条等，参见安佰生《WTO 安全例外条款分析》，《国际贸易问题》2013 年第 3 期。

② 顾伟、刘振宇：《英美网络安全审查机制及其启示》，《信息安全与通信保密》2017 年第 3 期。

③ 周亚超、左晓栋：《网络安全审查体系下的云基线》，《信息安全与通信保密》2014 年第 8 期。

根账户持有人必须确认他们是美国公民才可以访问。①

为提升安全管控效率，政务敏感数据管控机制也需要及时调整。例如，2014年4月，英国正式将信息的五级安全分类简化为信息的三级安全分级——公务级（Official）、秘密级（Secret）和绝密级（Top Secret）②，并在此基础上重构了英国信息技术产品和服务的安全审查。

2. 外商投资审查中的敏感数据因素

外商投资审查中对敏感数据的管控措施，很少表现在成文规则中，更多的是作为安全评估的重要因素、受审查合同约定的必要条件来体现。美国等西方国家以其强大的监控能力和持续的财政投入，确保预期计划和合同约定的落实。以美国为例，根据2015年美国外资投资委员会（CFIUS）发布的报告③，安全协议④中常见的数据管理相关内容包括以下几个方面。

一是安全管理要求。确保只有受过审查的员工（一般情况下只能是美国公民）负责特定技术和信息，担任关键职位；建立公司安全委员会、经美国政府（CFIUS）批准的安全官或其他机制，履行安全政策、年度报告和独立审计等职能；发布专门指南和条款约定，处理现有或将来可能涉及的美国政府采购合同、美国政府客户信息或其他敏感信息等。

二是明确将相关产品或服务限制在美国境内。即确保只有美国公民负责特定产品或服务，确保相关活动或产品位于美国境内。

三是明确美国政府的权力。外国公民访问该美国公司时，预先通知安全官或美国政府相关方；发现漏洞或发生安全事故时，应当通知美国政府相关方；美国政府可以随时审查相关商业决策，一旦发现存在国家安全相关问

---

① Introduction to the AWS GovCloud（US）Region，https：//aws. amazon. com/cn/govcloud – us/，2018/6/15.

② Cabinet Office. Government Security Classifications，https：//www. gov. uk/government/publications/government – security – classifications，2018/6/15.

③ Committee on Foreign Investment in U. S.，*Annual Report to Congress for CY 2013*.

④ 安全协议的官方称谓是"风险减轻措施"（Mitigation Measures）。根据2015年发布的报告，2011~2013年，CFIUS在27起并购申请中采用安全协议，约占总审查案件的8%，2013年则在11起并购申请中采用，比例上升到11%。

题，有权提出反对等。

涉及电信领域的外资并购，由美国司法部、国防部、国土安全部、联邦调查局组成的电信小组（Team Telecom），也有权要求具有显著外国所有权或者国际基础设施的申请者（直接或间接有 10% 或以上的股权被美国之外的机构持有）与之签订安全协议，对通信设施和相关数据提出更为明确的位置和访问要求。

## 三　欧美国家相对迥异的个人信息治理

欧盟国家与美国的个人信息治理路径存在相对明显的分歧。中国社会科学院法学所周汉华研究员曾明确指出，国际上的个人信息保护形成两种代表性路径，一种是以欧盟为代表的国家（地区），从个人权利角度论证个人信息保护的必要性，引领各国实践发展；另一种是以美国为代表的，实践中更多的是将个人信息保护作为风险管理处理，以个人信息安全问题为抓手的模式。①

### （一）以个人信息权利为中心的欧盟模式

欧盟的个人信息保护立足这样一个前提：个人信息是一项基本权利，因此应得到法律的有效保护。所以欧洲倾向给予个人信息以家长式的保护，由此采纳了一种全面性的、公共政策式的方法和适用于所有公立和私立部门的独立监管机制。这种机制下企业承受较重的监管负担，包括遵守各种形式的要求。

欧洲国家关于个人信息权利的正式表达可见于 1950 年欧洲委员会②《欧洲人权公约》（又称《保护人权与基本自由公约》）第 8 条规定了尊重他人"隐私及家庭生活、家庭住址和联系方式"的权利，在具体适用中，欧

---

① 周汉华：《探索激励相容的个人数据治理之道——中国个人信息保护法的立法方向》，《法学研究》2018 年第 2 期。

② 欧洲委员会（Council of Europe）总部设在法国斯特拉斯堡，与欧盟关系密切，但与欧盟是完全不同的两个政治组织。

洲人权法院对这一条进行了非常宽泛的解释。

1981 年欧洲委员会的各成员国签署了《欧洲系列条约第 108 号》①，提出避免将缔约国个人数据转移到没有个人数据保护法或不能提供充分保护的国家。欧盟 1995 年通过《关于个人数据处理及自由流通个人保护指令》（以下简称"95 指令"），初步实现了区域内个人数据的自由流动，并为欧盟成员国立法保护个人数据设立了最低标准。2002 年 7 月和 2009 年 11 月，欧盟又分别通过了《隐私与电子通信指令》和《Cookie 指令》，对通信和互联网服务商个人信息收集使用与安全义务，以及 Cookie 收集使用加以规范。

然而，随着数据时代的快速到来，通过宽泛且无法直接生效的"公约"与"指令"形式确定的法理保护或最低保护标准已经难以适应新技术、新应用、新业态的个人信息权利保护的客观需要。在这种形势下，致力于重构数据保护新秩序的《一般数据保护条例》（以下简称《条例》）应运而生。2016 年 4 月 14 日，欧洲议会投票通过了《条例》并于 2018 年 5 月正式生效，以欧盟法规的形式确定了对个人数据的保护原则和监管方式。《条例》旨在统一此前欧盟成员国分散且相互协调性不佳甚至相冲突的个人数据保护规则，强化公民的个人信息权利理念，进一步阐释数据全生命周期保护的各项具体要求，引入个人信息保护影响评估和多种标章认证机制，规则及其实施颇为复杂。

## （二）以个人信息安全为中心的美国模式

美国公众一直对于制定一部全面的联邦个人信息保护法深表疑虑，近年来最接近联邦层面统一个人信息保护立法的是奥巴马政府时期计划发布但无疾而终的《消费者信息隐私权法案》。可以说，当前美国个人信息保护主要依赖于行业自律模式，但谓之以自律模式并不是说不依赖法律，相反美国的个人信息保护也有赖于美国特色的法律制度保障。

---

① *European Convention for the Protection of Individuals with Regard to Automatic Processing of Personal Data*（Strasburg，1981）.

　　首先，美国虽然没有专门的个人信息保护法，但是在个人信息安全风险系数非常高、市场自律机制容易"失灵"的领域，例如儿童隐私、教育信息、健康档案、金融信息，美国也先后制定了一系列单项立法，强调有关企业的数据保护责任，为个人提供具体的救济。这种基于风险的立法稳定性也不强，也会随着外部政治或市场环境的变化而改变。例如，2017 年 3 月 28 日，美国众议院投票宣布废除美国联邦通信委员会（FCC）2016 年 10 月颁布的宽带网络隐私保护规则。

　　其次，美国的个人信息保护虽然依赖于行业自律，但是一旦发生相关企业违背其公开承诺（如隐私权政策陈述），则将遭到严厉的惩罚。例如，每个州都有法律规定，公司从事欺骗行为是非法的，在个人信息保护方面欺骗消费者，州检察长（AG）可以直接起诉有关公司。另外，用户可能会因服务提供商违反协议（隐私权政策）而提起诉讼，或者根据协议提起有约束力的仲裁。2017 年 6 月，美国最大医疗保险公司 Anthem 宣布，其已同意支付 1.15 亿美元就数据泄露事件与原告达成和解。此后，Anthem 接到了超过 100 起用户提起的诉讼，法院对其进行了合并审理。若和解协议得到法院的批准，该案将打破美国数据泄露和解赔偿金额的最高纪录。

　　再次，基于控制个人信息安全风险需要，美国在州和地区层面普遍出台了各具特色的数据泄露通知法律。自 2002 年美国加利福尼亚州通过了第一部州立数据泄露通知法之后，针对数据泄露通知义务的法律陆续在美国的 47 个州通过，另有三部区域性立法得以确立。可以说，一旦发生数据泄露事件，相关企业不仅将承担高昂的数据泄露通知成本，还将引发消费者后续放弃使用乃至一系列诉讼。

　　最后，个人信息安全事件发生后的行政追责机制，也是美国个人信息保护模式的特色。美国联邦贸易委员会作为美国消费者权益和儿童隐私保护的主管部门，可基于消费者权益保护对未能按照承诺和要求保证消费者数据安全的企业进行处罚。例如，2015 年智能玩具制造商伟易达（VTech）的安全漏洞导致数百万家长和儿童的数据遭曝光，对此 2018 年美国联邦贸易委员会（FTC）宣布其违反了《儿童在线隐私保护法》（COPPA）对其处以 65

万美元的罚款。并且，一些行业主管部门也可对违反部门法的数据泄露进行处罚，前述美国最大医疗保险公司 Anthem 的数据泄露事件不仅引发用户集体诉讼，美国健康与人类服务部也根据《健康保险流通与责任法》（HIPAA）的规定，对 Anthem 处以 150 万美元的罚款。

### （三）欧美两种个人信息治理理念的差异分析

从用户角度而言，欧盟与美国之间的保护结果差异其实并没有想象中那么大，如周汉华研究员指出的，二者虽然坚持不同路径，但保护个人信息是各国共同追求的目标，两种路径基本实现了个人信息的强保护，能够为用户提供相对充分的保护方式与救济渠道。

但是，不可忽视的是不同路径选择，对数字经济的发展有着很大的影响。美国的互联网企业在个人信息安全风险保护模式下取得了长足的发展，例如当前全球市值前 20 大互联网公司超过一半来自美国，而采用个人信息权利保护模式的 28 个欧盟成员国竟无一家企业入选。那么，究竟是什么原因造成这样的理念差异和经济社会影响？

任何国家的法律选择均与其国情密切联系，欧美个人信息保护理念的差异有其深刻的历史和文化背景。欧洲国家总体上对个人信息的自动处理和数据库持负面态度，基本采用原则禁止，除非获得数据主体同意或存在其他重大事由等合法性基础，否则企业不得收集、使用、保存个人信息。欧洲人对于二战期间纳粹政权收集个人的出生、种族等个人信息用于种族屠杀以及战后东欧部分国家收集宗教、政治信仰等个人信息侵犯个人基本权利的历史印象深刻。因此，对不加限制的个人信息收集行为天然持有一种怀疑和担忧的态度，他们担心这会导致对个人权利和自由的侵犯。最早进行个人信息保护立法的地方是德国黑森州（《个人数据保护法》），其背景是当时民间和政治家都担心乔治·奥威尔预言的"1984"可能会变成现实，"透明人"被无所不知的"老大哥"（政府）监视和控制；而近些年欧洲国家不断推进数据保护法律的革新，也是由于所谓"小大哥"即私营企业收集海量数据，建立商业数据库，这些也容易被政府和不法分子利用，出于这些担心，立法机关决定像监管其他危险活动一样监管自动数据处理。[①]

美国基于保护个人对于隐私合理预期的隐私权保护原理保护用户的个人信息，因此在个人空间不受侵扰、私密通信不受截取的情况下，对数据处理不主动干预。美国法律文化将个人的言论自由置于个人的隐私保护之上，其哲学渊源是"美国人对政府干预私人领域所持有的根深蒂固的不信任"[②]。自由政策的传统、现实经济利益、快速发展的网络技术与冗长烦琐的立法程序之间矛盾的考量，让美国最终实行以行业自律为主导的个人信息保护模式。可以说，美国的个人信息保护是在自由价值这一轨道上运行，欧洲的个人信息保护则是在尊严的轨道上行进；前者更担心国家对私人的侵害，后者则更关注涉及公众尊严的问题。[③]

迥异的数字经济发展状况，很大程度上就是这两种不同理念作用的结果。在自由主义主导下的美国，企业在确保个人信息安全的前提下，可以灵活调整开发利用网络数据的方式方法，进而成为数据时代科技创新特别是数据技术创新的主要发源地；而以权利保护为出发点的欧盟国家，不仅数据的收集与使用行为处处受成文法前置规范，企业处理数据的积极性和空间受限，欧盟各成员国往往还在欧盟层面数据保护规则基础上发布了更为严格的数据保护规则，导致本就分散的欧洲数字市场更为碎片化，加上欧盟各国地域面积、语言文字、法律制度的诸多重大差异，进一步抬高欧盟本土科技企业市场成本，这些都实际上迟滞了欧盟国家本土数字经济的发展。

## 四　欧美国家关于数据治理的管辖冲突与协调

互联网的无边界性和虚拟性所带来的传统属地和属人管辖规则难以确

---

① 〔美〕狄乐达：《数据隐私法实务指南以跨国公司合规为视角》，何广超译，法律出版社，2018。

② Sunni Yuen. Exporting Trust with Data: Audited Self-regulation as Solution to Cross-border Data Transfer Protection Concerns in the Offshore Outsourcing Industry. *The Columbia Science and Technology Law Review*, 2008, (9).

③ 石佳友：《网络环境下的个人信息保护立法》，《苏州大学学报》（哲学社会科学版）2012年第6期。

定①也给网络数据的管辖权带来一定挑战。目前国际社会基本认可，对网络数据在内的对象进行调查取证作为行使国家司法主权的一种行为，具有严格的属地性，如果没有外国的同意，不能在外国境内实施取证行为。以民商事管辖为例，为提高司法效率，就缔约国之间相互协助调取民商事案件证据制定规则，1970 年出席海牙国际私法会议第十一届会议的国家缔结了《关于从国外调取民事或商事证据的公约》，中国于 1997 年也正式加入此公约。此外，各国之间也会缔结双边民商事司法协助协定。然而这些规定总体上涉及流程周期长，响应效率并不高，也未脱离传统司法管辖的藩篱。

较为特殊的是，基于美国最高法院于 1945 年确定的最低限度接触的管辖权规则，现今美国在立法与实践中奉行"长臂管辖权原则"（Long Arm Jurisdiction）。只要一个被告的产品在美国使用并造成损害，无论其是否在美国境内进行交易，都可构成美国司法管辖所要求的"最低限度的接触"，从而使美国法院获得管辖权。② 在这样的管辖权原则之下，由于美国民事诉讼奉行当事人主义，调查取证由案件当事人及其律师在审理案件前进行，包括美国境内和境外的案件当事人，所以可能存在案件当事人为避免败诉风险而被迫提供位于境外的有关证据的问题，从而实质上减损境外第三国的司法主权。2010 年和 2011 年中国银行纽约分行就在两起商标侵权案中被法院要求提供账户信息，即便该行提出的信息位于中国境内且提供有关信息不符合中国法律。中国银行提出两项上诉，两次被判藐视法庭，2015 年 11 月，纽约南区地区法院发出命令，在中国银行遵守传票提供数据之前，处以每天 5 万美元的罚款。截至 2016 年 1 月 20 日，罚款达到 100 万美元，中国银行最终做出妥协。③

然而随着互联网全球化程度的日益加深，传统司法管辖原则面临的压力

---

① 李智：《协议管辖在互联网案件中的合理适用》，《法学》2006 年第 9 期。
② 郭玉军、向在胜：《网络案件中美国法院的长臂管辖权》，《中国法学》2002 年第 6 期。
③ King & Wood Mallesons – Meg Utterback and Tara J. Plochocki, Lessons from the GUCCI Case: Chinese Banks Increasingly Subject to U. S. Jurisdiction, https://www.lexology.com/library/detail. aspx? g = 88f05267 – e346 – 4e0d – 8f6c – 3a393e579ad3, 2018/6/15.

越来越大，除效率问题外，更重要的是位于本国境外的数据对本国公民权利、社会公共利益乃至国家安全构成越来越多的挑战，这就带来所谓本国利益与他国主权①之间的冲突问题。面对这样的矛盾，欧美国家也在积极推进网络数据管辖权冲突的协调，包括推进多方利益相关数据的直接共享，并解决实质受影响数据的保护问题，甚至通过立法明确授权本国执法机构可获取境外数据。

1. 通过缔结双边或多边协定实现法律协调与效率提升

《网络犯罪公约》（Cyber-crime Convention，以下简称《公约》）是欧美国家关于网络犯罪相关数据相互协助的典型。《公约》于 2001 年 11 月由欧洲委员会的 26 个欧盟成员国以及美国、加拿大、日本和南非等 30 个国家的政府官员在布达佩斯共同签署。作为世界上第一部防控网络犯罪的国际公约，《公约》对执法机关获取数据等问题进行了专门的程序法规定，缔约国因此而实现了相应法律程序的协调，提升了协作效率。

《公约》明确提出，出于对计算机信息系统和数据的犯罪调查或相关行动的目的，或为了在电子形式的犯罪中搜集证据，缔约国应在最大限度上向另一方提供协助。在紧急情况下，可以通过传真、电子邮件等快速通信方式提出相互协助或联络的请求，并在被请求方要求时，随时提交正式确认文件。这种协助的请求可以通过双方的司法部门或国际刑警组织提出。《公约》要求各方参与 24/7 网络，以保证各方协作，促进或直接实施调查和行动。

2. 通过缔结双边或多边协定加强必要的数据共享与保护

鉴于位于他国管辖权下数据对本国相关利益方的影响，在保障国家安全、打击违法犯罪等领域，欧美国家积极推动有关数据的共享。持续时间最长的莫过于 1946 年在英美情报共享的基础上发展起来的英、美、加、澳、新"五只眼"情报联盟，据斯诺登事件的爆料，网络数据的截获和分析已越来越成为该组织成员的日常性项目。其他典型的数据共享协作，包括以下几点。

为确保航空安全，2012 年 4 月欧盟委员会做出决定，授权欧洲航空公

---

① 有学者就此提出"数据主权"的概念，例如沈国麟《大数据时代的数据主权和国家数据战略》，《南京社会科学》2014 年第 6 期。

司向美国国土安全部提供跨大西洋旅客的"旅客姓名记录"相关信息，包括姓名、旅行日期、旅行路线、机票信息、联系方式、预订航班的旅行社、使用的付款方式、座位号和行李信息等。该协议允许美国政府保留每个旅客信息 15 年，之后保留的数据将被删除。①

为防止跨境逃税与税务欺诈，2014 年 3 月欧盟修订《储蓄税指令》（*Savings Tax Directive*）扩大了成员国自动交换的关于储蓄相关收入的信息范围。随后，2014 年 12 月《行政合作指令》（*Directive on Administrative Cooperation*）更进一步提出各国应建立银行信息共享平台，所有成员国都承诺自动交换有关税务用途的全部财务信息，包括纳税者的利息、股息、金融资产销售收入以及账户余额等信息。②

为保护欧美执法合作涉及的个人信息，2016 年欧盟与美国完成数据保护"伞协定"（Umbrella Agreement）的签署，协定涵盖了欧盟与美国之间为防止、侦查、调查和起诉刑事犯罪目的而交换的所有个人数据（如姓名、地址、犯罪记录）的保护措施，包括①明确限定使用个人信息只能用于上述目的；②相关数据传输到美国和欧盟成员国以外的国家和国际组织之前，必须得到数据提供国相关部门的允许；③数据保存期限不能长于必要或适当的时间，且必须公布保存期限或通过公开途径可以获知保存期；④任何个人都有权在一定条件下查阅自己的数据，并在发现信息错误时要求更正；⑤建立相关机制，确保数据泄露时通知相关部门，并在适当情况下告知信息被泄露的个人；⑥欧盟国家公民在美国官方处理其个人数据出现不当行为时，有权向美国法院申请司法赔偿。③

---

① 2012/472/EU: Council Decision of 26 April 2012 on the Conclusion of the Agreement between the United States of America and the European Union on the Use and Transfer of Passenger Name Records to the United States Department of Homeland Security.

② Communication from the Commission to the European Parllament and the Council on Tax Transparency to Fight Tax Evasion and Avoidance.

③ 美国前总统奥巴马于 2016 年 2 月 24 日签署的《司法救济法》（*Judicial Redress Act*）将《1974 年美国隐私法》司法救济条款延伸至欧盟公民。它将使欧盟公民有权向美国法院寻求司法救济。

为应对恐怖主义和严重犯罪行为，2016 年 12 月 4 日欧盟通过《旅客姓名记录指令》。该指令旨在规范航空公司向成员国转移国际航班乘客的旅客姓名记录数据的行为以及主管当局处理这些数据的行为。该指令规定，收集的旅客姓名记录数据只能用于预防、侦查、调查和起诉恐怖主义犯罪和严重犯罪。有关数据将被直接存储 6 个月，随后将额外保密存储 4 年半的时间，并且有严格的数据保护措施和访问程序。①

3. 通过立法明确授权本国执法机构可获取境外数据

美国与欧盟 2018 年以来正在加紧就本国（成员国）执法机构直接获取某些存储于其境外的数据进行立法。源于微软与 FBI 之间关于美国法庭搜查令是否可调取存储在爱尔兰的电子邮件内容数据的法律争议，2018 年 3 月 23 日，美国国会通过了《澄清合法使用数据法》（CLOUD 法），并经总统特朗普签署正式成为法律。CLOUD 法首先确认，无论通信、记录或其他信息是否存储在美国境内，根据美国《电子通信隐私法》（ECPA）而向受管辖的科技公司发出的法律程序（Legal Process）可以取得该公司所拥有、保管或控制的数据。除非服务提供者合理地认为同时存在目标对象不是"美国人"、不在美国居住，且披露内容的法律义务将给服务提供者带来违反"适格外国政府"立法的实质性风险的情况，可提出"撤销或修正法律流程的动议"。另外，CLOUD 法允许"适格外国政府"（Qualifying Foreign Governments）向美国境内的组织直接发出调取数据的命令，对"适格外国政府"的定义美国给出了详细的判断条件。在这样的机制下，可能会产生美国司法管辖权与他国司法主权的严重冲突问题。

根据路透社 2018 年 2 月 26 日的报道，欧盟也在酝酿立法，拟允许执法机构在欧洲运营的企业直接调取其存储在欧盟境外的数据。对于立法缘由，欧盟最高司法官员 Vera Jourova 表示，目前的跨境调取证据的方式太慢且效率太

① Directive（EU）2016/681 of the European Parliament and of the Council of 27 April 2016 on the Use of Passenger Name Record（PNR）Data for the Prevention, Detection, Investigation and Prosecution of Terrorist Offences and Serious Crime.

低，而执法部门必须比犯罪分子更快一步。[①]

总之，关于网络数据的管辖冲突与协调，欧美国家之间协作积极紧密，但某些措施涉及参与国乃至第三国国家主权或司法主权的让渡，容易引发争议。

# 五 对我国网络数据管理与保护的建议

纵观欧美国家网络数据管理以及欧美的网络产业发展，不难发现有关国家与地区数据治理的理念与制度设计，对其数字经济的发展有关键影响。中国的网络数据产业也有其独特性。当前，《网络安全法》已顺利实施，国内各主管部门也已或多或少就本行业、相关领域的数据安全风险提出政策法规等应对措施，网络数据的管理与保护基本实现了有法可依，市场秩序显著改观。但是，就数据产业发展而言，现行的法律法规还存在着不足，尤其是宏观数字经济与数字治理的顶层战略缺位，现行规定总体偏保守，监管性要求为主，原则性宣示较多，部门条块主导下的数据治理也有进一步碎片化、交叉化的趋势。这些可能会带来更多的数据流通障碍，也影响国家和企业集中力量管理好、保护好利益关系更为重要的数据信息，甚至出现打左灯向右转的结果。

随着大数据、云计算、人工智能、物联网、新零售等新技术、新应用、新业态的快速落地与迭代，中国正在迈入网络数据管理与保护制度建设的快车道，有必要借鉴欧美的经验教训，选择符合新时代中国国情，有利于实现数据产业发展与国家安全、社会公共利益与公民合法权益协调发展的道路。

第一，国家对网络数据治理的总体思路必须明确。根据对欧盟国家和美国的网络数据管理与保护的产业实践观察，我们发现二者均坚持负面清单管理，在对网络数据整体坚持自由流动基调下，对触及社会公共利益与国家安全的重要数据强化管控，对关系个人信息权利或安全风险的个人信息强化保

---

① Julia Fioretti, EU Seeks to Expedite Police Requests for Data from Tech Firms, https://www.reuters.com/article/us – eu – data – security – idUSKBN18Z0H0, 2018/6/15.

护。中国整体的网络数据管理与保护思路尚不明确，从进一步抢占国际网络产业发展制高点、有效维护中国网络安全与公民权利在全球利益的角度出发，也有必要明确促进数据有序自由流动的目标，推动市场主体间数据有序的流动，并实现非敏感政府数据的普遍开放。

目前中国网络数据管理与保护的重点，虽然也相对聚焦在重要数据与个人信息上，但有关机制明显呈现分散碎片化状态，缺乏体系性。《网络安全法》等高位阶法律协调力度与范围也有限，落地的配套法律法规还有待补全。从顶层设计考虑，建议在立法上高度重视数据治理，以重要数据和个人信息保护为落脚点，对两类数据进行通盘考虑、系统规划，通过立法对国家安全相关数据与个人信息分别管理或保护，释放整体网络数据市场活力。

第二，中国国家安全相关重要数据管理的体制机制应当进一步完善。重要数据管理方面，欧美国家与中国均有一定程度上的不透明，这也是基于切实维护国家安全的客观需要。然而，从数字经济发展、欧美国家重要数据管控趋势看，重要数据的管控可预期性不断增强，管控的领域更为聚焦，手段从传统的行政许可更多地转向风险评估、市场化第三方认证等灵活性机制，实现强管控与强发展之间的协调性。

建议以数据安全风险评估为重点，明确部门分工、管理对象与管理方式。当前中国的重要数据管理正处于制度快速完善期，《国家安全法》明确提出国家建立国家安全审查和监管的制度和机制，对影响或可能影响国家安全的外商投资、特定物项和关键技术等进行国家安全审查。但截至目前，只有《网络安全法》对关键信息基础设施领域重要数据出境提出了要求，并强调了关键信息基础设施采购的网络安全审查。建议加快《密码法》《出口管制法》《外国投资法》等有关立法的进程，界定清晰有关部门职责，完善政务敏感数据管理、密码进出口管控、敏感技术数据出境管控和触及重要数据的外商投资安全审查制度，甚至可推动制定《国家数据安全法》，对涉及社会公共利益和国家安全的网络数据进行统筹保护，并更好地实现各部门的分工协调。

第三，中国个人信息保护的顶层设计必须进一步强化。中国虽然已施行了诸多个人信息保护法律法规，但现实中个人信息灰黑产带来的危害依然较大，网络运营者对用户个人信息权利的保护状况也参差不齐。与欧美国家相比，中国个人信息保护的顶层设计尤为薄弱，保护路径也不清晰。一方面，没有个人信息保护的专门立法，规定零散导致个人信息权利意识不彰，企业合规意识不强；另一方面，个人信息保护主管部门及部门间协调缺位，多头管理下的大企业疲于应付，小企业不出事不管，加上执法覆盖面不足，造成当下个人信息安全风险事件依然多发。

建议加快推进以安全风险为中心的个人信息保护立法。从行业发展与国际化实践来看，应优先解决当前立法机关与有关部门分散立法、分头立规、各自为政的状态，通过个人信息保护专门立法统筹当前个人信息保护的部门间协调，清晰划定数据控制方与数据处理方的数据保护义务，界定用户权利范畴。要注意的是，中国的个人信息保护，并不具备欧盟基本人权演化的个人信息权利的历史土壤，网络产业蓬勃发展的现实，也使得以个人信息权利为核心利益重构网络产业合规逻辑的难度非常高，甚至得不偿失，因此应避免邯郸学步、自缚手脚，忽视国情去追求个人信息权利，甚至试图在民事法律中厘定个人信息权利。从产业发展角度看，中国个人信息保护立法，应当为技术发展、产品应用、业态创新留下充分的弹性空间，合理平衡用户权利保护与数据合理利用。

第四，网络安全与个人信息保护的行业自律机制应当受到高度重视。美国的数据安全与个人信息保护，高度依赖用户救济渠道畅通与监管机构严厉问责基础上的行业自律。欧盟虽然在强化个人信息保护立法，但同样也在不断强调"行业自律"，"合作监管"是当前欧盟监管新兴媒体和数字经济的主要形式，典型的如欧盟《一般数据保护条例》中不仅专门增加了"数据保护影响评估"，企业设置与监管机构配合的数据保护官，还特别强调了数据保护认证制度，包括经监管机构认可的行业协会认证与第三方专业机构认证。

行政资源是有限的，法律规范也有滞后性，中国的网络安全与信息化工作离不开市场主体的积极参与和主动作为。建议在加强网络安全与个人信息保护相关立法，重视行政监管与司法保障之余，也要充分发挥行业自律作用，鼓励优秀企业积极参与国家标准和行业标准的研究工作，主动推广各类网络安全与数据保护最佳实践指引。同时，大力培育社会化网络安全与数据保护服务，发展网络安全与数据保护的行业认证，推动优秀企业在市场竞争中能够被广大用户清晰辨识，激发企业严格合规与高度自律的积极性。

第五，网络运营者对网络数据的合法权益应得到尊重与保护。解决传统法律制度和执法机制在网络空间的适用性障碍，应对新技术带来的网络空间新现象、新问题，是欧美国家与中国面临的共同课题。中国法律正在完善网络数据主体合法权益保障机制，但从《民法总则》《网络安全法》的内容看，主要着眼点仍在于用户权利保障，例如个人信息权利、网络虚拟财产权利等。网络运营者通过用户的授权等合法方式取得的数据或财产权利，通过技术加工与运营积累取得的网络数据，法律也应当予以认可和保护，并提供必要的流通责任豁免机制，这也为网络运营者参与大数据流通提供了有效的定心丸。

为更好地保护网络运营者的网络数据，建议严厉打击各类侵害网络数据的违法犯罪行为，形成对网络黑灰产业的常态化执法与持续性威慑。由于中国没有欧美国家的高额行政罚款或惩罚性赔偿机制，当前许多侵害网络数据主体合法权益的行为，并没有受到有效打击。例如，分布式拒绝服务（DDoS 攻击），这种不直接危害公众但严重影响网络运营者生产经营秩序的行为大量存在，甚至大型互联网公司也深受其害。在打击网络灰黑产高度依赖行政执法机制的现实情况下，建议明确有关部门的执法责任，强化对各类危害网络市场正常秩序和网络运营者生产经营活动的违法行为的日常执法打击，避免"搞运动"甚至因为问题复杂就相互推诿不作为，持续震慑各类网络违法行为。

第六，应当尽快建立健全国家的宏观网络数据治理策略。从全球看，国家对网络产业的治理策略直接影响科技创新、互联网企业的发展。美国加州大学戴维斯分校 Chander 教授研究指出，美国法律制度对中间平台的保护更为有力，"美国互联网公司的成功不仅取决于受过良好教育的企业家和风险

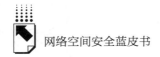
投资的可获得性，而且还取决于法律，从而减少了数百万人使用平台的法律风险"。"尽管许多欧洲和亚洲国家在某些情况下让中间平台对其用户的行为承担责任，但美国通常限制责任①。美国实行的责任限制使得硅谷的公司更在意如何不断提升和扩张，吸引和留住顾客，而不是因为担心诉讼而不断巡查他们的服务。"②

　　当前数字技术和数字经济飞速发展，人类社会全面进入数字时代，主要国家竞相争夺数字经济治理主导权。我们深刻认识到，理顺数据治理机制，加快数字经济发展，是实现中国梦的重大历史机遇。面对数字经济领域的新机遇、新挑战和新竞争，建议中国政府积极参与国际网络空间治理合作，推动必要的网络数据共享与执法协作，并考虑制定一部能促进整个产业发展和全球化的《数字经济法》，从顶层设计和法治基石上，主张中国对相关网络数据的司法管辖权，明确促进数字经济发展和数据有序自由流动的目标，确立必要的平台责任限制和容错机制，为保障我国数字经济持续创新发展，更好地参与全球数字经济竞争和治理，奠定坚实的法制保障、树立良好的国际典范。

---

① 典型的如美国 1998 年制定的《数字千年版权法》（DMCA）确立的版权领域避风港规则。即由于网络中介服务商没有能力进行事先内容审查，一般事先对侵权信息的存在不知情。所以，该法律确立了采取"通知＋移除"规则，这是对网络中介服务间接侵权责任的限制。

② Anupam Chander, Internet Intermediaries as Platforms for Expression and Innovation，https：//www. cigionline. org/sites/default/files/documents/GCIG%20no. 42. pdf，2018/6/15.

# B.6
# 个人信息保护关键监管环节及监管策略研究

陈 湉 秦博阳 刘明辉 张 玮*

**摘 要：** 当前，随着信息技术与产业革命浪潮的兴起，特别是大数据技术的创新应用，全球社会正式进入"数据驱动"的时代。然而，以大数据技术为代表的数据应用浪潮给个人信息保护和公民权益带来了前所未有的挑战。大数据场景下无所不在的数据收集技术、专业化多样化的数据处理技术，使得信息主体难以控制其个人信息的收集情境和应用情境，进而削弱了信息主体对其个人信息的自决权利。同时，大数据资源开放和共享的诉求与个人隐私保护存在天然矛盾，为追求最大化数据价值，滥用个人信息几乎是不可避免的。本文从监管范围、监管对象、管理职能、管理机制等核心要素入手，系统对比分析了美国、欧盟、澳大利亚、俄罗斯、新加坡和中国的个人信息保护监管现状，对我国在国际上所处的位置和水平进行了初步判断，并针对组织机构、规章制度、监管机制、保障条件等方面问题提出了完善行业个人信息保护监管体系的具体建议。

**关键词：** 大数据 个人信息 数据安全 政府监管

---

* 陈湉，计算机应用技术硕士，中国信息通信研究院安全研究所数据安全研究部副主任，高级工程师，研究方向为数据安全、个人信息保护、大数据安全；秦博阳，工学硕士，中国信息通信研究院安全研究所研究员，研究方向为数据安全与个人信息保护；刘明辉，工学博士，中国信息通信研究院高级工程师，研究方向为大数据安全；张玮，密码学硕士，中国信息通信研究院安全研究所研究员，研究方向为数据安全与个人信息保护。

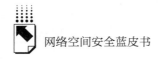

# 一　引言

个人信息保护的概念与个人隐私密切相关。将隐私利益上升为一种个人权利源于 1890 年 Samuel D. Warren 和 Louis D. Brandeis 的《论隐私权》，在此基础之上，隐私权的概念与内涵在世界范围内不断发展演化。1950 年《欧洲人权公约》将公民私生活保护列为公民基本权利（第 7 条私生活与家庭生活受尊重的权利；第 8 条个人资料受保护的权利）。美国隐私权存在于宪法、侵权法和各类成文法，其中 1974 年的《隐私权法案》为最重要的法律。总的来说，美国从自由的角度理解隐私，而欧洲大陆将隐私保护植根于人格尊严之上。

随着个人资料的数字化转变，特别是大数据技术带来的数据利用需求的急速膨胀，个人、政府、企业或机构在享受信息数字化带来的便利和红利的同时，传统个人隐私保护面临严峻挑战。传统个人隐私保护主要平衡个人隐私权与言论自由、知情权之间的利益矛盾，而个人信息保护面临的是传统隐私权保护与政府、企业数据利用需求间的利益冲突。个人信息保护的目标不仅仅是保护隐私，而是要从保护和利用两个角度寻找平衡。

在全局视角下，识别用户个人信息保护的关键环节，对比国外状况，全面盘点我国现状和在全球所处位置，突破性地提出用户个人信息保护监管策略，这对提升我国个人信息保护水平意义重大。

# 二　新形势下个人信息保护面临的挑战

## （一）新兴信息通信技术带来的挑战

以大数据、云计算等为代表的新兴技术的广泛应用，促使数据收集、存储、使用等环节的数据安全以及数据处理平台自身安全风险越发严重，给个人信息保护带来了严峻挑战。

一是移动智能终端和应用软件隐秘收集用户个人信息，侵犯用户知情和自决权利。随着移动互联网、物联网、可穿戴设备等新兴技术和产业的繁荣发展，智能终端设备的种类和数量日渐增多，伴随而生的应用软件也层出不穷。这一方面促使用户生活便利和体验提升，另一方面也增加了用户个人信息安全风险。智能终端或移动应用软件可能在用户不知情的情况下收集终端设备唯一标识、用户位置信息、终端设备软件安装情况等用户个人信息，并未经用户同意对这些信息进行处理。

二是云计算、大数据带动信息技术架构迭代演进的同时，引入新的数据安全风险。大数据、云计算技术带动信息系统软硬件架构的全新变革，在软件、硬件、协议等多方面引入了新的安全漏洞及隐患；然而，"重业务、轻安全"的心态使得配套安全技术和机制未能同步开发、同步配套。大数据存储、计算、分析等技术的发展，催生出很多新型高级的网络攻击手段，使得传统的检测、防御技术暴露出严重不足，无法有效抵御外界的入侵攻击。

三是大数据技术应用创新对个人信息保护之间存在天然矛盾性。大数据场景下专业化、多样化的数据处理技术，使得信息主体难以控制其个人信息的收集情境和应用情境，进而削弱了信息主体对其个人信息的自决权利。大数据技术应用可以更大限度地挖掘数据价值，个人信息是其中最具商业价值的数据，受利益驱动，滥用个人信息成为普遍现象，利用大数据技术进行挖掘分析和个人隐私保护之间存在天然的矛盾性。对多源数据的挖掘分析，可以从看似与个人信息不相关的数据中获得个人隐私，能够关联到特定个人的信息，随着大数据场景的变化，其界定范围在不断变化。原有的针对特定范围的个人信息保护因大数据的存在而不能够满足隐私保护的现实需求。

## （二）跨行业跨领域融合业务带来的挑战

"互联网＋"行动持续深入推进，带动数据应用浪潮逐渐从互联网、金融、电信等热点行业领域向医疗、交通、教育等行业领域拓展渗透。智慧城市、智慧医疗、数字化生活等融合领域创造出纷繁多样的数据应用场景。

一是多样的数据应用场景增加了个人信息保护规则的复杂性。融合业务

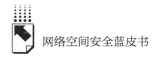

创造的多样化的新数据应用场景和数据应用需求，对传统的基于条款的个人信息保护规则提出全新挑战，为实现数据应用与个人信息保护之间的合理平衡，需要针对不同应用场景，依据"风险管控"思想，重新构造个人信息保护规则体系。

二是错综复杂的数据流动路径增加了个人信息保护难度。融合业务进一步激发了数据共享交易需求，个人信息不断从一个数据控制者流向另一个控制者，个人信息从产生到销毁不再是单向、单路径的简单流动模式，也不再仅限于组织内部流转。这一过程中，信息主体对个人信息的控制能力不断被削弱，如何在数据流转过程中始终保持同等水平的保护能力成为难点。

# 三　国内外个人信息保护现状对比分析

个人信息保护监管体系包括监管范围、监管对象、管理职能、管理机制等核心要素。其中，监管机构和监管职能构成了监管主体，重点关注监管对象的信息主体权益。政策法规、管理体制、标准规范和技术手段是个人信息保护的保障条件。

## （一）个人信息保护监管范围对比

### 1. 美国

美国隐私保护相关法律使用术语"个人可识别信息"（Personally Identifiable Information，PII）来界定保护范围。不同法律依据使用场景对个人可识别信息的定义略有不同，但是基本参照了 NIST SP800 – 122 给出的定义：个人可识别信息包括①能够识别个人身份的任何信息；②能够关联到个人的任何信息。

### 2. 欧盟

欧盟《一般数据保护条例》中"个人数据"的定义，是指任何指向一个已识别或可识别的自然人（"数据主体"）的信息。该可识别的自然人能够被直接或间接地识别，尤其是通过参照诸如姓名、身份证号码、定位数据、在线身份识别这类标识，或者通过参照针对该自然人一个或多个如物理、生理、遗传、心理、经济、文化或社会身份的要素。

3. 中国

我国《网络安全法》将个人信息定义为电子或其他方式记录的能够单独或与其他信息结合识别自然人个人身份的各种信息，包括但不限于自然人的姓名、出生日期、身份证号码、个人生物识别信息、住址、电话号码。

《最高人民法院、最高人民检察院关于办理侵犯公民个人信息刑事案件适用法律若干问题的解释》中明确刑法第 253 条规定的"公民个人信息"，是指以电子或者其他方式记录的能够单独或者与其他信息结合识别特定自然人身份，或者反映特定自然人活动情况的各种信息，包括姓名、身份证件号码、通信联系方式、住址、账号密码、财产状况、行踪轨迹等。

### （二）个人信息主体权利对比

明确信息主体权利是明确个人信息保护监管工作要点的前提，传统的信息主体权利包括知情权、同意权、访问权、删除权，随着数据安全保护的不断深入，"被遗忘权""可携带权"等新型信息主体权利类型不断凸显其重要性。表 1 为部分国家赋予信息主体的法定权利。

表 1    各国和地区赋予信息主体的法定权利

| 类别 | 欧盟 | 美国 | 澳大利亚 | 俄罗斯 | 新加坡 | 中国 |
|---|---|---|---|---|---|---|
| 数据收集/处理前被告知的权利 | √ | √ | √ | √ | √ | √ |
| 授权个人数据收集/处理的权利 | √ | √ | √ | √ | √ | √ |
| 访问/查询个人信息的权利 | √ | √（部分） | √ | √ | √ | √ |
| 更正个人信息的权利 | √ | √（部分） | √ | √ | √ | √ |
| 停止收集个人信息的权利 | √ | √（部分） | 未明确规定 | √ | 未明确规定 | √（部分） |
| 删除个人信息的权利 | √ | √（部分） | × | √（部分） | × | √（部分） |
| 投诉的权利 | √ | √ | √ | 未明确规定 | √ | 未明确规定 |
| 数据可携带权 | √ | 未明确规定 | 未明确规定 | 未明确规定 | 未明确规定 | 未明确规定 |
| 数据遗忘权 | √ | 未明确规定 | 未明确规定 | 未明确规定 | 未明确规定 | 未明确规定 |

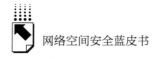

各国对相关权利的具体规定如下。

（1）访问/查询个人信息的权利

美国除了《健康保险携带和责任法案》（HIPAA）、加州法律等，大多数隐私相关法律不支持为信息主体提供特定数据的访问权限，但《儿童在线隐私保护法案》允许父母查看网站所收集的孩子的个人信息。

（2）更正/删除个人信息的权利

美国《健康保险携带和责任法案》（HIPAA）、《儿童在线隐私保护法案》支持用户删除/更正信息的要求。

俄罗斯个人数据保护法案规定，当个人数据不完整、过期、不准确、非法取得、数据处理声明的目的不是必需的等情况下，数据主体可以请求删除个人数据。

我国个人发现网络运营者违反法律、行政法规的规定或者双方的约定收集、使用其个人信息的，有权要求网络运营者删除其个人信息。

（3）停止收集个人信息的权利

美国《金融服务现代化法案》（GLB）、《健康保险携带和责任法案》（HIPAA）、加州法律规定，公司应提供渠道允许用户退出其提供的信息服务。

我国工信部《电信和互联网用户个人信息保护规定》规定用户终止使用电信服务或者互联网信息服务后，应当停止对用户个人信息的收集和使用，并为用户提供注销号码/账号的服务。

（4）小结

由各国对信息主体的相关权利规定可以看出，信息主体的知情权和同意权受到普遍保护，但信息主体的数据可携权、被遗忘权只有在欧盟得到保护，信息主体的删除权，出于不同角度的考虑，在美国、俄罗斯、中国受到一定程度的限制，信息主体的投诉权利在中国和俄罗斯没有得到明确保护。

## （三）个人信息保护监管对象对比

### 1.监管对象主体

在个人信息保护领域，各国基本上将数据控制者（Data Controler）定为主要监管对象，但是对数据控制者的分类和具体界定存在一些差异：美国将数据控制者分为政府部门和私营机构，对政府部门专门立法规制其隐私保护义务；欧盟、澳大利亚、俄罗斯、新加坡不区分公私领域，统一对个人信息的控制者进行监管；我国《网络安全法》中的规制对象是网络运营者，主要是针对私营领域；《中华人民共和国刑法修正案（九）》中的侵害公民个人信息罪的犯罪主体包括公共部门和私营机构。

2. 监管对象承担的义务

各国对数据控制者所承担义务的规定，除了在数据收集、存储、处理等全生命周期中配合信息主体实现其权利外，还有确保数据安全、发生异常事件时的通报、应对数据境外流转/存储情况等义务，具体如表2所示。

表2　各国和地区数据控制者承担的义务

| 国家/地区 | 数据控制者义务 |
| --- | --- |
| 欧盟 | 政府、公共机构、大型企业设立专门数据保护官（DPO）<br>保障数据安全<br>数据泄露通知<br>使用 Cookies 须征求信息主体同意<br>数据提供给第三方须确保接收方拥有同等保护水平<br>数据出境时确保数据接收方拥有同等数据保护水平 |
| 美国 | 保障数据安全<br>数据泄露通知<br>公开隐私条款<br>使用 Cookies 必须提供 opt-out 机制<br>对财务信息和信用信息共享有限制 |
| 澳大利亚 | 确保个人信息准确、最新、完整<br>数据控制者务必确保数据安全<br>不得为直接营销目的的使用或披露信息<br>数据提供给第三方须确保接收方遵守同等法律要求和义务<br>数据跨境时，确保数据接收者不违反澳大利亚的隐私原则 |
| 俄罗斯 | 个人数据加密处理<br>生物个人资料采取特殊保管技术<br>确保个人资料跨境传输时数据接收方拥有同等保护能力<br>俄罗斯本国公民的个人信息能够通过位于俄罗斯联邦境内的数据中心记录、存储、变更 |

续表

| 国家/地区 | 数据控制者义务 |
|---|---|
| 新加坡 | 保障数据安全<br>使用 Cookies 须征求信息主体同意<br>数据出境时确保数据接收方拥有同等数据保护水平 |
| 中国 | 保障数据安全<br>数据泄露通知<br>公开数据收集、使用规则<br>向第三方提供数据须信息主体同意或匿名化处理<br>数据出境需信息主体同意并经过安全评估 |

除了配合信息主体实现其权利外，各国对数据控制者的个人信息保护义务可总结为数据安全、向第三方提供数据、数据跨境流动、数据泄露应急响应等四个方面，多集中于"事中""事后"两个环节。总体来看，各国对于各个环节的要求有共同之处，也存在一定差异。

就共同点来看，主要集中在对于数据存储使用和共享的义务和事后应急处置义务。各国均规定了确保数据安全的义务，对数据共享要求信息主体同意或要求接收方提供同等保护水平，并对数据泄露通知做出相关规定。

就差异点来看，对于岗位设置，欧盟 GDPR 要求政府、公共机构、大型企业设立专门数据保护官（DPO）；对于 Cookies，欧盟、新加坡明确规定使用 Cookies 须获得信息主体同意；对于数据跨境，俄罗斯明确了公民信息需在本地有数据库，中国明确规定超过一定数量的个人信息出境须进行安全评估。

## （四）个人信息保护监管主体对比

### 1. 监管机构设置

各国个人信息保护监管主体的设置存在一定差异，欧盟、澳大利亚、俄罗斯、新加坡指定或建立了独立的个人信息保护监管机构；美国、中国尚未指定专门的监管机构，具体情况如下。

美国未设置专门的监管机构，FTC 从保护消费者权益的角度开展监管。欧盟设置了数据保护监督员办公室（European Data Protection Supervisor）。

澳大利亚成立了澳大利亚信息专员办公室（OAIC）。俄罗斯成立了联邦电信、信息技术和大众传媒监督局（Roskomnadzor）。新加坡成立了新加坡个人信息保护委员会（PDPC）。中国未设置专门的监管机构，目前由网信办在国家层面承担《网络安全法》中个人信息保护条款的落实。

2. 监管机构职能

各国个人信息保护监管主体的法定监管职能可以总结为：制定相关监管政策、调查侵犯隐私的案件并提起诉讼、下达禁令、受理投诉等，具体如表3 所示。

表3　各国和地区数据监管机构职能

| 国家/地区 | 数据监管机构 | 监管者职责 |
| --- | --- | --- |
| 欧盟 | 数据保护监督员办公室（EDPS） | ①监管欧盟机构处理个人数据和隐私的活动,确保个人数据安全和隐私安全<br>②监控可能影响个人数据和隐私保护的新技术<br>③对欧盟机构的非法数据处理活动发出警告<br>④对违规机构下达明确的禁令<br>⑤向欧盟法院提起诉讼 |
| 美国 | 联邦贸易委员会（FTC） | ①制定相关隐私政策<br>②发布若干指引文件<br>③调查侵犯消费者隐私案件,给予涉事主体行政处罚<br>④控告侵犯隐私的相关企业与个人 |
| 澳大利亚 | 信息专员办公室（OAIC） | 根据《联邦隐私法案》和《信息自由法案》进行调查、审查和审计活动<br>为《联邦隐私法案》和《信息自由法案》的实施提供建议和指导<br>受理投诉,进行调解<br>申请民事处罚。对于严重的或反复违反《隐私法案》的行为,法庭可罚款高达 360000 美元(个人)和 1800000 美元(公司) |
| 俄罗斯 | 联邦电信、信息技术和大众传媒监管局（Roskomnadzor） | ①不定期调查机构、企业的个人数据处理数据保护合规情况<br>②受理有关个人数据的申诉和投诉,在职权范围内做出决定<br>③对违反法律法规的企业、机构给予行政处罚 |
| 新加坡 | 个人信息保护委员会（PDPC） | ①指示权<br>②复审权<br>③调查权<br>④提出个人信息保护的建议<br>⑤开展个人信息保护的学术研究<br>⑥提供关于个人信息保护的咨询性、技术性服务 |
| 中国 | 中央网信办 | 会同国务院有关部门制定办法进行数据出境安全评估 |

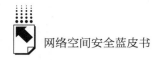

从表 3 可以看出,欧盟、美国、澳大利亚、俄罗斯、新加坡大体上从四个方面明确数据监管者的责任。

第一,制定数据安全保护政策,明确数据控制者什么可以做,什么不可以做,例如收集个人信息时需获得明确同意,未经同意不得收集个人信息;第二,对数据控制者处理数据的活动进行合规性检查、审查;第三,受理针对侵犯隐私的投诉、控告,视情况开展执法调查;第四,对数据控制的违规行为进行民事处罚,罚款金额通常较高。

与这些国家相比,我国《网络安全法》未明确规定国家网信部门在个人信息保护方面的具体职责,其他法律中也未明确我国个人信息保护的监管部门和具体监管职责。

### (五)小结及我国所处国际水平判断

相比于欧盟、美国、澳大利亚、新加坡、俄罗斯等国家和地区,我国相关规定虽能基本保障个人信息主体的知情权、同意权、访问权、更正权等基本权利,但在监管范围、监管对象和监管主体方面各项权利与义务规定尚不完善。对于个人信息的定义偏窄,无法满足保护需求,将网络运营者作为监管对象,具有一定的局限性,监管机构及其具体职责尚未明确,不利于各项保护工作的开展。

由此可以看出,我国的个人信息保护监管尚处于起步阶段,监管体系需进一步建设完善,与个人信息保护领域的典型国家相比,我国的保护水平相对落后。

## 四 行业个人信息保护监管现存主要问题

第三部分主要站在全局角度,从国家层面对中国、美国、欧盟、澳大利亚、俄罗斯、新加坡的个人信息保护监管现状进行对比分析。下面,将聚焦我国电信和互联网行业,继续参考政府监管体系相关的方法论,从监管范围、监管对象、监管主体等方面分析电信和互联网行业个人信息保护监管工作现状，通过聚焦主要矛盾，将存在的监管问题归纳为组织机构、规章制度、监管机制、保障条件几个方面。

## （一）组织机构方面的问题

工信部作为电信和互联网行业主管部门，在个人信息保护监管领域内部存在职责交叉、分工不明的问题。工信部网络安全管理局、信息通信管理局的机构职责都明确包含用户个人信息保护。网络安全管理局机构职责中明确提出"承担电信网、互联网网络数据和用户信息安全保护管理工作"；信息通信管理局机构职责也提出"监督管理电信和互联网市场竞争秩序、服务质量、互联互通、用户权益和个人信息保护"。但是从机构职责的具体描述中很难区分各自的具体职责和工作分工，可能出现监管要求和措施交叉重叠的问题。

## （二）规章制度方面的问题

电信和互联网行业个人信息保护相关规章制度建设的问题主要体现在以下几个方面。

1. 旧的管理办法略显过时，新规迟迟难以出台

目前，电信和互联网行业最高层级的个人信息保护相关法规政策性文件是工信部第 24 号令《电信和互联网用户个人信息保护规定》（以下简称《规定》），2013 年 7 月发布。《规定》立足工信部电信和互联网行业管理职责，从个人信息保护范围、个人信息收集和使用规则、安全保障、监督检查等几方面进行了规定。

自《规定》发布至今的四年时间里，发生了一些新的情况。一是《网络安全法》于 2017 年 6 月 1 日正式实施，其中第四十条至第四十四条对网络运营者保护公民个人信息进行了规定。《规定》作为下位法，由于制定时间早于《网络安全法》，在个人信息保护范围、个人信息保护具体要求等方面与上位法在衔接上存在一定问题。二是大数据等新兴信息通信技术迅速崛起并加速普及应用，给个人信息保护带来全新挑战，特别是加剧了个人信息

使用、共享环节数据滥用和泄露的风险,《规定》在此方面少有涉及,已经不能完全满足个人信息保护工作实际需求。

面对上述情况,工信部尚未明确具体应对思路,是重新修订《规定》,还是将其废止,出台新的部门规章或政策性管理文件。由于前述的职责分工问题,目前信管局和网安局针对个人信息保护研究制定了新的管理文件,但是涉及部门司局间的协调,新规迟迟未能发布。

2. 现有管理办法在多个关键问题尚存空白

从前文的分析可以得出,我国在个人信息保护领域的法律法规和监管要求的完善程度,与欧美等西方国家还存在一定差距,电信和互联网行业的个人信息保护也面临同样的问题,主要表现在以下几个方面。

一是个人信息保护的监管范围需进一步调整。《网络安全法》对个人信息的定义只包含了"识别"路径,电信和互联网行业如何在《网络安全法》的框架下,延续《全国人大关于加强网络信息保护的决定》《电信和互联网用户个人信息保护规定》的个人信息保护范围,兼顾"识别"路径和"关联"路径,需要进一步研究谋划。

二是对存在争议的个人信息界定缺少官方解释。对于静态 IP 地址、MAC 地址、手机 IMEI 码等设备唯一标识,Cookies 等身份追踪信息是否属于个人信息,目前没有明确的管理规定或者官方解释。"法无禁止即可为",行业内已经形成随意收集手机 IMEI 码等惯性做法,本质上侵害了用户的知情权和同意权。

三是个人信息主体的权利保护存在一定空白。目前,《规定》中只对停止收集用户个人信息进行了要求,即"用户终止使用电信服务或者互联网信息服务后,应当停止对用户个人信息的收集和使用,并为用户提供注销号码或者账号的服务"。但是,对注销账户的个人信息如何处置、保存期限、信息主体的删除权利没有明确规定。另外,《网络安全法》和《规定》都没有专门赋予信息主体投诉泄露、滥用其个人信息的权利。

四是监管主体缺少必要的执法授权。《规定》中只笼统提到"电信管理机构应当对电信业务经营者、互联网信息服务提供者保护用户个人信息的情况实施监督检查",对于实施监督检查的具体职责没有予以明确授权,例如发生数据泄露事件后监管主体的调查处罚、监管主体受理用户投诉后的调查处罚等职责。

### (三)监管机制方面的问题

电信和互联网行业的个人信息保护监管机制问题主要体现在以下几个方面。

1. "事前"环节——缺乏日常管理机制对企业个人信息保护工作进行约束和监督

目前,对于电信和互联网企业个人信息保护工作基本上采取的是突击型、运动型的检查方式,缺乏常态化的持续性的监督管理方式,从机构设置、人员配备、制度建设、技术手段配套等方面对企业个人信息保护工作进行监督,督促其落实相关行业管理要求。

此外,与规章制度关系密切的个人信息保护管理要求还需要细化,并纳入"事前"监管环节中,通过日常监督管理机制督促企业落实。这里的管理要求细化包括企业公布的隐私条款内容及放置位置、个人信息的使用处理及匿名化、个人信息共享或向第三方提供等因新形势新变化导致风险加剧的关键环节。

2. "事中"环节——缺乏有效机制及时掌握、响应及处置个人信息泄露、滥用等问题

个人信息保护监管工作有别于电信业务的行业监管模式。不论是基础电信业务还是增值电信业务,通过发放市场准入许可或要求企业备案,行业主管部门可以掌握当前行业内市场参与主体情况、业务发展情况等相关信息和数据,有助于行业主管部门开展"事中""事后"环节监管。个人信息保护工作很难采取电信业务的监管模式,要求企业事先拿许可或备案,由此导致行业主管部门在"事中"环节无法掌握当前行业内个人信息的总量情况、企业掌握个人信息的类型和规模以及企业收集、使用个人信息存在的普遍问题和违规违法行为。

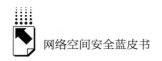

缺少上述这些信息，导致行业主管部门和普通民众一样，只能够借助新闻报道等公开渠道得知行业存在的问题、企业发生的数据泄露事件等信息，相应的执法监管工作也受到一定影响，监管工作效率和监管工作的针对性、有效性难以提高。

3. "事后"环节——缺乏多样性"刚柔并济"的追责处罚措施震慑企业

行政处罚力度有限是长期困扰行业监管工作的一个问题。根据《行政处罚法》和国务院的有关规定，部门规章只能设定警告和最高额为三万元的罚款。《电信和互联网用户个人信息保护规定》遵循了上述规定，对相关违法行为设定了警告和三万元以下的罚款处罚。这个罚款量级与欧盟《一般数据保护条例》规定的全球营业额4%的最高罚款额度无法相比，对当前电信和互联网企业来说也不痛不痒。而责令停业整顿、撤销行政许可等硬性处罚手段，需要复杂的行政执法流程，同时面临企业行政复议、负面社会影响等执法风险，实施难度和成本也较高。约谈企业、向社会公告、建立企业信用档案等创新型的柔性监管处罚方式是有效的补充手段，但是尚未在个人信息保护监管工作得到充分应用。

## （四）保障条件方面的问题

电信和互联网行业个人信息保护监管在保障条件方面主要存在以下问题。

1. 亟须制修订配套技术标准和规范范本

一是行业标准需要依据国家标准启动修订。近年来，关于个人信息保护相关的行业标准已经陆续制定出台，包括《电信和互联网用户个人电子信息保护通用技术要求和管理要求》YD/T 2692－2014、《电信和互联网用户个人电子信息保护检测要求》YD/T 2693－2014、《电信和互联网服务用户个人信息保护定义及分类》YD/T 2781－2014等。目前，国家标准《信息安全技术个人信息安全规范》已获批发布，标准按照数据生命周期对个人信息保护进行了详细规范。此前发布的相关行业标准需要按照最新的国标，结合电信和互联网行业实际进行修订。

二是缺少标准合同条款等规范范本指导企业落实监管要求。欧盟采取合同干预的方式推行个人信息出境管理。欧盟委员会以《数据保护指令》（"95 指令"）为法律依据，起草制定三款《标准合同》条款。企业之间签订数据出境流动合同如包含《标准合同》条款，则可进行个人数据出境转移。目前，在电信和互联网行业，缺少此类标准合同条款、标准隐私政策条款等规范范本，指导企业落实个人信息保护相关监管要求。

2. 个人信息保护监管执法技术手段不足

云计算、大数据、人工智能等新兴前沿信息技术创新带动数字经济发展的同时，也带动了数据共享交易需求与日俱增。频繁的数据共享和交换促使数据流动路径变得交错复杂，数据从产生到销毁不再是单向、单路径的简单流动模式，也不再仅限于组织内部流转，而会从一个数据控制者流向另一个控制者。在此过程中，实现异构网络环境下跨越数据控制者或安全域的全路径数据追踪溯源变得更加困难，特别是数据溯源中数据标记的可信性、数据标记与数据内容之间捆绑的安全性等问题更加突出，使得个人信息泄露等安全事件的执法调查、取证举证工作变得更加困难。

3. 个人信息保护监管执法队伍力量不足

个人信息保护只是电信和互联网行业主管部门的监管职责之一，而行业监管人员力量不足也是一个"老问题"，现有部省两级行业主管部门的人员编制与庞大的行业管理对象数量严重不匹配。部属支撑单位同样面临人员紧张的问题，难以对个人信息保护监管工作形成有效支撑。

# 五　强化行业个人信息保护监管策略建议

## （一）强化个人信息保护监管总体思路

总体来看，我国个人信息保护工作起步较晚、基础稍显薄弱，与国家要求、产业需求和社会期待仍有差距。为进一步强化电信和互联网行业个人信息保护工作，需要结合行业监管体系和核心要素相关方法论，从明确主管部

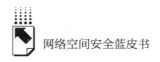
门分工职责、完善行业监管要求、健全行业监管机制、加强违规行为追责处罚、强化行业监管力量等多个方面逐一突破，健全完善行业个人信息保护监管体系。

## （二）行业个人信息保护管理部门职责分工

针对现阶段信息通信管理局和网络安全管理局在个人信息保护工作上职责交叉的问题，建议两个司局间加强沟通协调，明确工作边界。一是两个司局在个人信息保护工作方面，可结合自身本职工作，各有侧重。信息通信管理局作为电信和互联网市场及业务的主管司局，可以从维护电信和互联网用户个人信息相关权益着手，如知情权、同意权、访问权、更正权、删除权、投诉权等，开展行业个人信息保护监管工作。网络安全管理局作为电信和互联网行业网络与信息安全管理的主管司局，可以从保障电信和互联网用户个人信息安全的角度着手，加强个人信息在传输、存储、使用、共享等环节的行业监管工作。二是两个司局之间应建立长效沟通机制，加强日常监管的工作协作和应对突发事件的联合执法。日常工作沟通一方面有助于两个司局进一步明确各自的工作边界，另一方面有助于形成监管合力，形成全方位、全覆盖的行业个人信息保护监管体系。

## （三）细化行业个人信息保护监管要求

针对当前《网络安全法》个人信息保护相关定义和规定偏窄，《电信和互联网用户个人信息保护规定》与上位法衔接不顺、内容不能适应新形势新需求等一系列涉及法律法规政策、具体监管要求的问题，建议信息通信管理局、网络安全管理局尽快联合修订《电信和互联网用户个人信息保护规定》，或出台新的部令，取代前者。并参考国际上已经相对成熟的通行做法，从企业应承担的个人信息保护义务和行业主管部门的个人信息保护监管职责两个方面，进一步细化行业监管要求。

1. 企业配合实现用户个人信息相关权益的义务

电信和互联网企业应承担的义务可以从配合实现用户知情权、同意权、访问权、更正权、删除权、投诉权、停止收集的权利等方面进行规定，具体要求如下。

（1）知情权

电信业务经营者、互联网信息服务提供者收集、使用个人信息，应当通过专门网页或应用界面，以清晰明确、通俗易懂的方式告知用户本企业的隐私保护政策，应包含如下事项。

·收集、使用用户个人信息的目的、类型、方式、拒绝提供信息的后果。

·保存期限以及到期后的处理方式。

·是否会向第三方提供以及向第三方提供的目的、类型、方式。

·是否会向境外传输个人信息以及向境外传输个人信息的目的、类型、方式，境外接收方基本情况。

·用户查询、更正、删除其个人信息的渠道。

·个人信息的安全保护措施。

·其他有利于保护用户知情权的事项。

（2）同意权

电信业务经营者、互联网信息服务提供者收集、使用个人信息的，应当就收集信息逐项征得用户同意，不得收集提供服务所必需以外的用户个人信息。收集、使用个人信息超出用户同意范围的，应当再次告知用户并征得同意。法律、行政法规另有规定的，从其规定。

（3）访问权

电信业务经营者、互联网信息服务提供者应在其官方网站或移动应用软件中为用户提供入口明显、操作便捷的访问其个人信息的功能。

（4）更正权和删除权

用户发现电信业务经营者、互联网信息服务提供者违反法律、行政法规的规定或者双方的约定采集、传输、存储、使用其个人信息的，有权要求删除；发现电信业务经营者、互联网信息服务提供者采集、传输、存储、使用的其个人信息有误的，有权要求更正。电信业务经营者、互联网信息服务提

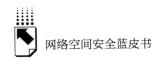

供者应当按照用户要求采取措施予以删除更正。

（5）投诉权

电信业务经营者、互联网信息服务提供者应在其官方网站或移动应用软件中为用户提供入口明显、操作便捷的投诉通道，受理用户关于个人信息保护相关的投诉，公开受理时限并在规定时限内向用户反馈处理结果。

（6）停止收集的权利

电信业务经营者、互联网信息服务提供者应当为用户提供注销号码或者账号的服务，用户注销服务后，应当停止对用户个人信息的收集和使用，相关数据应当全部删除，国家另有规定和双方约定的除外。

2. 企业保障用户个人信息安全的义务

电信和互联网企业应承担保障用户个人信息安全的具体义务如下。

（1）个人信息存储安全

电信业务经营者、互联网信息服务提供者应明确数据安全保护责任领导和责任部门。建立健全数据安全管理制度，落实数据安全和用户个人信息保护标准要求，加强数据安全能力建设投入保障，加大人员和资金投入力度，对内部人员开展数据安全警示教育和培训。定期开展内部数据安全检查，及时整改安全隐患，严厉惩处违法违规行为。

电信业务经营者、互联网信息服务提供者应采取以下措施加强数据安全防护。

·健全数据防窃密、防篡改、防泄露和数据备份、数据脱敏、数据审计等安全防护技术措施，防范入侵窃取数据风险。

·用户口令等敏感数据应使用国家密码管理机构认可的商用密码产品或密码算法进行加密存储和传输，金融支付类数据的存储和传输应当符合金融安全有关规定。对于重要敏感数据，要防范自动化程序抓取数据风险。

·对内部员工的数据访问行为进行权限管理、日志记录和安全审计。针对批量查询、复制、转移及删除数据等敏感或异常行为，建设实时监控和自动预警技术平台。对非法向他人出售或提供用户个人信息的员工，应当移交公安机关依法查处。

·建立网上监测巡查机制，发现论坛、微博、聊天群组等中发布或传播非法数据交易信息的，应当立即停止传输，采取消除等处置措施，相关账号、网站、域名依法处置关停。

·建立健全数据容灾制度，建设数据容灾备份系统，制定灾难恢复策略和恢复预案，增强重要敏感数据的抗毁性与恢复能力。

·电信管理机构规定的其他必要措施。

（2）个人信息使用安全

电信业务经营者、互联网信息服务提供者使用个人信息应仅限于提供服务的目的，不得利用收集掌握的数据进行可能对用户权益和国家安全造成危害的大数据分析处理活动。

依托第三方开展数据分析时，在无法确保安全可控的情况下，原始数据不得离开本单位所有或运营的网络设施。

（3）个人信息共享安全

电信业务经营者、互联网信息服务提供者与第三方开展数据共享合作，应通过签订安全协议等形式，明确规定合作各方数据安全保护责任，确立共享过程中的数据保护和安全措施，并确共享方对共享数据的保护水平不低于数据提供方原有数据保护水平。

涉及个人信息共享的，应当征得用户同意，或者进行匿名化等处理，并对处理方法保密。采用匿名化等技术措施实现无法识别特定个人的，应自行或通过第三方安全服务机构进行匿名化安全评估，防范匿名化数据被复原后再次关联到用户个人的安全风险。

（4）个人信息交易安全

电信业务经营者、互联网信息服务提供者要在正规的数据交易机构开展数据交易活动。交易网络数据涉及用户个人信息的，应当征得用户同意，或进行匿名化等处理，并开展匿名化安全评估。无法律、行政法规和国家有关规定的，企业不得提供用户个人信息。

（5）应急响应

电信业务经营者、互联网信息服务提供者应健全完善数据泄露等突发数

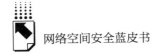

据安全事件应急响应机制和应急预案。对于电信管理机构通报或社会披露的与本单位相关的数据安全风险信息，在获悉后应当立即组织自查，排查安全隐患，消除安全风险；对于不实信息，及时回应用户关切，向社会澄清。

（6）个人信息泄露通知

电信业务经营者、互联网信息服务提供者应在网站或应用的明显位置提供举报投诉链接，及时处理和反馈用户数据泄露等相关投诉。发生或者可能发生用户个人信息泄露、毁损或丢失时，应当立即采取补救措施，并将有关情况向社会公告。确认用户个人信息已经泄露、毁损或丢失时，及时通过电话、短信、邮件等方式通知可能受到影响的用户，提醒用户采取防范措施。造成重大社会影响等严重后果的，应立即向准予许可或者备案的电信主管部门报告，并将事件处置、善后等有关情况及时向社会公告。

3. 行业主管部门的个人信息保护监管职责

借鉴国外个人信息保护监管机构职责及监管机制方面的通用成熟做法，进一步细化电信和互联网行业主管部门在个人信息保护方面的监管职责，具体如下。

①政策制定——行业主管部门负责制定电信和互联网行业个人信息保护相关法规政策。

②监督管理——行业主管部门负责监督电信业务经营者、互联网信息服务提供者落实行业个人信息保护相关监管要求的情况，定期开展检查。

③执法调查——行业主管部门负责对个人信息泄露、毁损、丢失等安全事件，及电信业务经营者、互联网信息服务提供者的个人信息保护方面违法违规行为进行调查，对涉嫌违法的，依法予以查处，对于涉嫌犯罪的，及时移交司法机关处理。

④追责处罚——对于不落实相关法律法规和本意见有关要求的电信业务经营者、互联网信息服务提供者，电信主管部门采取责令整改、罚款、撤销许可等方式进行行政处罚，或通过约谈、曝光、通报等方式督促其整改。

⑤受理投诉——行业主管部门负责建立行业个人信息保护用户投诉渠道，受理用户关于其个人信息遭泄露、滥用、毁损等投诉。

⑥信用体系——行业主管部门负责建立电信和互联网企业信用管理体系，将企业个人信息保护工作落实情况作为信用评价指标。

⑦指导标准——行业主管部门负责指导行业标准化组织开展个人信息保护相关标准的研究制定。

## （四）完善行业个人信息保护监管机制

针对上文总结的当前电信和互联网行业个人信息保护监管机制存在的问题，建议从事前、事中、事后环节健全完善行业个人信息保护监管机制，具体如下。

1. 事前监管机制（常态化监管机制）

考虑到个人信息保护监管有别于电信业务许可备案的监管模式，需要在事前环节加强常态化监管，对企业形成有效监督，避免运动式监管导致的企业落实工作时好时坏的问题。

（1）定期检查

行业主管部门每年定期开展电信和互联网行业个人信息保护专项检查。每年根据业务发展趋势、个人信息保护形势制定下发专项检查工作通知和检查要点，采取抽查方式，对企业个人信息保护合规情况开展检查。检查结果纳入企业信用档案，发现问题，督促企业及时整改；发现违法违规行为，依法予以查处，对于涉嫌犯罪的，及时移交司法机关处理。

（2）信用体系

行业主管部门建立电信和互联网企业信用档案，将个人信息保护纳入信用指标体系，将定期检查情况、用户投诉情况、执法调查情况计入信用档案，并定期向社会发布。

（3）年报

借鉴美国联邦贸易委员会每年发布隐私报告的做法，行业主管部门可每年发布电信和互联网行业个人信息保护报告，公开当年定期检查发现的问题和企业的整改情况、个人信息泄露等突发事件的处置情况和对企业的处罚情况等，促进行业监管工作公开化、透明化的同时，加大柔性监管力度，对企

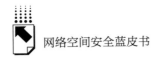
业起到督促、震慑作用。

2. 事中监管机制

为解决事中环节缺乏监管机制和措施以及时掌握、响应及处置个人信息泄露、滥用等事件的问题，建议健全完善用户投诉处置机制，具体如下。

一是建立统一投诉受理平台。充分借助 12321 网络不良与垃圾信息举报受理中心已有的人员、技术力量，在工信部官网首页显著位置增加 12321 投诉举报热线的快速通道，开发简单易用的网络投诉举报表单，同时加大宣传力度。二是加强官方和企业投诉渠道的协同处置。官方投诉渠道受理的用户投诉，行业主管部门和举报受理中心不直接参与处置，因此需要打通官方和企业之间的投诉通道，将用户投诉转交至相关企业，并要求企业对这些投诉同等对待，按照企业公开承诺的时限处理并反馈用户。三是加强对用户投诉举报信息的汇总和大数据的综合分析研判。通过对用户投诉信息的综合研判，及时掌握个人信息泄露、违规使用等态势，发布相关预警信息，同时指导用户做好防范。四是加强投诉举报中心与执法队伍的信息共享机制建设。以用户投诉及基于用户投诉的大数据分析结果为重要情报来源，及时对相关涉事企业开展检查或执法调查，对于发现的安全问题及时要求企业整改，对于存在违规行为的企业依法处置。

3. 事后监管机制

为解决行业监管处罚力度不足，难以对企业形成有效震慑作用的问题，一方面要采取约谈、曝光、信用体系等柔性监管措施，另一方面要在事后环节强化对企业的责任追究，具体如下。

（1）追责倒查

建立责任追究和追责倒查机制，在执法调查工作中，对企业的违法违规行为，追究企业主管第一负责人的责任，追究相关工作人员的责任，并通过约谈、曝光等方式加强惩处和警示教育。

（2）持续跟踪

借鉴美国联邦贸易委员会持续追踪 Facebook 未来十年隐私保护合规情况的案例，建立行业执法持续跟踪机制，对发生过重大数据安全和个人信息保护相关事件的企业，在发生事件后的 5~10 年，将该企业作为每年定期检查的对象，持续监督其个人信息保护工作落实情况。

### （五）增强行业个人信息保护监管力量

为应对当前电信和互联网行业个人信息保护执法技术手段和监管队伍力量不足的问题，建议充分发挥部属机构和科研院所的力量，加强数据安全相关技术手段研发攻关，加强执法支撑队伍建设，具体如下。

（1）加强技术攻关

建立部属层面的数据安全核心技术科研专项或鼓励部署研究机构和高校申请相关国家重点专项，创新运用大数据、人工智能等新技术，加强数据审计、溯源取证、举证等技术研发和攻关。鼓励研究机构、高校及安全企业研发可用于数据取证、举证的相关技术工具，提升技术执法能力和水平。

（2）加强人才培养

创新网络和数据安全人才培养模式，通过开展技术沙龙、技能竞赛等方式，培养行业内网络和数据安全高水平人才。支持和鼓励部属机构成立网络和数据安全监管执法的国家队，提供必要政策和资金支持，定期开展网络安全实践演练，促进国家队之间的信息共享、研发协同和经验互通。

# B.7
# 数据出境流动安全管理规范研究

姜宇泽　张郁安*

**摘　要：** 近年来，随着我国"一带一路"建设、企业"走出去"等的部署实施，电子商务、云数据中心等出境服务日益频繁，由此带来的个人信息和行业数据出境激增。数据出境流动有利于促进国家信息技术创新和数字经济产业发展，但也伴生国家安全、产业安全以及个人隐私权益等问题。2017年2月，美国法院要求谷歌提交存储在美国之外的服务器邮件，使数据出境管理博弈再次成为焦点。2017年4月11日，国家网信办对外发布《个人信息和重要数据出境安全评估办法（征求意见稿）》，加快推进落实《网络安全法》第37条有关要求，建立健全数据出境安全评估管理制度体系。本文在梳理总结国外数据出境管理经验的基础上提出在国家管理视角下对数据出境相关概念的基本认识与判断，同时，结合我国数据出境管理现状及问题，研究提出我国数据出境管理建议。

**关键词：** 网络空间　数据安全　数据出境

---

* 姜宇泽，电子工程硕士，中国信息通信研究院安全研究所工程师，研究方向为信息安全、数据出境安全；张郁安，法学硕士，中国信息通信研究院安全研究所工程师，研究方向为数据治理及网络信息安全。

# 一　世界主要国家数据出境管理制度研究

## （一）概述

随着大数据时代的来临，数据的内涵被不断挖掘，战略地位凸显，逐渐成为各国争夺的重要资源，各国纷纷加强数据治理领域的前瞻性战略布局，加强数据出境的相关制度安排。2016 年 1 月，美国政府要求微软提供存储于爱尔兰都柏林服务器上的数据案件再次敲响数据安全警钟，这一事件深刻影响了各国对数据出境问题的态度，各国对包括数据出境在内的数据安全问题采取了更保守的态度，加强管制。

我国随着《网络安全法》的颁布实施，首次提出数据出境安全管理要求，国家有关部门在《网络安全法》的管理框架下，结合新时代国家信息化发展战略总体部署，积极制定配套管理办法《个人信息和重要数据出境安全评估办法》（以下简称《办法》）和国家标准《数据出境安全评估指南》（以下简称《指南》），积极探索具有中国特色的数据出境安全管理路径。

1. 数据出境的含义

1980 年，经济合作与发展组织（OECD）在《隐私及个人数据出境流动保护指南》中正式提出数据出境（Transborder Data Flow，TDF）的概念，并开创性地规定了一系列促进流动与保护信息安全的措施，第一次将数据出境流动管理概念引入数据安全管理范畴，开创了数据出境流动安全管理的先河。此后，欧盟、美国、澳大利亚、亚太经合组织等[①]国家和地区走在世界前列，在 OECD 提出的数据出境概念的基础上，结合本国管理需求，制定出台相关法律法规，保障数据安全有序出境流动。

最初，《指南》中数据出境是指数据跨越本国边境去往境外的活动，数

---

[①]　美国：《出口管理条例》《电子通信隐私规范》。欧盟：《一般数据保护条例》。美国－欧盟：《隐私盾协议》。澳大利亚：《政府信息外包、离岸存储和处理 ICT 安排政策与风险管理指南》。亚太经合组织：《跨境数据隐私规则》。

据出境的内涵相对单一，跨越地理边境成为数据出境的核心内涵。然而随着经济全球化和技术的快速发展，互联网经济的高度普及，出现了越来越多的远程跨境服务，使得单一地理维度上的判定标准难以适应日渐丰富的数据出境形式。各国在立法管理中不断探索实践，对数据出境的核心内涵进行延伸解读，在地理纬度的基础上，增加主体维度的判定标准，将提供数据给本国境内的外国组织或个人的情形纳入数据出境的定义范围。

我国紧跟国际趋势，采用地理和主体双重维度作为判定标准，《网络安全法》规定，数据出境是指"关键基础设施运营者将其在中华人民共和国境内运营中收集和产生的个人信息和重要数据，因业务需要，向境外提供的活动"。

2. 数据出境带来的主要安全风险

一是数据出境对国家安全、经济发展和社会稳定造成威胁。随着大数据技术的发展，数据所承载的信息被不断挖掘，数据的战略地位不断提升，数据的安全与国家安全、经济发展和社会稳定密切相关。数据出境后，我国法律法规对出境数据难以形成有效管辖，降低了我国政府对数据的实际控制力，同时由于数据接收方所在国家政治法律环境、数据接收方管理制度和技术手段等因素的影响，数据发生泄露、损毁、篡改、非法获取等安全事件的可能性显著提升，增加数据安全威胁。

二是数据出境提升个人信息主体权益保障难度。世界各国个人信息保护立法程度不尽相同，个人信息主体所享有的权利和义务差异较大，个人信息出境后，个人信息主体权益将随着法律适用性的变更而改变，对个人信息主体权益保障造成不利影响。如欧盟将个人隐私权作为基本人权进行保障，个人信息保护法律法规和管理措施完备，欧盟公民的个人信息从欧盟出境转移至个人信息保护立法尚不完善的国家和地区时，由于欧盟法律无法覆盖数据接收方所在国家和地区，欧盟法律赋予其公民的个人信息主体权益将无法得到保障。

三是数据出境增加安全事件事后救济难度。数据出境导致的安全事件多数发生于境外数据接收方，其在境内不具备商业存在，国内现行法律法规难以对其形成有效监管，安全事件发生后的救济多数由数据发送方和数据接收方之间的合同进行约束。一方面，由于我国目前尚未规定标准合同条款，合同内容无统一标准，事后救济的实际效果难以保障。另一方面，由于跨国救济可能涉及国际司法协助，实际结果与两国关系、司法体系和政策导向等因素相关，难以把控，对安全事件的事后救济造成了阻碍。

## （二）典型国家数据出境管理做法

在数据出境问题上，各国监管情况不一。欧盟、美国、新加坡、澳大利亚、亚太经合组织等国家和地区纷纷通过单独立法、制定规则或在个人信息保护法、进出口管理条例、重要行业立法中体现的方式，对数据出境予以管理，确保数据出境的安全。随着世界各国数据出境立法管理的日益深入，管理思路、出境判定及管理模式等重点问题逐渐成为各国的关注焦点。

1. 数据出境立法管理思路

根据我国《网络安全法》第 37 条规定，我国将针对出境的"个人信息"和"重要数据"开展管理。在此基础上研究梳理美国、欧盟、日本、加拿大等世界各国和地区在出境数据管理方面的做法发现，各国在数据出境管理思路方面基本一致，形成个人信息、重要数据差异立法和区分管理的管理格局。个人信息出境管理以企业发展与个人信息保护相平衡、促进数据正常流动、行业自律与政府干预相结合为主要管理思路，采取行政管理和商业协议相结合的管理方式。重要数据出境管理以保护国家安全、经济发展及公共利益为主要管理思路，采取分级管理、政府行政的管理方式。个人信息出境管理与重要数据出境管理两方面并行发展，共同构建数据出境流动管理体系。

2. 数据出境判定

各国对出境的理解较为统一，并有逐渐拓宽的趋势。一是跨越地理国境是最广泛采用的判断标准。日本、新加坡、澳大利亚等国在有关法案中，均以跨越国家地理边境为标准，把出境定义为"数据转移至本国以外的地方"。如欧盟的《一般数据保护条例》（GDPR）中专门设立数据转移的章节，对个人信息转移至欧盟以外的国家和地区进行规范并提出要求。二是数据接收主体的国籍逐渐成为判定标准之一。美国在关键敏感技术出口管理相关法案中，明确将位于美国境内，但被外国主体所控制的情形界定为"出口"，当关键敏感技术出口涉及数据出境时，同样适用于该项要求。

3. 个人信息与重要数据的界定

世界各国和地区对个人信息的界定趋同，美国、欧盟、新加坡、日本等国家和地区普遍采用"可识别性"和"关联性"两项标准识别判定个人信息（具体参见表1世界各国和地区立法中对个人信息的定义）。其中，"可识别性"是指数据与数据主体间具有唯一指向性，可通过数据信息直接识别数据所属主体，如身份证号码、电话号码、DNA信息等；"关联性"是指数据与数据主体间仅具有一定相关性，需通过其他关联数据综合判断、间接指向数据所属主体，如血型、职业、籍贯等。日本《个人信息保护法》定义的个人信息，除可直接识别自然人的一切信息外，还包含可以较容易与其他信息相比照并可以借此识别出特定个人的信息。

表1　世界各国和地区立法中对个人信息的定义

| 类别 | 国家/地区 | 立法文件 | 个人信息定义 |
|---|---|---|---|
| 个人信息 | 美国 | 《隐私盾协议》(EU-U. S. Privacy Shield) | 与一个身份被识别或者可被直接或间接识别的自然人有关的一切信息。身份可被识别是指，其身份可被数据控制者或任何其他自然人通过身份证号、身体、生理、精神、基因、文化、经济、社会身份等有关的特殊因素识别 |
|  | 欧盟 | 《一般数据保护条例》(GDPR) |  |
|  |  | 《数据保护指令》 |  |
|  |  | 《约束性公司规则》(BCR) |  |
|  |  | 《标准合同》(3 部) |  |
|  | 新加坡 | 《个人信息保护法》 | 所有可以用于识别其身份的数据或资料 |
|  | 加拿大 | 《个人信息保护和电子文档法》(PIPEDA, 2001) | "个人识别信息"，但不包括姓名、职务、办公地址、办公电话 |
|  | 俄罗斯 | 《个人资料法》 | 任何属于特定的或者可以依据此类信息而确定的自然人(个人资料主体)的信息，包括姓名、父称、出生年月、住址、家庭状况、社会状况、财产状况、受教育程度、职业、收入及其他信息 |
|  | 日本 | 《个人信息保护法》 | 包含姓名、出生年月以及其他内容而可以识别出特定个人的部分(包含可以较容易地与其他信息相比照并可以借此识别出特定个人的信息) |
|  | 亚太经合组织 | 《跨境隐私规则》(CBPR) | 与身份已被识别的或可被识别的个人的一切信息 |

世界各国尚未明确针对数据出境流动管理的"重要数据"概念范畴与分类列表，仅在受管控非秘数据方面存在列表（CUI）。通过对包括美国《出口管理条例》（EAR）和《国际军火运输条例》（ITAR）、澳大利亚《政府信息外包、离岸存储和处理 ICT 安排政策与风险管理指南》以及韩国《信息通信网络的促进利用与信息保护法》在内的重点行业已出台政策法规的梳理发现，在数据出境流动领域，各国均采取分行业、依结果选取重要数据的方式，尚未对"重要数据"进行限定划分，形成数据列表。针对重要行业以是否影响国家政治、经济和社会安全为判定因素，将国家经济数据、政府管理数据、公共信息数据、敏感技术数据等视为"重要数据"进行严格出境管理。值得注意的是，美国根据总统 2010 年签署的 13556 号行政令要求，为改善美国法律、条例、政府政策文件等规定的受管制非秘信息过于分散、行业自治、无统一要求的现状，由美国档案局牵头，各相关政府部门协同参与、梳理、统一美国法律、规定、政府政策规定的受管制非秘数据分类及依据，形成管控非秘数据列表（CUI），成为国际上数据管理的里程碑。具体分类情况参见表 2。

**表 2　美国受管制非秘信息清单（CUI）分类情况**

| 目录 | | 类别描述 |
|---|---|---|
| 类别 | 子类别 | |
| 农业 | 无 | 与农业经营、耕作、保护相关的信息 |
| 受控技术信息 | 无 | 具有军事或空间应用的技术信息 |
| 关键基础设施 | 关键能源基础设施信息，国防部关键基础设施安全信息 | 对安全、经济、公共健康或安全、环境等有重大影响的系统和资产 |
| 应急管理 | 无 | 有关行政分支业务的连续性，可能会扰乱正常运作的信息 |
| 出口控制 | 研究 | 预计信息出口会影响美国的国家安全和核不扩散目标的不保密信息 |
| 金融 | 银行保密，预算，国际金融机构，电子信息转账，并购 | 与金融机构的职责、交易和美国政府财政职能管辖相关的信息 |
| 隐私 | 死亡记录，遗传信息，军事 | 个人信息 |

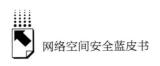
续表

| 目录 | | 类别描述 |
| 类别 | 子类别 | |
| --- | --- | --- |
| 采购 | 小型企业研究与技术 | 与货物或服务的获取和采购有关的信息 |
| 安全行为信息 | 无 | 6 CFR Part 25 限定的安全行动的机密信息 |
| 统计 | 人口普查,投资调查 | 由联邦统计机构收集的统计信息 |
| 交通运输 | 铁路安全分析记录 | 与任何旅游方式或运输方式有关的信息 |
| 大地测量产品信息 | 无 | 有关图像、图像情报或地理空间的信息 |
| 移民 | 政治避难,永久居民身份,贩卖人口的受害者,签证 | 有关接纳非美国公民进入美国,申请临时和永久居留权的信息 |
| 脆弱性信息系统 | 无 | 如果不受保护,可能会导致不利影响的信息系统 |
| 情报 | 财务记录,国家安全信函 | 与情报活动、来源或方法有关的信息 |
| 国际协议 | 无 | 与外国政府或国际组织合作生产,根据现有条约需要保护的协定 |
| 执法 | 竞选资金,通信,DNA | 有关执法行动、调查、检控的技术和程序 |
| 法律 | 行政诉讼,集体谈判 | 司法或准司法程序中有关诉讼的信息 |
| 北大西洋公约组织 | 北约的限制,北约的公开 | 北大西洋公约国际协定所产生的信息 |
| 核 | 全可控核信息防御 | 有关核反应堆、材料或安全信息的保护 |
| 专利 | 应用,发明 | 专利权是一种财产权 |
| 专有业务信息 | 海洋公共承运人服务合同 | 与公司的产品、业务或活动相关的信息 |
| 税收 | 公约 | 有关政府收入的强制性贡献的信息 |

4. 个人信息出境管理做法

出境管理是个人信息保护立法的重要内容。一是部分国家对数据出境单独规定。欧盟、新加坡、澳大利亚、亚太经合组织等均在数据保护相关法律、规则中对个人信息出境流动做出明确规定，与个人信息境内流动区分管理。如欧盟出台《一般数据保护条例》（GDPR）对个人信息出境从建立数据保护机构、第三国数据保护水平评估、数据主体权益保障等方面提出具体要求；亚太经合组织针对个人信息出境专门制定《跨境隐私规则》（CBPR），从保护个人信息安全及个人信息主体权益的角度对数据出境进行规范管理，旨在促进成员国商业机构间个人信息的合法流动。二是使用个人信息向第三方转移通用规则。美国、日本、加拿大等国在法律中没有个人信息出境管理专用规则，与个人信息向第三方转移同样管理。如日本《个人信息保护法》规定除非满足特殊情况，个人数据控制者事先未获得数据主体的同意，不得将其个人数据向第三者提供。值得注意的是，美国虽然在个人信息出境问题上一直持有宽松管理、促进个人信息自由流动的管理理念，并未出台专门的立法对个人信息进行规范要求及行政监管，但在其和欧盟之间大量贸易往来所带来的个人信息出境需求以及欧盟对个人信息出境的强监管等原因促使下，美国和欧盟之间签订了《隐私盾协议》对两方企业之间的个人信息出境进行约束管理。具体如表3所示。

表3　世界各国和地区个人信息出境管理立法情况

| 类别 | 国家/地区 | 立法文件 | 立法时间 | 适用范围 |
|---|---|---|---|---|
| 个人信息 | 美国 | 《隐私盾协议》（EU-U. S. Privacy Shield） | 2016 年 7 月 | 欧盟向美国企业转移个人信息数据 |
| | 欧盟 | 《一般数据保护条例》（GDPR） | 2016 年出台，2018 年 5 月 25 日正式生效 | 成立于欧盟境内，进行个人数据处理活动的机构；成立于在欧盟境外，但提供产品或者服务的过程中（不论是否收费）处理了欧盟境内个体的个人数据的机构 |
| | | 《数据保护指令》 | 1995 年（2018 年失效） | 欧盟境内进行个人数据处理活动的机构 |
| | | 《约束性公司规则》（BCR） | 2003 年 6 月 | 跨国公司个人信息数据由欧盟国家内部转移至欧盟以外不具有充分数据保护水平国家 |
| | | 《标准合同》（3 部） | 2001 年、2004 年、2010 年 | 个人信息数据由欧盟国家转移至欧盟以外不具有充分数据保护水平国家 |
| | | 《"白名单国家"充分性认定》 | 1995 年 | 欧盟认定具有充分数据保护水平的国家 |
| | 新加坡 | 《个人信息保护法》 | 2013 年 1 月 | 新加坡个人信息数据使用、处理、转移 |
| | 加拿大 | 《个人信息保护和电子文档法》（PIPEDA，2001） | 2001 年 | 加拿大个人信息数据使用、处理、转移 |
| | 俄罗斯 | 《个人资料法》 | 2015 年 9 月 | 拥有俄罗斯公民个人信息的法律实体与实际个人 |
| | 日本 | 《个人信息保护法》 | 2015 年 | 日本个人信息数据使用、处理、转移 |
| | APEC | 《跨境隐私规则》（CBPR） | 2012 年 | APEC 范围内的各种商业机构间的个人信息数据转移 |

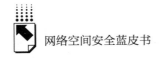

以企业自律为基础，政府审查为保障，主要采取行评估认证制与合同干预制两种管理模式。一是评估认证制，欧盟、新加坡、俄罗斯以及亚太经合组织等，以政府相关部门或经政府部门认定的第三方机构为认证主体，采取实质审查与形式审查相结合的方式进行评估认证，通过认证的企业可在规则框架及认证有效期内进行个人信息出境，如 APEC 数据隐私小组的 CBPR 体系，该体系适用于 APEC 范围内各商业机构间的个人信息数据转移，企业自愿申请，由 APEC 认证的数据保护机构进行认证，认证通过后（需进行年度评估），可在 CBPR 规定范围内进行个人信息数据出境转移；欧盟的《约束性公司规则》（BCR）规定由跨国集团公司向欧盟境内相关国家的数据保护机构提交申请，数据保护机构根据《约束性公司规则》要求，对其申请进行评估认证，认证通过后，该跨国集团组织可以在 BCR 要求范围内合法地进行数据出境，免于再次评估；欧盟的白名单制度规范由欧盟第 31 工作组对申请国、地区数据主体权益保护情况、个人信息保护有效立法及执行情况、监管机构设立情况、国际公约加入情况等方面进行评估认证，对申请国、地区的个人信息保护水平进行认证。个人信息从欧盟境内向通过认证加入名单的国家、地区转移，免于审查。二是合同干预制，欧盟、澳大利亚等政府部门制定并推行数据出境合同范本，合同中明确相关主体义务，从而约束数据接收方行为，对个人信息出境流动实现管理。以欧盟为例，根据由欧盟委员会以《数据保护指令》为法律依据，参考各国数据保护机构意见制定，且经过欧盟第 31 工作组认定采纳，分别于 2001 年、2004 年、2010 年颁布的《标准合同》条款相关规定，企业之间签订出境数据流动处理合同如包含格式合同的条款，则可将欧盟内个人信息转移至欧盟境外不具备充足数据保护水平的国家。两种管理模式可并行采用，以企业自律为基础，政府审查为保障。

审查管理要求和事后惩处方式趋同。一是以四方面管理要求为抓手，明确数据出境活动管理要求。在个人信息出境管理方面，均以个人信息安全保护为出发点，以数据主体同意、数据主体权益保障、境内数据转出方与境外数据接收方的合同、数据接收方所在国家和地区数据保护充分性审查为抓手，保护个人信息出境流动安全。如欧盟的《一般数据保护条例》《约束性公司规则》，亚太经合组织的《跨境隐私条例》，美国和欧盟之间的《隐私盾条例》等都对以上四点进行了规定，且对数据主体同意的方式及例外情况、数据发送方与数据接收方所签合同的内容、数据主体享有的具体权利、数据接收方所在国家和地区数据保护充分性审查的具体要求做了详细的管理规定，为数据出境主体提供了明确的指引。二是以立法、管理文件为依托，加强对违规数据出境行为的行政处罚与刑事处罚。各国依据上位法律制定惩罚措施，政府部门通过行政处罚与刑事处罚相结合的方式对违法违规行为进行惩处，包括行政诉讼、货币罚款、行政执法、刑事诉讼、列入黑名单等。欧盟的《一般数据保护条例》中规定，根据违规的性质、严重程度和违规的持续时间等设立两级巨额罚款，最高可达 2000万欧元或全球年度收入的 4%，两者中比较高的数额；欧盟针对跨国集团公司内部数据出境制定的《约束性公司规则》中规定的惩罚措施包括取消资格、罚款、有权机关进行执法；亚太经合组织的《跨境隐私规则》中的处罚措施包括撤销认证、认证企业的行为违反了有关国家的个人信息保护法，则应将案件移交给有关国内执法机构，依照所在国法律进行处罚；美国和欧盟签署的《隐私盾协议》规定，美国联邦贸易委员会可对违反规定的公司进行包括罚款、以商业欺诈为由对其提起诉讼、取消成员资格在内的惩处措施。欧盟数据保护机关在特定的情况下，可针对个案中止个人信息向美国转移。

5. 重要数据出境管理做法

管理要求分散于国家贸易出口和行业管理等文件中。欧盟、美国、澳大利亚、韩国等均无专门针对重要数据出境管理的文件，管理规则分散于国家产品、技术出口管理条例及国家行业立法中。例如，美国《出口管理条例》（EAR）、《武器国际运输条例》（ITAR）将重要数据管理与尖端产品、军用产品、关键技术出口管理相结合，提出相应管理要求。韩国《信息通信网络的促进利用与信息保护法》规定，"政府可要求信息通信服务的提供商或用户采取必要手段防止任何有关工业、经济、科学、技术等的重要信息通过信息通信网络向国外流动"。澳大利亚在《政府信息外包、离岸存储和处理ICT安排政策与风险管理指南》中对政府信息的外包、离岸存储等涉及政府信息数据出境的进行规范、要求。具体如表4所示。

表4　世界各国和地区重要数据出境管理立法情况

| 类别 | | 立法文件 | 立法时间 | 适用范围/要求 |
|---|---|---|---|---|
| 重要数据 | 美国 | 《出口管理条例》（EAR） | — | 原产于美国的产品、软件和技术的出口和再出口管制制度（军民"两用"产品和技术） |
| | | 《武器国际运输条例》（ITAR） | — | 军用产品和技术出口 |
| | | 《联邦信息安全管理法案》（FISMA） | 2002年12月 | 保障联邦信息和信息系统安全 |
| | 欧盟 | 《ENISA政府云安全框架》 | 2015年 | 欧盟政府云系统安全部署指南 |
| | 澳大利亚 | 《政府信息外包、离岸存储和处理ICT安排政策与风险管理指南》 | 2000年 | 政府信息安全 |
| | 韩国 | 《信息通信网络的促进利用与信息保护法》 | 2012年修订 | 政府可要求信息通信服务的提供商或用户采取必要手段防止任何有关工业、经济、科学、技术等的重要信息通过信息通信网络向国外流动 |

　　采取分级出境和行政审查相结合的管理方式。一是采取禁止出境和限制出境分级管理。根据数据属性和影响程度等因素，世界各国普遍对银行、金融、征信等重要行业或领域数据实施禁止出境管理；结合本国国情和政治文化差异，对健康、税收、地图、政府等相对敏感数据，选择性地实施禁止或限制出境管理。如法国规定税收、管理和商业开发的数据需要本地存储；澳大利亚禁止将健康记录转移到澳大利亚以外的地方；印度规定除非为了公共目的，否则禁止公共记录出境；美国规定属于安全分类的数据不能存储在任何公共云数据库中，且要求存储该类数据的物理服务器分布在美国境内，只有美国公民可以访问，对于非保密的信息，政府要进行安全风险评估后外包。二是采取"一事一议"的行政审查管理。在重要

数据出境前，数据输出方向相关政府部门提交出境申报材料，政府部门对相应出境活动进行许可审查，通过后方可出境。如美国商务部对进行境外存储和处理的受管制技术是否取得出口许可进行审查；韩国对地图数据建立出境申请协商机制，由国土地理信息院、未来创造科学部、外交部等部门联合评估风险，判断是否允许出境。美国的《出口管理条例》中明确规定，云计算使用者将受管制的技术数据在一个位于美国境外的服务器保存或处理，应当取得出口许可。对于违反相关要求的，政府部门采取行政处罚与刑事处罚结合方式。对于具体审查内容及操作流程，各国均无公开资料详细说明。具体如表5所示。

**表5  世界各国和地区重要数据出境管理要求**

| 行业类型 | 监管手段 | 具体规定 |
| --- | --- | --- |
| 健康记录 | 禁止出境（澳大利亚） | 澳大利亚禁止将健康记录转移到澳大利亚以外的地方 |
| 税收数据 | 本地存储（法国）保存记录（加拿大） | 法国规定税收收集、管理和商业开发的数据需要本地存储 |
| 公共记录 | 禁止出境（印度） | 禁止公共记录出境，除非为了公共目的 |
| 地图数据 | 出境申请协商机制（韩国） | 韩国地图出境申请协商机制由国土交通部旗下国土地理信息院、未来创造科学部、外交部、统一部、国防部、行政自治部、产业通商资源部组成 |
| 政府数据 | 禁止国外存储（意大利匈牙利） | 禁止将政府数据存储于国外的 Iaas 服务提供商 |
| 金融数据 | 禁止出境 | 银行、保险、征信等金融数据 |
| 交易数据 | 境内存储（印度尼西亚） | 交易数据要在印尼国内存储（但并不限制跨境传输） |
| 敏感技术数据 | 出口许可存储于境内服务器（美国）禁止出境（韩国） | EAR（美国）：云计算使用者将受管制的技术数据在一个位于美国境外的服务器保存或处理，应当取得出口许可ITAR（美国）：含有相关技术数据的服务器必须位于美国境内《信息通信网络的促进利用与信息保护法》（韩国）：政府可要求信息通信服务的提供商或用户采取必要手段防止任何有关工业、经济、科学、技术等的重要信息通过信息通信网络向国外流动 |
| 关系国家安全的敏感数据 | 风险评估等（美国） | 属于安全分类的数据不能存储在任何公共云数据库中；对于非保密的信息，政府要进行安全风险评估后外包；物理服务器分布在美国境内，只有美国公民可以访问 |

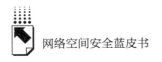
# 二　我国数据出境立法与管理现状

## （一）国家立法实践及政策落实

一是出台《网络安全法》顶层设计数据出境管理制度。我国高度重视数据出境立法，在《网络安全法》第 37 条规定："关键信息基础设施的运营者在中华人民共和国境内运营中收集和产生的个人信息和重要数据应当在境内存储。因业务需要，确需向境外提供的，应当按照国家网信部门会同国务院有关部门制定的办法进行安全评估；法律、行政法规另有规定的，依照其规定。"在明确了我国数据出境要进行安全评估的管理思路同时，对安全评估的责任主体、管理对象、管理要求等内容进行了限定，从而确立了我国数据出境安全管理框架。

二是国家网信部门统筹指导，落地实施《网络安全法》第 37 条。为推动法律要求落地实施，国家网信部门统筹指导并做出大胆尝试。国家网信办制定《个人信息和重要数据出境安全评估办法》，明确建立"主管部门评估－网络运营者自评估"两级评估体系，加强数据出境安全风险管理。国家网信办参考美国受管控非密数据列表，以对国家安全、社会公共利益和公民个人权益危害程度为判定原则，按照国家行业和信息主题分类，拟定重要数据判定指南。同时，统筹指导中国信息通信研究院研究编制《数据出境安全评估指南》，细化安全评估启动条件、实施流程、审查内容、结果判定等配套规范要求。

## （二）行业前期管理实践

一是部分行业主管部门针对行业内重要数据，率先开展数据出境管理实践。针对部分行业产生涉及国家安全的业务数据，或数据随业务开展自然出境，行业主管部门根据实际需求颁布行业相关管理规范。前期，行业管理实践主要集中于关键信息基础设施所处重要行业领域、信息通信服务领域，主要规定了对数据存储限定是否必须在境内、数据留存时间的最短时限以及对数据出境禁止或允许等。如在关键信息基础设施领域中的金融行业方面，中国人民银行发布《关于银行业金融机构做好个人金融信息保护工作的通知》，明确规定"在中国境内收集的个人金融信息的存储、处理和分析应当在中国境内进行。除法律法规及中国人民银行另有规定外，银行业金融机构不得向境外提供境内个人金融信息"。在信息通信服务领域中的网络约车行业方面，交通运输部、工信部等七部门共同颁布《网络预约出租汽车经营服务管理暂行办法》，规定"网约车平台公司应当遵守国家网络和信息安全有关规定，所采集的个人信息和生成的业务数据，应当在中国内地存储和使用，保存期限不少于 2 年，除法律法规另有规定外，上述信息和数据不得外流"。

二是在数据出境管理方式上，多数行业主管部门选择统一划线，明确禁止出境，但缺乏对出境具体情形的划分。在《网络安全法》出台以及国家明确数据出境安全评估管理制度之前，各行业主管部门根据行业属性特点，为便于行业管理，保障数据安全，针对行业内部的部分敏感数据，出台相应的政策文件，对其出境进行限制管理，形成点状的数据出境前期行业管理实践。但前期国家未进行统一要求管理及顶层制度设计，管理要求主要为明确部分数据禁止出境，并未根据出境具体情形做出细化要求，对相关管理主体很难形成规范性指引，如国务院于 2016 年颁布的 644 号令《地图管理条例》中规定：任何单位和个人不得出版、展示、登载、销售、进口、出口不符合国家有关标准和规定的地图，不得携带、寄递不符合国家有关标准和规定的地图进出境。

### （三）配套标准及管理文件出台现状

一是数据出境相关配套管理文件、国家标准缺失，现有标准仅可对数据出境管理中涉及的部分技术要求、管理要求提供标准和管理援引。《网络安全法》的出台，第一次明确了数据出境安全评估的管理制度，搭建数据安全管理框架，但我国目前缺乏对管理制度框架下的配套管理文件和国家标准，尚未形成完整的数据出境安全评估管理体系。现有的标准，如《信息安全技术个人信息安全规范》等，均不是数据出境安全评估管理专项标准，未对数据出境安全评估管理要求进行细化、规范，不足以为网络运营者开展安全自评估提供支撑、引导，仅能够在数据出境技术和管理规范方面提供参考。如《信息安全技术大数据服务安全能力要求》《信息安全技术关键信息基础设施网络安全框架》等规范中对数据脱敏处理、数据加密处理、数据存储架构安全、访问控制、应急响应、灾难恢复等相关规定，可供数据出境管理的技术细节要求作参考。《信息安全技术个人信息安全规范》《信息安全技术云计算服务安全能力评估方法》等规范中对数据使用目的合法性验证、数据转让和公开披露、安全组织、岗位风险与职责等相关规定，可供数据出境管理的规范要求作援引。

二是国家高度重视，积极制定配套管理文件和国家标准，弥补管理空白，细化提出管理要求的同时，为相关主体提供指引。为解决管理体系中细化要求和配套管理文件缺失的问题，国家网信办高度重视，积极推动《网络安全法》第 37 条落地实施，研究制定《个人信息和重要数据出境安全评估办法》，明确建立国家、行业主管部门、网络运营者三级评估体系，加强数据出境安全风险管理。网信办统筹指导中国信息通信研究院编制国家标准《数据出境评估指南》，细化安全评估启动条件、实施流程、审查内容、结果判定等配套规范要求。针对重要数据，国家网信办制定《重要数据判定指南》，为重要数据的判定和分类提供指导。

## （四）国内外立法与管理实践现状差异

一是个人信息界定与世界标准趋同。在国际上，个人信息界定标准统一，同时兼顾解释延展性。我国个人信息界定则与世界标准趋同，以能否识别出个人信息主体为主要判定指标，同时兼顾数据结合后对个人信息主体进行识别的情况。如《信息安全技术个人信息安全规范》中将个人信息明确定义为：以电子或其他方式记录的能够单独或与其他信息结合识别自然人身份的各种信息，如姓名、出生日期、身份证号、个人账号信息、住址、电话号码、指纹、虹膜等。

二是为保障国家安全、经济发展、社会公共利益不受侵害，率先提出"重要数据"概念。国外多数国家尚未明确"重要数据"概念范畴与分类列表，我国政府从保障国家安全、经济发展、社会公共利益的角度出发，在《网络安全法》中明确提出重要数据的概念。国家网信办推动《网络安全法》落地实施，参考美国受管控非秘数据列表，以重点行业和信息主题进行划分，以涉及国家安全、经济发展和社会公共利益为判定原则率先拟定重要数据判定指南（见表6），为数据出境安全管理提供指引。

表6　数据出境行业分类（征求意见稿）

| 教育 | 水利 | 煤炭 |
|---|---|---|
| 通信(电信网、互联网) | 医疗卫生 | 国防军工 |
| 钢铁 | 银行 | 地理测绘 |
| 有色 | 广播电视 | 铁路 |
| 化工 | 食品药品 | 民航 |
| 装备制造 | 证券 | 邮政 |
| 环境保护 | 保险 | 税收 |
| 民用核设施 | 电力 | 执法 |
| 公路 | 石油天然气 | |
| 农业 | 石化 | |

三是从保护国家安全、经济发展、社会公共利益及个人信息主体利益的角度出发，立法要求统一在《网络安全法》中集中体现。区别于国外主要国家，个人信息出境管理是个人信息保护立法的核心内容，重要数据出境管理则无统一国家立法，管理要求分布于行业立法的立法管理原则中。我国政府制定出台的《网络安全法》第37条对个人信息及重要数据出境做出统一规范。国家网信办积极推动《网络安全法》落地实施，组织制定《个人信息和重要数据出境安全评估办法》对数据出境进行具体要求，同时统筹指导中国信息通信研究院牵头编制国家标准《数据出境安全评估指南》，对数据出境安全评估的评估方法、评估框架、评估流程、评估要点、评估结果判

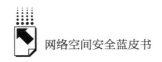

定等指标进行详细规定，为国家网信部门、行业主管部门以及网络运营者开展的主管部门评估和安全自评估提供规范性指引。在《网络安全法》《个人信息和重要数据出境安全评估法》《数据出境安全评估指南》配套管理要求下，形成我国数据出境安全管理框架。

四是建立国家网信部门、行业主管部门评估和网络运营者自评估相结合的评估体系，加强数据出境安全风险管理。总结梳理国外主要国家在数据出境安全管理方面的做法，美国、欧盟、日本等国家根据出境数据类型的不同，分别采取不同的监管方法。针对个人信息，实施评估认证制、合同干预为主，辅以审查许可的综合管理手段。针对重要数据，政府实施行政干预，采取行政审查和数据分级出境相结合的管理方式。结合本国国情和政治文化差异，对健康、税收、地图、政府等相对敏感数据，选择性地实施禁止或限制出境管理。在重要数据出境前，数据输出方向相关政府部门提交出境申报材料，政府部门对相应出境活动进行许可审查，通过后方可出境。我国针对个人信息和重要数据统一采取网络运营者开展的安全自评估和国家网信部门、行业主管部门的主管部门评估相结合的方式，明确各方主体责任与义务，提升网络运营者在数据出境管理中的参与程度的同时，确保国家网信部门和行业主管部门对重点环节、事件的把控，保障数据出境管理的高效、可控。

## 三　国外数据出境管理制度对我国的启示

一是出台完善有关法律法规和标准。单独制定数据出境管理办法，或在《电子商务法》、个人信息和重要数据保护立法等相关法律中加入和细化数据出境管理要求。研究制定数据出境安全保护要求、安全评估指南等国家和行业标准，指导企业切实落实要求。做好数据出境管理规则与国家外资审查制度的管理衔接，明确外资审查制度是外资企业数据出境评估的前置管理环节，并将数据出境管理相关企业承诺条款纳入安全协议。

二是明确数据出境判定标准。与国际通行做法接轨，以国家地域为主要认定准则，同时兼顾我国管理实际需要，针对数据在本国境内被外国主体所掌握、跨国公司在分支机构间分享数据等例外情况对出境情形进行梳理总结，兼具确定性和灵活性，形成"一个准则加若干例外情况"的认定方法。梳理总结我国典型出境商贸企业和跨国公司数据出境现实场景，加强数据出境管理。

三是开展重要数据认定。将数据泄露、篡改或滥用对国家安全和社会公共安全影响程度，以及数据规模和用途等因素作为重要数据认定原则。借鉴国外数据分类经验，按照重要行业和信息主题分类标准，明确我国重要数据范畴，指导信息通信、金融、交通等相关行业主管部门制定出台特定行业重要数据列表。

四是开展数据出境安全评估试点。定期督导检查企业对数据出境安全管理和评估的责任落实情况。着重针对出境电商、云服务等重点业务，以及服务外包、数据分析挖掘、海外业务拓展等风险突出环节开展评估。重视自贸区等创新发展的试验田，参考上海自由贸易试验区试点放开电信业务外商投资的管理模式，设立外商投资企业数据出境的审查试验区，采取"一事一议"专家审议方式，加强重点企业的数据出境管理。

五是积极融入数据出境国际治理体系。研究了解外国数据出境管理政策及其发展趋势，充分考虑本国管理框架和基本制度与国际规则的衔接。积极寻求与重要贸易伙伴国家建立数据出境认证等信任机制，推动本国企业参与国际数据出境流动认证，推动建立区域统一的数据流动规则，增强在数据出境流动领域的国际话语权。

# B.8
# 《网络安全法》背景下的"白帽子"漏洞挖掘法律规制

黄道丽　梁思雨*

**摘　要：** 安全漏洞是信息系统内部的脆弱性显现，与外在安全威胁共同构成了信息安全风险。当前，网络安全漏洞的合理挖掘和后续利用逐渐成为各界共同的关注点。在此过程中，"白帽子"作为漏洞挖掘的社会群体，在安全漏洞治理方面发挥着关键作用。但鉴于法律规范的模糊性，这一群体的发展受到阻碍。本文以安全漏洞挖掘为出发点，在分析国内外漏洞挖掘的相关实践以及我国现有问题的基础上，结合我国国情和立法现状，就"白帽子"漏洞挖掘法律规则的设计和实施提出建议，以期保障网络安全和网络空间命运共同体的建立。

**关键词：** 《网络安全法》　安全漏洞　漏洞挖掘　"白帽子"

## 一　问题的提出

全球范围内因漏洞引发的网络安全事件成为"常态"，给网络空间安全带来了不可逆的危害。与此同时，漏洞具有的可交易"资源性"，独立于所依附的硬件、软件或固件的特性，使得政府、网络安全服务机构、网

---

* 黄道丽，公安部第三研究所副研究员，西安交通大学法学院博士研究生；梁思雨，公安部第三研究所。

络产品服务厂商乃至黑市等不同主体都有获取漏洞的需求。各国政府间围绕漏洞囤积博弈升级，导致风险聚集并业已出现相关威胁或事件的真实案例①。无论是出于惩治恶意网络攻击的目的，还是将漏洞作为储备资源待后续利用，国际层面都开始将安全漏洞纳入网络武器范畴②，各国也都加强了对安全漏洞的重视，对漏洞的挖掘、披露、利用等环节加以规范。

安全漏洞治理是对漏洞挖掘、报告、披露、交易和利用等全生命周期进行治理的过程。漏洞风险来源于漏洞生命周期早期的挖掘、披露等环节的"失控"。不同主体对漏洞"资源性"的认识和需求存在差异，放大了失控状态。在获取挖掘的漏洞信息后，如何在披露中体现对网络安全、信息保障、情报执法、国防和关键基础设施保护等不同利益的关切，需要政策或立法构造安全漏洞信息披露、共享、利用等的职责和程序。2017 年 11 月 15 日，特朗普政府发布了《美国政府漏洞衡平政策和程序》（*Vulnerabilities Equities Policy and Process for the United States Government*）③。该文件详细说明了联邦政府将如何确定政府是否应向私营公司披露其产品或服务中存在的网络安全漏洞，或避免披露漏洞以便用于业务或情报收集目的的程序。此外，2018 年 1 月 9 日美国众议院通过《网络漏洞披露报告法案》（*Cyber Vulnerability Disclosure Reporting Act*），要求在该法案生效之日起 240 天内，

① 2017 年 5 月勒索软件攻击事件在全球较大范围内蔓延，本次事件据称源于美国情报机构（NSA）利用漏洞"囤积"入侵软件，至此，以漏洞披露为焦点的网络安全信息又一次被推到了风口浪尖，包括微软等系统厂商在内的产品、服务提供者对美国政府的未披露行为提出了严厉批评。参见 http://www.cac.gov.cn/2017－05/15/c_ 1120973947. htm, 2017 年 7 月 20 日。

② 2013 年《瓦森纳协定》正式将入侵软件纳入网络战争工具清单，监管国家之间的漏洞信息互通和跨国厂商之间的漏洞协作。安全漏洞正式成为"数字武器"，与网络主权和国家安全密切联系在一起。

③ 该文件是 2010 年《商业与政府信息技术和工业控制产品或系统的漏洞（脆弱性）裁决政策和程序》（*Commercial and Government Information Technology and Industrial Control Product or System Vulnerabilities Equities Policy and Process*，VEP）的改进版，意图进一步规范政府和厂商等披露主体的行为。2017 年 5 月全球勒索软件攻击事件发生后，美国国家安全局因其披露或保留漏洞用于情报收集目的的行为饱受争议，也引发美国政府对国家安全局主导的 VEP 政策的审查与反思。

国土安全部部长应向众议院国土安全委员会和参议院国土安全和政府事务委员会提交一份报告,内容包括描述为协调网络漏洞披露而制定的政策和程序。

在我国,漏洞治理成为国家网络安全保障的基础性环节。2016 年某"白帽子"① 披露世纪佳缘网站漏洞引发刑事立案,网易向未经授权擅自公开披露漏洞细节的某"白帽子"发布公开声明②等事件进一步凸显了安全漏洞法律规范的必要性。我国现有立法中已经开始重视漏洞治理,基本形成了《刑法》③ 禁止性规定与《网络安全法》(第22 条④、第26 条⑤和第51 条⑥)规范性规定的双重约束框架,《保守国家秘密法》《治安管理处罚法》《关键信息基础设施安全保护条例(征求意见稿)》⑦ 中的零散条款均涉及漏洞相关行为规范,但尚未形成独立系统的法律体系,仍缺少对安全漏洞的挖掘、报告、披露、交易和利用等方面的直接规定,没有明确规定安全漏洞、"白帽子"等的定义,漏洞挖掘或披露行为的正面规范指引尚需要《网络安全法》下位配套制度或标准体系⑧的补充。

---

① "白帽子"是互联网中的俚语,是指有道德的电脑黑客或计算机安全专家。他们擅长用渗透测试和其他测试方法来确保一个组织的信息系统的安全性。"黑帽子"指恶意黑客。白帽黑客也可能会在团队中工作,这些团队被称为红队,或老虎队。参见 https://en. wikipedia. org/wiki/White_ hat_ (computer_ security),2018 年 4 月 1 日。

② 网易依据《网络安全法》向违法"白帽子"发表声明,参见 http://www.cnximeng. com/i/41580. html,2017 年 12 月 2 日。

③ 《刑法》第285 条、第286 条规定了"非法侵入计算机信息系统罪;非法获取计算机信息系统数据、非法控制计算机信息系统罪;破坏计算机信息系统罪"。

④ 《网络安全法》第22 条规定,"网络产品、服务应当符合相关国家标准的强制性要求。网络产品、服务的提供者不得设置恶意程序;发现其网络产品、服务存在安全缺陷、漏洞等风险时,应当立即采取补救措施,按照规定及时告知用户并向有关主管部门报告"。

⑤ 《网络安全法》第26 条规定,"开展网络安全认证、检测、风险评估等活动,向社会发布系统漏洞、计算机病毒、网络攻击、网络侵入等网络安全信息,应当遵守国家有关规定"。

⑥ 《网络安全法》第51 条规定,"国家建立网络安全监测预警和信息通报制度。国家网信部门应当统筹协调有关部门加强网络安全信息收集、分析和通报工作,按照规定统一发布网络安全监测预警信息"。

⑦ 《关键信息基础设施安全保护条例(征求意见稿)》第35 条规定,"面向关键信息基础设施开展安全检测评估,发布系统漏洞、计算机病毒、网络攻击等安全威胁信息,提供云计算、信息技术外包等服务的机构,应当符合有关要求"。

⑧ 值得一提的是,2017 年全国信安标准已批准立项国家标准《信息安全技术网络安全漏洞发现与报告管理指南》,目前正在制定过程中。

安全漏洞挖掘在漏洞生命周期中具有基础地位，在安全漏洞生成之后，安全漏洞挖掘便成为关键节点，对漏洞的交易、利用、修复、攻击等都在发现的基础上展开。① 本文认为，在《网络安全法》规范性规定尚未配套和完善的情况下，现有漏洞挖掘"无差别"的法律适用抑制了网络安全研究和服务机构发展，"白帽子"身份认定、行为边界划定、第三方漏洞管理等方面存在的缺失或不足对该领域的发展造成不必要的阻碍。

## 二 "白帽子"漏洞挖掘的相关实践：经验与不足

### （一）企业金钱奖励计划

1995 年 10 月，网景公司对发现并报告网景浏览器 2.0 测试版漏洞的行为给予现金奖励，开启了企业级漏洞悬赏计划的先河。然而，这一想法在随后的几年里并没有获得软件供应商的普遍采纳。直至 2004 年之后，由供应商首倡的 bug 赏金计划才开始日渐普遍。2004 年 Mozilla 基金会对火狐浏览器中关键漏洞的报告者进行了现金奖励。目前 Mozilla bug 赏金计划依然活跃，并已覆盖其旗下大部分产品。IDefense 首倡应给予报告软件漏洞的发现者金钱奖励，2005 年 TippingPoint 引入零日计划，是与 IDefense 的倡议计划相对应的竞争性计划。零日计划的主要目标包括：①利用他人的方法、专业知识以及时间拓展 TippingPoint 的安全研究组织（通过 DV 实验室的研究团队）；②以经济回报鼓励发现者将零日漏洞以负责任的方式报告给受影响的供应商；③在供应商开发补丁的空档，利用 TippingPoint 入侵防御系统保护用户。

近几年，国外大型跨国企业 Google、Facebook、微软等软件厂商也推出了漏洞奖励计划，奖金根据漏洞严重程度和补丁复杂程度来做出判断。通过

---

① 黄道丽、马民虎：《安全漏洞发现的合法性边界：授权模式下的行为要素框架》，《西安交通大学学报》（社会科学版）2017 年第 3 期。

在 BlackHat、Defcon、SyScan 等安全峰会上举办安全攻防竞赛，国际软件厂商现场收购漏洞，并给予高额奖金。2013 年 Google 扩大漏洞奖励计划范围，从原本的 Google Web 应用和 Google Chrome 延伸到开源自由软件。新加入的开源项目包括 OpenSSH、BIND、ISC DHCP、libjpeg、libjpeg-turbo、libpng、giflib、OpenSSL、zlib 和 Linux kernel 等。安全厂商方面，如漏洞发现与分析实验室（Vulnerability Discovery and Analysis Labs，VDA）也向软件厂商通报它们软件中的漏洞。2017 年 2 月，大型暗网市场 Hansa 借鉴了许多公司的普遍做法，发布了漏洞赏金计划，奖励金额最高可达 10 比特币，约合 1 万美元。作为安全漏洞市场细化分工和精确交易的典范，Vupen Security 更是定位于与北约、澳新美、东盟成员国或合作伙伴的执法机构、政府以及国防部门合作，成为漏洞市场的低调而活跃的重要主体。

事实证明，引入漏洞赏金计划、漏洞购买计划（VPPs）以及漏洞奖励计划等，吸引更多"白帽子"加入安全防护研究，已成为网络安全领域的行业惯例，也是业内普遍认为的漏洞研究最佳实践。赏金计划能够搭建发现者和供应商之间的桥梁。通过这些计划，漏洞挖掘对各方都变成一个更具有结构性和奖励性的过程，更有助于建立有效合作关系。

## （二）政府激励计划和做法

2016 年，美国国防部宣布了一项代号为"黑掉五角大楼"（Hack the Pentagon）的计划，向通过资质审查的黑客开放，用攻击来测试美国国防部某些公开网站的安全性，据称这是美国政府有史以来第一次公布实行"网络安全漏洞悬赏计划"，并将其视为旨在搜寻国防部网络、网站及应用系统安全漏洞等一系列计划的首个试点项目；2018 年 3 月，美国空军的漏洞赏金计划"黑掉空军2.0"（Hack the Air Force 2.0）成功地确认了美国空军网络系统中的 106 个有效安全漏洞。这次活动邀请的参与者来自包括英国、加拿大、美国、荷兰、瑞典、拉脱维亚和比利时在内的 26 个国家。

2018 年，新加坡国防部发布漏洞悬赏计划（Bug Bounty Programme），旨在雇用"白帽子"挖掘国防部八个连接互联网的重要系统内存在的潜在安全漏洞。据统计，共有 264 名"白帽子"参与这项计划，共抓到 35 个漏洞。

在政策立法层面，欧盟和美国都对"白帽子"的漏洞挖掘行为表现出肯定的态度。欧盟 2013 年通过《欧盟议会和理事会第 40 号指令》，认为"白帽子"的行为有助于有效应对网络攻击并提高信息系统安全。该指令强调："识别和报告与网络攻击和信息系统的脆弱性相关的威胁和风险可以有效地预防和应对网络攻击，提高信息系统的安全性。提供报告的安全漏洞的激励机制，可以增强这个效果。成员国应努力为依法检测、报告安全漏洞提供可能性。"美国《2015 年网络安全法》中提出网络安全人才评测计划，探寻和给出了其对于"白帽子"这一特殊网络技术人才受到法律的保护和规制的一般思路。2015 年 10 月至 2016 年 3 月，美国政府共招聘 3000 名新网络安全和 IT 专业人士，联邦机构同时致力于到 2017 年 1 月另聘 3500 个关键网络安全和 IT 专业人士。

### （三）安全众测平台

安全众测平台①已经成为企业和"白帽子"的纽带，在维护网络安全空间持续运行方面发挥着重要的协调作用。以知名众测平台美国 HackerOne 的运营为例，HackerOne 是一个总部位于旧金山，在伦敦和荷兰设有办事处的漏洞众测公司。Yahoo、Twitter、Adobe、Uber、Facebook 等多家世界知名技术公司都使用 HackerOne 平台。目前，该平台已经帮助客户解决超过 57000 个漏洞，获得 2300 万美元的漏洞奖励。

在该平台的运营模式下，"白帽子"需进行注册，提供姓名、用户名和有效的邮箱地址，可以匿名，但若想获得奖励，则必须提供身份证明。为保障漏洞信息的安全性，HackerOne 贯彻漏洞保密原则和较为细致的漏洞披露

---

① 安全众测平台又被称为第三方漏洞披露平台。安全众测，是众包（Crowd-sourcing）模式在安全测试领域的体现。企业把自己的产品给到安全众测平台，由平台的安全人员（这些安全人员不隶属平台，而是来自互联网）进行安全测试。参见 https：//security. tencent. com/index. php/blog/msg/60。

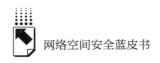
程序。为有效管理"白帽子"行为，HackerOne 提供了行为准则以及违反后相对应的处理措施。

现阶段，国内外"白帽子"群体日益庞大，对于维护网络安全的价值也更加凸显。根据我国国家互联网应急中心发布的《2016 年中国互联网网络安全报告》①，2016 年，CNVD 接收"白帽子"、国内漏洞报告平台、安全厂商等报送的相关漏洞 1926 个，占全年收录总数的 17.8%。与此同时，众测平台的管理也愈加规范，使得注册的"白帽子"可以在立法规定和行为守则的指引下逐步规范漏洞挖掘行为。

### （四）"白帽子"面临的现实困境

首先，各方主体的法律地位尚未明确。"白帽子"可能采用与黑客相同的工具和技术，但他们的目标一般为评估系统的安全性，并报告挖掘到的漏洞和补救措施，符合特殊情况下的漏洞挖掘。"白帽子"作为外部网络安全专家/技术人员，其漏洞的挖掘频率和时间先后（先于攻击）直接决定企业系统的安全性。在我国现有法律中，缺乏对"白帽子"的身份认可，也并未对概括授权（存在于注册企业、众测平台和注册"白帽子"之间，即合意、合约等基础之上）的边界及构成要件做出详细指引，导致"白帽子"在漏洞挖掘过程中，容易由于主观误判或工具使用而过量触及企业数据，构成违法或犯罪。法律身份和地位的拥有是"白帽子"漏洞挖掘和众测平台进行规范管理的基本依据，其缺失会使"白帽子"处于尴尬的两难境地，这对人才的培养、招募和众测平台发挥协调作用不利。如此法律风险的存在，加上企业和"白帽子"纠纷事件的发生，会弱化"白帽子"和众测平台的积极效应。

美国立法中虽然没有明确"白帽子"和众测平台的法律地位，但 2016年的五角大楼测试安全漏洞项目，国防部承诺给予"白帽子"金钱奖励和其他认证。因此，在特殊情况下，为了给"白帽子"创造可信的漏洞挖掘

---

① http：//news. 21cn. com/domestic/yaowen/a/2018/0428/16/32908704. shtml，2018 年 5 月 4 日。

环境，政府部门会背书"白帽子"。此外，美国的众测平台机制相较而言管理较为优良和规范，而我国众测平台尚不规范，管理也较为疏忽，企业和"白帽子"法律纠纷事件的发生与众测平台的管理机制紧密相关。

其次，兼顾各方权利义务的保密协议相对缺失。在众测平台模式下，"白帽子"与平台签订的保密协议和访问控制策略中，更多要求"白帽子"对挖掘的漏洞，乃至测试企业的信息予以保密。例如 HackerOne 实行漏洞库访问控制权限，平台雇员无权查看任何厂商漏洞信息，平台也绝不与其他第三方分享客户的漏洞数据。在漏洞未解决之前，所有提交的漏洞信息除企业和漏洞提交者之外都不可见。国内某些平台也承诺将与漏洞提交者共同执行严格的漏洞发布协议，所有安全信息在按照流程处理完成之前绝不会对外公开。然而，这是针对漏洞信息而不是"白帽子"身份的保密原则。从"白帽子"的角度考虑，现有保密义务规定中对其身份的保密尚有待加强。因为在"白帽子"和众测平台发展的早期，对漏洞的挖掘和提交多基于匿名，尽管没有奖金激励措施，但相对而言其身份得到了保护。在普遍采用奖励模式的情况下，如果意图获取奖金，从权利义务对等的角度，就可能需要承受相应的风险，包括企业、平台不支付奖金的协议风险，特别是还包含违反强制性法律规定的刑事风险。

"白帽子"由于并非众测平台的雇员（如上述 HackerOne 雇员），其与众测平台之间主要是基于协议而非身份依赖的劳动/雇佣关系。因此一旦发生法律风险，众测平台往往可以超脱在安全事件之外，《刑法》上所称的单位犯罪无法适用，从而最终由"白帽子"本人承担法律后果。因此，需规范能够兼顾各方权利义务的保密协议。

最后，测试（交易）各方对称信息的相对不足。首先是"白帽子"和众测平台对企业身份和信息的核验。由于《刑法》第285条规定的存在，尽管我国关键信息基础设施具体范围因《关键信息基础设施保护条例》尚未正式颁布而不明确，但各方对"国家事务、国防建设、尖端科学技术领域"等敏感领域基本上具有准确的判断。在基于保密协议的前提下，如果可能涉及敏感领域，众测平台应向企业求证其是否属于敏感领域，并向

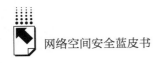

"白帽子"适当披露，三方履行更为严格的保密义务和身份核验，避免"白帽子"直接测试信息系统，从而触犯敏感底线。

就对"白帽子"的身份核验而言，国内现有众测平台如采用"白帽子"自行测试再提交平台的模式，实际上忽略了身份核验的环节，无法建立测试（交易）各方的对称信息，容易引发争议。众测平台由于以商业模式运营的特点，无法对"白帽子"的身份进行详尽的背景调查和保持持续有效的核验，因此在"白帽子"注册时的一次性实名认证尤为必要。同时，应考虑增加众测平台对"白帽子"身份的随访更新和"道德"计点评分机制，例如众测平台在不定期的随机身份验证中发现"白帽子"的身份发生变化但未向众测平台同步的，则对其点分作相应扣减。在低于某一阈值或触发特定紧急情形时，众测平台应发出预警并适当披露。但由于"白帽子"兼具多重身份和众测平台没有强制约束力的天然劣势，身份核验的有效性并不能得到完全保证。因此在身份核验之外，更应考虑到部署检测服务的核验与可控。

进一步而言，在众测平台向企业提供具体特定的某项针对性测试服务时，应在服务水平协议中列出测试参与人员的相关信息，并在众测平台发现身份核验违规，或企业提出异议时予以更换。

## 三 "白帽子"挖掘漏洞法律规则的设计

### （一）立法原则

本文认为，"白帽子"挖掘漏洞法律规则的设计和实施至少应该符合以下原则和精神。

第一，应符合协同发展的产业生态需要和构建网络空间命运共同体的精神。网络安全行业处于贯穿信息技术产业，乃至渗透在国民经济所有部门的基础性、保障性地位，网络安全技术同时具有提升效率和兼顾安全的双重特性，不仅不会因顾及安全而限制其发展、创新，反而会鉴于网络安全是网络与信息化的核心技术，而支持、推动其发展。通过识别和定位漏洞挖掘的关键因素——众测平台，围绕其权利义务精确设计政策与立法，可以有效构建协同业态，帮助实现网络空间命运共同体。

第二，应体现支持中小微企业创新、培育壮大行业领军、促进龙头企业的产业升级、实现特定行业优先突破和带动，即"牛鼻子"效应，推动社会整体实现向信息化的跃迁。我国网络安全行业发展的现状，具有优先突破和领先的硬件和人才条件，亟须立法政策的配套和规范化。

其中，关键信息基础设施运行过程中的漏洞将给国家安全和经济安全带来多种威胁，关键信息基础设施的漏洞管理事关网络发展、公共安全和社会稳定。我国应该尽快明确关键信息基础设施的概念。对于"白帽子"而言，根据《刑法》第285条之一的规定，绝对禁止挖掘关键信息基础设施的漏洞，即使单纯的侵入也不被允许。按照《网络安全法》的规定，国务院有关部门应尽快出台《关键信息基础设施安全保护条例》，明确此项边界，给"白帽子"挖掘漏洞的行为以限制和指引。

第三，应体现人才资源是第一资源。网络空间的竞争，归根结底是人才竞争。人才竞争是最终竞争的战略意图，需积极丰富和储备兼具道德操守和专业技能的专业人才。

### （二）具体的制度完善建议

1. 相关主体概念和法律地位确定

（1）众测平台属于网络安全测试、评估行业的服务平台

众测平台理论上可以分为两类，一类是众测平台本身提供测试、评估服务，此时平台的性质类似于 B2B；另一类是现有大多数众测平台采取的模式，即多由网络安全从业人员设立，且事实上运营核心团队成员往往前身也是"白帽子"，但整体上众测平台的测试、评估活动并非由众测平台的人员（员工、雇员——具有劳动关系）主要完成，除了对"白帽子"提交漏洞的"审查"（是形式审查还是实质审查有待进一步讨论）外，众测平台主要承担作为平台最基本属性的促成交易及附随义务，即 C2B。其中最为重要的附随义务，应是体现该细分行业特点——安全——对"白帽子"和企业的安

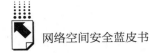

全保障义务。

在具体设置安全保障义务时，如果为 B2B 模式，则众测平台应作为安全保障义务的第一责任人，这一定位符合"谁服务谁负责"的归责原则；如果为 C2B 模式，对其责任应有一定的限制，并应规定有相应的免责情形。在要求众测平台承担安全保障义务的同时，也不能豁免或者替代"白帽子"的责任。

另外，在 C2B 的漏洞挖掘模式下，众测平台实际上扮演了网络运营者的角色。从《网络安全法》的规定来看，可考虑将其纳入"网络安全认证、检测、风险评估等活动"的网络安全服务机构范畴，并在未来的法律框架内为其设置和预留职责。

换言之，帽子的颜色并非由"白帽子"自定义，而是部分取决于众测平台的法律定位和安全保障力度。

（2）"白帽子"属于网络安全服务行业不特定服务的独立提供者

"白帽子"与众测平台之间仅通过注册和协议的方式建立和维系着松散的合作关系。这种服务的随意性一方面正体现了网络信息安全行业的特点——信息的不对称，以及基于信息不对称的漏洞挖掘有效性——体现其站在企业和众测平台之外的独特视角；另一方面不具强制力的约束使得"白帽子"进行测试的时间、地点、方式和处置都具有了不确定性，并因此为平台和自身引入法律风险。

综合上述，本文认为应对《网络安全法》第 17 条①和第 39 条②做出切实回应，真正构建能够统合"白帽子"、众测平台等在内的网络安全服务机构和市场化竞争，摒弃僵硬、垄断的行政资质许可体制，将事先的准入审核调整为覆盖网络安全服务全程的动态监管。尽管全态监管对监管机构提出了更高的能力要求，但监管机构的能力必须与监管对象的行为能力相匹配。

---

① 《网络安全法》第 17 条规定，"国家推进网络安全社会化服务体系建设，鼓励有关企业、机构开展网络安全认证、检测和风险评估等安全服务"。
② 《网络安全法》第 39 条规定，"促进有关部门、关键信息基础设施的运营者以及有关研究机构、网络安全服务机构等之间的网络安全信息共享"。

（3）企业属于接受安全服务，并适度减轻缺陷责任的受测对象

由于安全漏洞的技术和法律属性，传统意义上单一漏洞对应单一客户（群体）的缺陷监管体系将产生短暂或局部失灵。由于产品和服务具有面向不特定多数用户的典型特征，如果还是按照传统理论，要求企业自身检测、发现、披露和修复漏洞，无形中放大了企业视角（对产品和服务的用户）的安全保障责任。在网络空间的提法和实践不断深入与渗透的当下，如果仅由企业（或者扩大到网络经营者）自行承担，实践证明不完全可行，同时也不符合服务外包和行业分化——创新驱动的发展潮流。

因此，（预先）将企业的安全保障责任适当分配至众测平台，有利于安全行业分工的精细化和专业化。同时，由于企业的责任已经适当减轻——转移至众测平台，理所当然地对"白帽子"和众测平台的漏洞挖掘予以合理容忍——义务转移的对等权利让渡——其前提是各方均遵守道德底线和签署协议规则。同时应当指出，众测平台对企业安全保障责任的分担并非对其漏洞缺陷导致的损失、赔偿等法律后果的承担，而是通过事前介入，降低和规避企业的整体性风险。另外，企业责任的转移，并不包括减轻或降低企业在漏洞验证存在时的修复义务，相反，应在立法中强调企业的漏洞修复义务，以避免出现企业以"白帽子"和众测平台没有挖掘和提供修复（建议）为由，主张自身免责的极端情况，尽管这种情况目前尚未出现。

2. "白帽子"的权利和义务规范

以众测平台注册制为前提的"白帽子"行为规范，应当考虑以下方面。

（1）以"白帽子"注册为一般、匿名为例外的备案制度是行为规范的基本前提

为了有效引导"白帽子"在合法范围内进行漏洞挖掘活动，应考虑建立"白帽子"官方加密保护的实名身份认证注册制度，准予注册后为其颁发唯一识别的代号，"白帽子"凭识别代号进行众测活动，对没有意愿注册的"白帽子"，不应强制其实名注册，但应限制其提供测试、评估服务的范围。对关乎国计民生、公共利益的系统、领域（如关键信息基础设施），需要进行"白帽子"安全漏洞挖掘时，应限定为注册"白帽子"，并对其身份

进行严格的安全背景调查，细化保密协议。

以注册为主的备案，实际上赋予了"白帽子"特定身份，在此基础上讨论权利和义务规范就成为理所当然。

（2）以众测平台的运营模式为基础，规范"白帽子"行为

再以前述的美国 HackerOne 众测平台建立的漏洞众测平台为例，"白帽子"通过注册，加入项目，从而发现和提交漏洞；由众测企业向"白帽子"支付发现漏洞的奖励，HackerOne 则从企业奖励中抽取 20% 的费用。在此过程中，HackerOne 只提供漏洞报告、处理、咨询服务，在无授权情况下无法访问查看众测企业漏洞信息，提交的漏洞内容只有在完全解决之后才会公开。平台采用加密方式进行信息交互传输，最大限度地保护"白帽子"信息，所有和 HackerOne 服务器平台交流的信息都是加密的；安全团队可以使用 HackerOne 的 IP 白名单策略进行权限访问控制。

此外，众测平台应为"白帽子"设立合理的行为准则，明确"白帽子"注册成功并不意味着当然获取漏洞挖掘权限，漏洞挖掘行为应基于众测平台与信息系统运营者之间具体的委托或授权，严禁在没有权限或超越权限的情况下对目标信息系统进行漏洞挖掘。另外，建立信用评级制度，对"白帽子"日常漏洞挖掘行为形成常态化约束，并建立相应的惩罚和应对措施。

（3）通过行业规范约束"白帽子"，明确行为边界

众测平台运营目前的经验和教训都值得总结，应考虑将一些反复验证有效的建议、禁止行为以平台规则、行业规范的形式固定和推广。典型的内容可以包括：①禁止"白帽子"进行未经企业授权的安全漏洞挖掘和验证行为，未经明确授权的即为禁止——善意的挖掘也不当然免责；②禁止在众测平台规则之外挖掘、验证安全漏洞，如众测平台与企业之间并未签署任何有效的委托或行纪合同；③禁止执行安全性极不稳定的安全漏洞验证，如对生产数据的获取和验证；④禁止使用未经众测平台检测或验证的漏洞挖掘工具；⑤禁止未经众测平台同意，且企业明确确认或否认的安全漏洞披露；⑥禁止发布未经众测平台验证的漏洞修复工具/补丁；⑦禁止在现有法律和保密协议规定范围内实施漏洞测试、评估等。

（4）"白帽子"定期法律知识培训

"白帽子"和众测平台对法律知识的认知仍然需要深化和扩展，特别是对国家网络信息安全领域而言，法律法规已经发生重大变化。作为网络空间基本法的《网络安全法》已经正式颁布施行，与之衔接的《国家安全法》《保守国家秘密法》《反恐怖主义法》及相关实施办法渐成体系。而对法律行为定性的量化指标，更是分散在大量的司法解释、法规规定之中，"白帽子"无暇顾及；另外，法律语言与计算机语言之间存在的天然屏障，也限制了"白帽子"的理解和运用。所以，众测平台应普遍建立和聘请专业的法律人才对"白帽子"定期开展线上法律知识培训和线下研讨活动，从而更好地开展安全漏洞挖掘活动，维护网络空间各方主体的安全利益。这一做法也有利于各类型、各层次人才通力合作，形成网络安全命运共同体的发展初衷与美好愿景。

3. 众测平台的协调监督义务

众测平台需推动建立互信、透明和开放的业态，以体现作为网络安全服务机构，以及进一步作为特殊一类网络运营者的主体存在的价值和意义。确定众测平台的合理义务，一方面应避免其以网络中立为由主张免责，另一方面又要避免因"白帽子"普遍挖掘可能导致超出平台承受能力的责任。具体而言，众测平台基于安全保障义务下的协调监督体现为以下几个方面。

（1）基于身份核验的资质审查义务，以避免"白帽子"损害企业利益

对于"白帽子"，众测平台主要承担的是资质审核和避免"白帽子"利用平台注册和认证身份侵害企业权益的义务，即①众测平台应核验"白帽子"身份、资历等基本信息，并考虑增加对特定企业和信息的动态更新；②在知道（法律上还包括应当知道）"白帽子"利用众测平台侵害企业合法权益时，必须采取合理措施，否则就应承担安全保障责任。如果平台履行了身份核验的资质审核义务之后，发生损害企业利益的行为，则企业难以向平台主张责任。相反，若不符合前述条件，则平台可能要承担法律责任。

目前，立法、执法和司法实践的主要问题在于明确何为身份核验、资质审查，以及如何认定平台是否符合相关要求。即使参照《侵权责任法》和

《网络安全法》的相关条款，都尚没有形成统一的规定和理解，这就容易产生各方争议，特别是针对"白帽子"的执法扩大化风险。

（2）基于合理审慎义务，以避免企业损害"白帽子"的合法权益

对于企业，众测平台的主要义务在于通过保密协议、服务水平协议等合同设计，以及可控并适度透明的流程设计，合理审慎地对"白帽子"提交的漏洞进行规范处置，避免企业利用平台侵害"白帽子"合法权益。即①在注册制为前提的众测平台模式下，识别和获取白帽子信息更为容易。尽管对信息采取了加密或其他技术措施，但企业基于协议要求提供"白帽子"信息的要求并非不合理，这有别于匿名漏洞挖掘和提交模式。②在向企业提交漏洞信息过程中，应有效分解企业诉求，疏导分歧。因为尽管"白帽子"与众测平台之间是松散的协议合作关系，但企业才是众测平台的交易对方。众测平台具有分解和主导的技术能力，而并非在发生争议时立即进入司法程序激化矛盾。③如前文所述，在交易模式的具体设计中，应将合理、审慎原则贯穿从注册到争议解决全程。特别是在法律规定和理解存在争议时，适当扩大禁止性的挖掘行为，不应以商业利益为唯一驱动，故意或过失引导"白帽子"的不当挖掘，即使部分是因为"白帽子"的技术偏向性导致的法律响应迟延。在这种情况下，应当认为众测平台并没有尽到合理审慎义务，需承担一定比例，甚至连带赔偿责任。

4. 漏洞挖掘的豁免条件

对漏洞挖掘的豁免与否，可以从以下两方面考虑。

（1）区分受测对象的豁免与否

对于关键信息基础设施等重要领域的受测对象，由于《刑法》第285条的规定，不存在漏洞挖掘的豁免，即无论基于何种目的、无论是否获取数据，只要未经明确授权实施了漏洞挖掘行为，除非法律明确规定的免责情形，应承担相应的法律后果。对于其他领域的受测对象是否豁免，应同时符合如下文所述的若干条件。

（2）区分挖掘类型的豁免与否

从行业创新发展与规范的角度，本文认为立法设置上应考虑适当放开企

业漏洞披露的免责情形。针对企业对其产品、服务存有的未发生（严重）信息泄露等法律后果的特定漏洞，即使未予披露、修复，但可予以责任豁免。同时，应对漏洞挖掘行为豁免。此种情况下，企业应符合的条件包括：①允许众测平台注册"白帽子"的特定挖掘——附带豁免；②应在发生任何法律后果之前修补漏洞，但此举同时具有降低企业修复漏洞成本、降低合规强化立法背景下的披露义务，及降低企业所担忧的用户恐慌流失等负面效应。此外，"白帽子"和众测平台应符合的条件包括：①众测平台履行了身份核验的资质审查义务；②"白帽子"未违反众测平台的禁止性规定，或虽有违反，但认定为属于概括授权的挖掘，即符合提交——修复（建议）的模式；③未造成企业数据、用户等损失或损害，或虽有损，但对其弥补具有成本效益性。

综上，进行完善后的法律框架将更注重国际现行发展趋势，对出于安全研究、国家安全等特殊目的的漏洞挖掘给予适当豁免，为"白帽子"的相关法律行为提供新的预期。

## 四　小结

本文尝试构建基于众测平台的"白帽子"行为范式在《网络安全法》框架内，通过主体定位和行为规范，将"白帽子"基于众测平台的漏洞挖掘模式作为《网络安全法》规定的"网络安全服务机构"的重要组成之一。本文认为，这一目标的趋近和实现，不仅能够抑制"黑产"和"暗网"对"白帽子"漏洞挖掘的利益引诱和裹挟，更能够促进合法安全市场的创新与繁荣，最终实现以产业促安全、以安全护产业的网络安全命运共同体建设。

# B.9
# 网络直播生态治理的思考建议<sup>*</sup>

北京大学–腾讯公司"文化安全"联合课题组<sup>**</sup>

**摘　要：** 科学技术的发展推动着人类文明的进步，然而由技术持续创新与制度相对滞后产生的鸿沟却是当前网络治理面临的一个普遍问题。近年来，蓬勃兴起的网络直播迅速被市场和社会接受，但也引发了治理与监管方面的一系列问题。本文从网络直播的演进过程和属性特征分析入手，梳理其新型功能价值，思考网络直播治理的特点与难点，结合当前网络直播治理现状尝试提出网络直播治理的可行性建议。

**关键词：** 网络直播　网络治理　内容治理

近年来，网络直播作为一种新的传播形态，迅速被市场和社会所接受，在个性解放、社会平权、文化复兴等方面大放异彩，逐步演变为各组织、群体乃至地方政府形象宣传和品牌提升的新方式，成为创新和拉动互联网行业发展的新增长点。然而，其在不断丰富新型传播业态的内容、形式、功能时

---

\* 本文系由北京大学新媒体研究院与腾讯公司安全管理部联合开展的"文化安全视角下的网络文化价值引导"课题组成部分，文章基于双方合作进行的调研、访谈、研究共同编写而成。

\*\* 课题组主要成员：田丽，北京大学互联网发展研究中心主任，副教授，博士生导师；胡璇，北京大学互联网发展研究中心副主任；许洁，武汉大学信息管理系副教授；韩李云，北京师范大学法学博士，腾讯生态安全中心高级研究员；赵玉现，腾讯研究院安全研究中心高级研究员；郭桥竣，腾讯公司安全管理部；王笛，腾讯公司安全管理部。

也成为色情、低俗、暴力、极端等不良不法内容的新"锚地"。为此，研究网络直播平台治理问题成为网络治理的题中应有之义。

# 一 网络直播的起源与发展

网络直播也称互联网直播，是指基于互联网，以视频、音频、图文等形式向公众持续发布实时信息的活动。根据《互联网直播服务管理规定》中的说明，网络直播服务的提供者是直播平台，服务使用者包括网络直播发布者和用户。网络直播发布者通过互联网媒介，将某人某事当下发生的状态及时传递给终端用户以满足用户需求，实时性和互动性显著。直播平台用户既是内容消费者，也是内容生产者，不同用户所关注的不同领域和需求形成了不同的直播类型。

依据中国演出行业协会网络表演（直播）分会发布的《2017 中国网络演出（直播）行业发展报告》，网络直播类型可分为网络游戏直播、泛娱乐直播、版权直播及垂直直播等。网络直播按直播载体，可分为 PC 端直播和移动直播；按直播内容可分为游戏直播、体育直播、休闲娱乐直播、资讯直播和其他专业直播等。

随着互联网技术和社交网络的更新迭代，我国网络直播逐渐向移动化、社交化、泛娱乐化和高技术集成化的方向发展。从发展历程来看，网络直播经历了重自我展示、重经济娱乐、重泛娱乐＋垂直化布局和重沉浸体验四个发展阶段。

## （一）传统秀场——网络直播1.0时代

2005～2012 年是网络直播的初始探索阶段，由早期的网络视频聊天室逐渐向秀场直播转移。该阶段直播行业生态鼓励主播尽情展示自己的音乐、舞蹈、脱口秀等才艺，直播平台着力签约主播，鼓励优质化内容产出。一时间，以 YY、9158、六间房、百家百秀、新浪秀场、网易 BoBo 等为代表的 PC 端秀场改变了视频内容主要由传统媒体生产的局面，也满足了普通大众

展演自我的"成名欲"和关注他人的"探知欲"。

网络直播1.0时代呈现三大特征。其一，市场格局稳定，经营模式鲜明，但由于进入门槛不高，各大秀场遍地开花，同质化问题较为严重。优质博主和黏性用户逐渐向核心平台积聚，基本呈现寡头垄断的市场格局。传统秀场依托官方签约主播和公会家族入驻两种主流经营模式，借由粉丝购买虚拟道具（如打赏、礼物、鲜花等）、社交等级体系和部分广告收入简单粗暴地实现流量变现。其二，内容操作灵活，网红效应初显。随着直播内容的丰富发展，综艺、歌唱、小品等娱乐性表演逐渐形成规模，秀场已成为众多草根阶层追求梦想和粉丝网络造星的空间。借助互联网技术和平台包装，普通网民可轻而易举地收割大批粉丝，在短时间内获得广泛关注和可观经济收入，甚至一跃成为"网络红人""草根明星"。其三，依赖流量导入，优质内容为王。传统秀场需借助母体公司的优势流量才能激活粉丝，在短时间内获取大量关注和参与度；但正因为受这种平台依赖性因素的影响，主播多把直播作为自己的主要职业，从直播中获取的收益是其主要收入来源，此类秀场直播更类似于专业生产内容（Professional Generated Content，PGC）模式，对内容的专业性和优质度要求相对较高。

## （二）游戏直播——网络直播2.0时代

2012～2015年，电子竞技、移动游戏高速发展，游戏直播逐步占领网络直播行业的首席地位。PC端游戏直播平台如雨后春笋般崛起，热门手游助推各类移动游戏直播应用的兴起。目前，国内游戏直播粉丝主要集中在斗鱼、虎牙、战旗、龙珠和熊猫TV等垂直平台。腾讯视频、爱奇艺、优酷、搜狐视频等综合性视频网站也纷纷上线了游戏直播板块。

网络直播2.0时代的四大特征主要表现为以下方面。一是资本角力，直播新秀风起云涌。承载巨额资本收益的游戏直播平台成为互联网领域的兵家必争之地。斗鱼凭借其超强的融资能力一跃成为首家估值破200亿元的直播平台，360、百度、阿里巴巴、小米等也纷纷进军网络直播生态。二是专业升级，商业模式融合演进。得益于频繁的电竞赛事和风靡的现象级网游，基于游戏解说和竞技策略分享的社交、学习、炫技等需求增强。目前，国内游戏直播已形成集虚拟道具、互动营销广告、游戏联运、会员订阅、电子商务和赛事竞猜于一体的商业模式。三是头部竞争，明星主播受青睐。游戏直播平台重要的竞争策略是吸引传播影响力大的明星主播为其站台，形成头部IP。四是定位细化，游戏与直播相伴相生。游戏直播是游戏品牌的放大器，可有效保持和不断提升畅销游戏的讨论热度与用户体验，帮助游戏以极低的粉丝增量成本迅速占领更多用户市场。

## （三）移动直播、泛娱乐直播——网络直播3.0时代

2015 年起，随着泛娱乐化产业的渗透和下沉，短视频和移动直播相互夹杂，呈现对立与融合并存的局面。以映客、YY、花椒、一直播为代表的移动直播和以微视、秒拍、美拍、快手、抖音等为代表的短视频平台日渐风靡。

特别是 2016 年，风投资本竞相涌入网络直播行业，使得万众直播悄然成为网民生活中不可或缺的一种娱乐方式，这一年也被业界称为我国的"直播元年"。移动直播与泛娱乐直播呈现以下四种特征。其一，移动化扩张，直播门槛逐步降低。在移动直播模式下，视频的采集、发布和收看可同时进行，主播用手机随走随录。因此，无论是意见领袖、明星大 V、草根网红还是普通路人都迎来了"全民直播"时代。其二，交互式导向，社交属性增强。在直播过程中，用户实现了与主播的实时互动，通过弹幕、留言、打赏、送礼等赢得他人关注和评价；直播平台自带的贴纸、特效、点赞、转发等功能营造出"分享"和"陪伴"的感觉，社交互动性显著提升。其三，营销式传播，"粉丝经济"效益凸显。这一阶段的网络直播融入了粉丝经济、个人 IP 和互联网娱乐等要素，以内容吸引眼球，以明星 IP 的号召力带动刺激周边消费。其四，场景化思维，"直播＋"的格局逐渐成形。例如，"直播＋电商"为满足软性需求搭建了全新的消费场景；"直播＋医疗"为优化健康服务提供了开放的共享场景；"直播＋公益"为推动全民公益提供了透明化的参与场景；"直播＋教育"为促进知识共享提供了个性化的学习场景；等等。

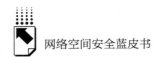
### （四）VR 直播——网络直播4.0时代

2017 年，谷歌发布了名为 *On The Verge* 的纪录片，为球迷们提供了一个独特的观影视角，使用谷歌 360°摄影机 Jump 拍摄，通过谷歌人工智能算法将 Jump 多个摄像头采集的画面传至谷歌服务器，再形成完整的 VR 视频播放。近年来，大数据、云计算、增强现实、虚拟现实和人工智能等技术的迅猛发展，推动了基于硬件载体和软件技术的直播升级。VR 技术从幕后走到台前，因其丰富的立体化图像、优越的沉浸式体验和多样的嵌入性可能而有望占领网络直播领域的下一处高地。

VR 直播模式可打造"光"与"影"的全景视角，实现"场"与"景"的沉浸体验。粉丝在观看直播时，不仅希望"声临其境"更想"身临其境"地感受画面和情绪，或者与喜爱的明星达人"面对面"交流。VR 直播能够满足用户的新鲜感和猎奇探秘心理，营造"眼见为实"的互动体验，提升粉丝兴趣和参与度。2018 年平昌冬奥会上，NBC 与英特尔合作，利用 VR 技术通过他们的 Sports VR 应用在移动设备和 VR 头显上直播冬季奥运会部分赛况。其实，早在 2016 年里约奥运会就曾采用过 VR 直播为观众带来耳目一新的体验，观众需要佩戴 VR 头盔才可感受亲历赛场的气氛，但当时由于设备、VR 头盔透气性不佳等体验效果并不十分理想。因此，场景化的 VR 直播势必会冲击现有直播形态及商业模式，VR 技术＋直播所掀起的新变革有可能重塑行业结构，催生直播产业新的生长点；然而，产品的不尽完善、用户带宽受限、手机配套跟不上、互动性差也将在未来一定时期制约 VR 直播的突破性发展。

## 二　网络直播的功能与价值

网络直播的演进过程不仅呈现直播平台功能升级、形式多元化发展的特点，也展现了直播从现象走向产业、从 PC 端走向移动端、从同质化走向垂直化的互联网发展模式的演进过程。网络直播潜移默化地改变着普罗大众的心理诉求、传统媒体的游戏规则、市场经济的营销模式、公共治理的民主创新等，直播作为新的传播业态为大众迅速且热情地接受，也因其在一定程度上实现人自我创造的愿望和自由，凝练出网络直播的独特意义和价值。

### （一）降低媒介门槛，打造日常陪伴

与传统媒体复杂的资质审查和内容审核机制不同，网络直播以近乎"零门槛"、去中心化的特质吸引着广大网络原住民的关注和参与。简易的直播设备、丰富的直播平台、快捷的注册流程、简便的发布操作，加之"万众瞩目""一夜爆红"的吸引，开启了"全民直播"的繁盛局面。网络直播赋予普通网民相对平等的话语权，将"分享欲"和"探知欲"完美结合并无限放大。根据马斯洛的需求层次理论，当人们低层次的生理需求、安全需求得到满足时，社交需求、尊重需求及更高级的自我实现需求便随之而来。网络直播可以打破时空界限，将零星的网络个体迅速聚集，营造"身体共在"的虚拟社交圈，并通过点赞、打赏、弹幕、送礼、分享等行为增强主播与粉丝、粉丝与粉丝之间的互动性和参与感，使其获得社交归属、尊重赞美乃至自我成就等心理体验。

此外，网络直播以生动鲜活的影像信息所营造的匿名、开放、自由、共享的参与式场景，俨然成为"信息孤岛"之中寂寞独行者们的心灵家园。与其说网络直播是草根网红的独秀舞台，不如称其为散落个体的相互陪伴。这种具有高度选择自主权和隐秘性的日常陪伴，为网民增添了兴奋感、神秘感和安全感，提供释放自我的出口，使弱连带的网络社交关系逐渐演化为超地域、超阶层的强连带，形成了一条完整的闭合互动路径。网络直播为差异化的兴趣社群提供了共享意义和符号的关键通路，协助志同道合的团体建构起对自我的身份认同和对集体的心理归属。

### （二）创新传播模式，盘活粉丝经济

融媒体时代的网络直播信息容量大、制作门槛低、传播速度快、互动反

馈快且"长尾效应"突出,有望充分挖掘网络社会的内容分发渠道、流量变现模式和粉丝经济效益。从读文、读图到音视频观赏时代,大众获取讯息的方式更加直观、快捷,人们的偏好也日益碎片化。网络直播大多由用户自发产生(User Generated Content,UGC),即播即传即分享实现零延迟的互动体验和情景化的现场参与感。

就传播内容而言,一方面,传统媒体依托积淀多年的人才、资源、技术和专业优势,全力打造"多位一体"的网络传播矩阵,兴起的网络直播必然是其中不可或缺的一环。例如,中央电视台、新华社、《人民日报》、《光明日报》等国家级媒体及各地方性梯队纷纷入列,迅速占领直播领域的舆论高地,利用直播平台强化其生产和传播国内外重大报道的权威性和专业性,这一点是区别于网络自媒体的根本性差异。另一方面,分众时代对个性化诉求的满足带来网络直播明显的"长尾效应"。除了备受追捧的头部主播与核心资源,小而美的垂直化直播平台和美而精的小众化尾部内容也坐享无数拥趸,满足了特定人群的围观和交流需求,因此网络直播很容易成为包罗万象的大众狂欢之地。此外,网络直播与现实场景深入嵌套,驱动"直播+"应用场景的纵深化和智慧化探索,为创新网络营销手段、激发眼球经济潜力、推动爆款流量变现、提升购买转化速率等提供可能。例如,游戏直播的虚拟打赏、电商直播的销售导流、旅游直播的需求暗示、教育直播的知识共享等,背后的商业逻辑链恰恰是场景化直播的消费性刺激和体验式传播。

### (三)创新政务服务模式,助力公共治理

网络直播平台的大众参与特性使其成为网民参与治理的一种在线空间,也是政府部门推动公共治理创新的新渠道。2015年5月,国务院出台《关于积极推进"互联网+"行动的指导意见》,要求进一步解放思想,转变政府职能,强化服务意识,用互联网技术、互联网思维、互联网手段创新公共服务模式。网络直播成为政府部门实现"互联网+政务服务"新的探索途径。"直播+政务"开拓了公民参与社会治理的公共空间,鼓励民众参与政

务直播互动，为社会治理建言献策。例如，武汉交警直播空间《阿 Sir 说路》栏目，通过交警人员开设直播平台解说交警法规、行车注意事项等，为广大公众科普交通知识。再比如，2018 年 1 月 10 日，由烟台市公安局与腾讯公司联合研发的全国首例新型报警方式——直播互动式报警平台正式上线。传统报警通过拨打报警电话，便利性和证据保存方面存在一定局限，腾讯云方案主要依托公有云上的视频直播能力，打造一套直播型报警系统，公民通过关注当地公众号和实名注册，通过人脸识别技术验证身份，或者通过匿名、小程序的方式实现一键报警。

此外，借助直播"虚拟在场"展开的政务互动与沟通方式还能促进政务公开，推动信息透明，增强普通民众知情权和话语权，提升政府公信力。网民可通过弹幕、打赏、评论等方式实时发表意见和查看反馈，可看作解决政务回应不及时问题的一种方法创新。当然，培育清朗的网络直播风气和建立有效舆论监督机制也有助于进一步激发和引导广大网民了解政务、认识政务、体验政务、参与政务的积极性、主动性和自觉性，提升网民政治意识和媒介素养。

### （四）丰富内容载体，传承优秀文化

网络直播作为人民群众喜闻乐见的大众文化传播形式，既是衍生和存续新兴网络文化的沃土，又是继承和发扬优秀传统文化的窗口。各直播平台逐渐意识到并重视弘扬主旋律、传递正能量、培育优良文化氛围的社会责任，纷纷参与到拯救及推广物质和非物质文化遗产的公益活动中，助力于传统文化特别是濒危文化的"网络再生"。例如，2018 年新年期间腾讯打造的"NOW 正能量直播——寻找年味"专场，组织了多名有影响力的主播在大年初一直播其家乡贴春联、包水饺、煮汤圆等传统贺年风俗，令用户通过屏幕感受回家团圆的温暖，鼓舞大众迎接新气象，并且由此传承传播中华民族传统文化习俗。活动覆盖了 8 个省市，总观看次数超过 26 万次，最高同时在线观看人数达 5000 余人。

在互联网思维的驱动下，随着文化与科技深度融合，交互呈现，以现代

化形态与符号表达赋予传统文化新的生命力和传播力。可以想见，在未来VR/AR 等技术的加持下，"直播 + 文化"将为各类艺术表演形式创造更富有科技感元素和沉浸式体验的新生命力，将进一步充实国人的精神生活，满足文化市场的多样需求。

此外，利用网络直播的即时、互动、大众性特点，还能够帮助源远流长、博大精深的中华文化走出国门、走向世界。例如，2017 年由文化部恭王府博物馆牵头联合多家单位组织的"锦绣中华 – 中国非物质文化遗产服饰秀"系列直播由央视网直播、光明网直播、东方直播、优酷视频、PPTV、一直播、映客、YY 直播等多家直播平台全程参与报道，覆盖网络观众近2000 万人次。数据显示，6 月 5 日开幕式当天，光明网单个直播开播前，仅预告时间段观众量在 15 分钟内突破 34 万人次。这为探索中国优秀传统文化国际传播新模式，构建全方位、多层次、宽领域的中华文化传播格局做出尝试和贡献。

### （五）播撒社会爱心，传播正能量

直播平台所具备的大流量优势是其他网络平台难以企及的，因此，网络直播可作为社会集体性力量参与公益活动最为合适的号召与宣传载体。面对社会中大量急需关爱人士以及缺少大众关注的弱势群体，直播不仅可以发挥呼吁献爱心的作用，也可为爱心人士提供奉献爱心的平台。近年来，很多公益性组织纷纷借助直播平台宣传公益精神和社会正能量。2018 年 4 月 2 日自闭症日，腾讯公司策划发起了"为自闭家庭发声，做一天公益支持者"的直播活动，现场直播了社会爱心人士到自闭症儿童病房送礼物和自闭症儿童拆礼物的感人瞬间。

打造社会关爱和谐氛围是实现社会帕累托改进的基石，直播的传播形态有助于拉近人与人之间的距离，提供相互关爱的机会，呈现社会主义核心价值观在现实生活中的实践。在互联网思维的驱动下，社会爱心与科学技术相互交融，技术架起人与人沟通的桥梁，只有连接个体之间的小爱，才能编织社会大爱。

# 三 网络直播治理的特点与难点

网络直播快速发展的背后，过度娱乐化、导向不正、主播素养参差不齐等一系列问题也随之产生，网络媒体的流媒体、多媒体使用性特征使网络直播治理呈现一系列特点与难点，其治理困境是普遍性与特殊性的结合。一方面，这是互联网治理问题的缩影，其问题在其他形态的产品和平台中同样存在，只是随着互联网的发展从旧类型向新类型、从旧产品向新产品中延伸并出现新的问题表现。另一方面，互联网技术与业态的快速发展与管理思路、手段的滞后成为普遍性问题，这是技术发展与制度后发之间的必然矛盾。

网络直播治理的特点与难点，首先由网络直播的流媒体、多媒体、流动性等媒介特征决定，其次网络直播使用过程中呈现青少年群体集聚、商业属性较强、社会心理满足等方面的治理难点，改善治理应分析掌握直播的媒介特点、使用特征、问题成因，把握尺度与平衡。

## （一）网络直播的媒介特征

### 1. 网络直播的流媒体特性造成取证困难

网络直播的内容是实时流媒体，内容生产与传播同步发生，主播对直播内容拥有控制力，这使得"预先审查"难以实现，平台与监管部门在直播开始前难以实现对直播内容的预测、知情，导致管理的先天困难。同时，一部分直播内容是在内容生产的过程中生成的，例如主播与观众的互动、突发事件的插入等，这些不可控因素加大了直播内容的不确定性。即便平台与监管部门在直播过程中发现问题并及时截断直播，但负面影响往往已经造成，并通过社交媒体极强的流动性流向其他平台，客观上讲平台不可能存储全部直播产生的海量数据，可行溯源受到制约，因此有效取证和追责存在极大困难。此外，部分直播平台为逃避惩处以错误操作、技术制约等为借口未能很好配合监管部门的取证要求。

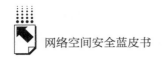
2. 网络直播的多媒体特性造成归口管理困难

网络直播内容是图像、文字、音频、视频内容的结合，具体内容又横跨新闻、娱乐、教育、游戏、科普等众多领域，具有多重属性，既有新闻服务属性，也有视听节目属性，还具有文化产品属性。因此，客观上导致多家内容管理机构多头监管网络直播的现状，管理要求存在交叉，管理标准暂未统一，管理规定各执一词。从管理实践的结果看，较难形成统一的方针与机制，容易导致管理低效与混乱，或者出现头痛医头、脚痛医脚的现象。

3. 网络直播的中介作用造成流动违规频发

网络直播平台既是主播的中介也是内容的中介，因此存在网络主播流动性大、准入门槛相对较低、平台约束力较弱等现实情况，一些不法分子利用这些"空子"以网络直播平台为中转站进行违法违规活动，如在直播中通过口播、二维码展示等方式，将用户导流至违规社交平台、门户及其他平台，以便后续利用。因而，一些看似正常合规的直播间实际上是色情表演、经济诈骗的中转站，此类违法违规活动具有隐蔽性，也加大了管理和执法难度。

## （二）网络直播的使用特征

1. 青少年是网络直播的主要使用群体

根据中国互联网络信息中心（CNNIC）发布的第 41 次《中国互联网络发展状况统计报告》，2017 年我国网络直播用户规模达到 4.22 亿，年增长率达到 22.6%。而伴随着青少年触网年龄的低龄化和网络设备的便利化，越来越多的青少年对新兴应用程序备感兴趣，当前流行度较高的各大视频直播应用用户多为青少年群体。然而，网络直播内容参差不齐，确实存在讲粗话、裸露身体、软色情等情况，对身心尚处于未定形阶段的青少年具有较大影响力。此外，青少年观众自控力较弱，容易沉迷观看直播而影响正常的学习生活；加之部分主播年龄较低，或是受教育水平不高，他们的一言一行对未成年观众有一定"示范"效应，易引起粉丝的盲目追随与不良模仿。

青少年的教育和引导需要全社会携手努力，通过环境熏陶、价值引导、家庭培养、学校教育、朋辈影响、政策规范等多种因素共同发挥作用。无论是管理部门监管执法、行业产品优化自律以及社会呼吁救助，还是家庭学校教育、青少年自我约束，仅仅依靠单一方的努力效果都可能不显著，甚至可能激起青少年用户的逆反心理而激化矛盾。

2. 网络直播商业属性较强

网络直播赢利模式多样，产业上下游规模初显，变现途径多，商业属性较强。常见的网络直播平台赢利模式包括用户打赏、广告投放、导购宣传、付费直播、增值服务、游戏联运、付费推广、赛事竞猜、版权发行、企业宣传、付费教育、付费问答、数据服务等，涉及直播平台、主播、经纪人/公会、广告主、观众等多个利益相关方。网络直播也成为高效的"网红孵化器"。因此，网络直播发展中存在理性与非理性因素共同主导的现象。

3. 网络直播满足新的社会心理

网络直播的快速渗透，根源在于其满足了受众的投射心理、现场感和消费心理，其他互联网应用可替代性弱。首先，网络直播中的主播相较于明星更具亲和力与贴近性，不仅拉近与观众的心理距离，更便于观众进行自我投射，实现理想甚至满足一些隐蔽欲望。其次，网络直播比其他互联网娱乐方式更具临场感，放大消遣娱乐感受，易促成社交关系和黏性的生成。最后，网络直播中的观众可购买如"鲜花""钻石""游艇"等虚拟礼物赠送或打赏主播，成本远低于此类礼物的实物价格，却照样能收获主播的感谢并受他人关注，从而带来消费满足感。用户对直播带来的心理满足较其他应用有其独特性，会产生不同程度的依赖感，也会改变甚至重塑大众的网络行为和价值判断，而伴随这种新型网络文化业态而产生的问题相对不容易被意识到或消解，若治理边界把握不好，则可能给产业及用户带来损失或引起反弹。

## 四　网络直播治理的现状与问题

网络直播中存在的问题已引起相关主体的高度关注，立法机构、执法部门、直播平台等纷纷采取治理措施，包括出台法律法规、执行专项行动、建

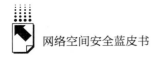

立行业公约、优化产品和完善自我管理能力等，这些行动虽取得了一定效果，但仍暴露出一些问题。

## （一）网络直播治理现状

### 1. 出台系列法律法规

国家互联网信息办公室出台的《互联网直播服务管理规定》、广电总局发布的《关于加强网络视听节目直播服务管理有关问题的通知》和文化旅游部发布的《网络表演经营活动管理办法》是目前我国针对网络直播领域主要的规范管理文件。此外，《互联网新闻信息服务管理规定》《互联网信息服务管理办法》《互联网文化管理暂行规定》等也对网络直播治理有指导意义。相关法规文件的核心精神是，网络直播服务不得含有法律法规禁止传播的内容，及摧残表演者身心健康、侵犯他人合法权益的信息内容。2016年9月，广电总局印发的《关于加强网络视听节目直播服务管理有关问题的通知》规范的是持有视听许可证主体的网络视听节目直播服务，重点在于文化活动、体育赛事的直播，包括了"互联网视听服务许可证"许可范围的一类五项（通过互联网对重大政治、军事、经济、社会、文化、体育等活动、事件的实况进行视音频直播）和二类七项（通过互联网对一般社会团体文化活动、体育赛事等组织活动的实况进行视音频直播）。

2016年11月，国家互联网信息办公室发布的《互联网直播服务管理规定》明确规定"通过网络表演、网络视听节目等提供互联网直播服务的主体应当依法取得法律法规规定的相应资质"。

2016年12月13日，文化部《网络表演经营活动管理办法》正式公布，2017年1月1日起施行。该办法规范的是网络表演，包括现场文艺表演、网络游戏技法展示或解说，通过信息网络实时传播或者以音视频形式上传的网络文化产品，即业界所说的"秀场类直播和游戏类直播"。

现行法规的管理重点之一是推进主播实名认证，提高主播准入门槛及强化主播自律意识。《互联网直播服务管理规定》强调网络直播平台应当按照"后台实名、前台自愿"的原则，对平台主播进行基于身份证件、营业执照、组织机构代码证等的认证登记。在此基础上，平台应建立主播信用机制及黑名单管理制度，对主播行为加以约束。对于出现违规直播、侵权直播及不当直播的主播，视情况降低当事主播的信用等级，情节严重者纳入平台黑名单，禁止重新注册账号，并及时向所在地省、自治区、直辖市互联网信息办公室报告。

现行法规的管理重点之二是加强内容审核，筛除不良有害信息。治理认知的不断提升推动法规文件的持续完善，包括对直播平台资质主题、内容审核和不良信息发出后的应急处置等都有具体规定。依据《互联网直播服务管理规定》，各网络直播企业、平台应当建立并优化直播内容审核平台，对违法直播内容及不当直播内容做到即时处理，并依据平台实际情况进行不定期修正。针对风险等级较高的栏目要特别制定预警措施，提高巡查频率，确保对突发事件的及时响应。

2. 开展治理专项行动

公安部扫黄打非办公室的"净网"行动连续三年将网络直播治理列为专项重点工作之一，对多个传播淫秽色情信息的网络直播平台开展刑事立案侦查，并协调有关部门加强行业监管，督促直播平台企业落实主体责任，完善内容审核机制，充实内容审核团队，严格落实24小时监测要求，发现违规直播立即封停，并加强对主播的监管，建立主播"黑名单"制度和行业通报机制，对违规主播采取全行业禁入等手段。扫黄打非办以专项整治为主要抓手，推进网络直播行业生态规范健康发展。2018年，广东省全省公安机关上门检查网络直播平台72家，约谈46家次，关停直播房间530间，关停违规账号2万余个，侦破网络直播平台传播淫秽物品案件8起，抓获犯罪嫌疑人236名，打掉直播淫秽平台14个，其打击力度和成效之大颇为显著。

文化部在2016年与2017年均开展了专项整治行动。2017年5月关停了包括"千树、轩美、夜寐社区"等在内的10家直播平台，关闭直播间3万余间，处理表演者超过3.1万人次。

2018年2月，中宣部、国家网信办、文化部、国家新闻出版广电总局、

全国扫黄打非办联合做出部署，2月上旬至4月下旬进一步开展针对网络直播平台传播低俗、色情、暴力等违法有害信息和儿童"邪典"动漫游戏视频的集中整治行动。

3. 号召平台加强自律

网络直播行业应形成高度自觉的法制精神、契约精神、开放精神，坚持底线，有所追求，加快完善行业自律。2016年4月，北京地区的20余家从事网络表演（直播）的主要企业负责人共同发布了《北京网络表演（直播）行业自律行为公约》，该公约就主播实名认证、直播房间内添加水印、直播内容存储、主播培训与引导、建立违规主播名单通报机制、落实企业主体责任等六个方面达成共识，有利于推动直播行业良性发展。

2017年3月，在文化部指导下，腾讯云、NOW直播、全民K歌、一直播、映客直播、熊猫直播、陌陌直播、快手直播、搜狐视频等网络直播平台及直播技术提供平台联合发起《开展健康表演直播、坚决抵制不良内容》的倡议，旨在促进秀场类、游戏类直播等的文明开展和行业的健康发展，向社会传播正向价值。

2018年5月，微博、秒拍、斗鱼等短视频和直播网站以及腾讯视频、优酷、爱奇艺等综合性视频网站，组建专项清查团队，集中对涉黄、格调低俗、宣扬暴力、恶搞经典、歪曲历史、非法剪辑拼接等问题节目进行清理，共计自查清理下线问题音视频节目150余万条，封禁违规账户4万余个，关闭直播间4512个，封禁主播2083个，拦截问题信息1350多万条。

## （二）网络平台直播治理存在的问题

### 1. 依法治理中的"合规性恐慌"

自2005年起，网络直播发展至今已经历四个时代的演进，作为互联网大浪潮中一朵来势凶猛的浪花，网络直播对整个业态和人们的日常生活产生了重要影响。然而，面对这一强势发展的新兴业态，政府层面的适应性治理却明显滞后。自2005年传统直播1.0时代发展至今已有十余年，但近五年才开始重点和集中治理。其间直播平台的涉黄事件屡见不鲜，但法律法规及时性调整的缺位导致"真空"时期违法犯罪分子借机作案。法律法规是规范社会人的行为准则，其强制力筑起社会道德的最后一道防线，网络直播治理的法律法规滞后是野蛮式生长的网络直播问题层出不穷的主要原因之一。

2. 行政执法的"稳定性担忧"

行政执法的前提是法律法规体系的稳定性，一是确保法规与规范性文件的出台与文件解释的稳定清晰，二是上位法与下位法相互协调支持而不相抵。但在实际立法与执法实践中，存在交叉管理的部门相继出台内容相似、角度不同、互有差异管理文件的现状，执法部门在实际执法过程中反而缺失了权威性文本，执法合理性遭到削弱，这增加了执法主体对法律稳定性的担忧，甚至可能导致部分不作为情况的出现。

3. 主管部门的"交叉管理"

网络直播主体的多元性、内容的多样性以及传播的广泛性等特征要求网络直播治理需要多元主体协同，而互联网技术应用的飞速发展和跨领域的业态创新已渗透并影响社会的方方面面，原有管理体制和职能设置难免力不从心或是多头管理。目前，我国参与网络直播治理的政府主体主要包括以下几方面：国家互联网信息办公室负责全国互联网直播服务信息内容的监督管理执法工作；国家广播电视总局负责政治、经济、文化、体育等活动、事件的直播活动管理；文化和旅游部负责网络表演经营类直播活动管理，包括网络游戏直播活动。此外，公安部负责网络直播活动涉及淫秽色情、赌博、毒品等违法犯罪行为的案件打击，全国扫黄打非办也积极关注网络直播违法违规行为治理。由上，直播问题涉及多方面，多方共治是必要方式，亟待发展完善的是各部门协调治理、分工合作、相互补位的综合治理模式。习近平总书记在十八届三中全会上对《中共中央关于全面深化改革若干重大问题的决定》的说明中明确指出，"互联网现行管理体制存在明显弊端、多头管理、职能交叉、权责不一、效率不高"。政府管理层面的多头交叉不仅降低了治理效率，也加大了治理难度。

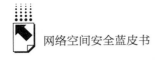

4. 治理思路的"单一向度"

网络直播是一种社会心理现象和文化现象的缩影，又具有技术属性和产业属性，并非单一治理可一劳永逸。但目前无论是政府监管、社会公共治理还是平台的自我管理，思路总体上还局限于对网络直播内容本身的治理，对于网络直播传统的"发牌照"式的管理方式较为粗疏，前置审查难以发挥实效。如此仅仅针对有害内容治理的单一内容治理模式很难从根本上起到引导和疏导作用，结果常常是换个平台后问题"春风吹又生"。

5. 行业自律的"尚未成熟"

行业规范本质是行业进行自我规范的自律行为，相比政府通过相关法律法规对行业进行监管，行业规范的确定则是行业实现有序稳定发展的内部机制。对于自媒体时代背景下催生的网络直播行业，这种自我治理的自律精神尤为重要。一方面，外部监管在面对网络直播时刻更新的内容和持续创新的平台产品时，总会在某些时刻出现监管真空，威胁网络直播的健康环境；另一方面，当下网络直播平台内容出现同质化状态，产品竞争激烈，若缺失律己的自觉性，可能出现为竞争流量而降低监管成本以致疏于管理，甚至导致不当或恶性竞争破坏行业生态。

目前，网络直播行业发展的自律性尚未成熟，特别是层出不穷的小型直播平台自律性较弱。除2016年北京市互联网企业联合发布的《北京网络表演（直播）行业自律公约》外，在建立和发起全国性行业自律组织、规范和活动方面仍存进一步的提升空间。

6. 责任评估的"工作导向"

责任评估是对平台、主播等行为主体履行主体责任情况的制度化考评。现有的责任评估仍然以工作任务为主要导向，即主体做了哪些事情，例如平台监测机制、举报机制的建立，主播培训的开展，行业公约的形成，等等。但这种评估导向忽略了对举措效果的评估和正向激励的作用，相应缺少对执行效果优劣的奖惩机制，行为主体欠缺持续履行责任的动力，治理措施浮于表面，甚至陷入形式主义或一事一议的泥淖。

# 五 网络直播治理的对策与方案

当前我国网络直播行业的治理，主要包括政府监管及市场格局引导、行业自律及平台自治、积极健康的网络直播文化建设三个方面。总体上，不应"一棍子打死"，而应具体问题具体分析，建立长期性、策略性、适应性的治理体制机制。

## （一）维护《网络安全法》权威性

《网络安全法》是我国网络空间治理的基本大法，法律效力最高，最为权威。其包含一个全局性的框架，旨在监管网络安全、保护个人隐私和敏感信息，以及维护国家网络空间主权安全。网络直播治理需严格遵循、依据《网络安全法》的基本精神及相关规定。因此，部门性规章及管理条例的发布需充分尊重和维护《网络安全法》权威性，在其框架下进一步完善和解释。同时，在时间上应保持稳定性、连续性。

## （二）建立违法案例库和评级机制

为规范直播平台健康有序发展，可建立直播平台违法案例库、评级及惩罚机制。违法案例库是收集典型性以及新发现违法违规行为的案例数据库，既可用于平台对主播的培训，也便于执法机关有案可循。评级主体包括监管部门对平台的评级、直播平台间的相互评级，以及用户对平台的评级。通过对各直播平台的业绩、影响力、社会声誉等指标进行多维分析，将直播平台划分为不同等级。频繁出现违规行为的直播平台应被划入更低的等级，且不得竞选行业的相关奖项等。

## （三）提升平台主体责任意识与治理能力

互联网企业以技术为优势，可以实现以技术促进发展。各网络直播企业不仅要加强自我约束和内部监管，而且可依托其技术能力加快直播监管设备研发利用，建立完善平台内容审核机制和手段，积极运用大数据、人工智能、云计算等技术，不断优化内容智能识别与人工过滤的双重机制，提高敏感信息识别与筛查的效率。例如，腾讯云上过去一度出现色情直播内容，针对这种情况，公司重点进行技术研发，投入使用云安全智能鉴黄技术服务，针对直播平台上敏感的文本、图片和视频，利用深度学习模型、文本特征库、智能语义检测、OCR 图片识别等技术和手段，实时筛查过滤色情、灌水等不良有害信息，大大提高了"智能鉴黄"的准确率，帮助直播平台提升自我管理能效，降低直播内容监管难度。而且，随着人工智能鉴黄技术的不断优化精进，其已从传统的图片、视频、文字识别趟进了语音鉴黄这片蓝海。除了智能鉴黄，对于恶性突发事件或是模棱两可的内容，管理成熟的平台应配置较为完善的机器 + 人工配套审核机制。

### （四）加强主播公约管理

主播是网络直播内容生产和生态维护的上游核心力量，应当加强主播公约管理，建立主播诚信系统，甚至可以考虑建立"连坐联保"制度。主播诚信系统是主播行业、公会间内部的评价系统，对有违规行为的主播处以扣分、降级等处分，未来甚至可以纳入社会征信系统，提升主播违法违规的成本，树立法律法规威慑力。"连坐联保"制度是指同一公会内的主播，如有一人违规，其他主播也将会受到一定处罚，从而增强相互监督与影响的效果。对直播观众而言，应当确立"播看同责"的责任机制，目前处罚机制仅作用于平台和主播，而观看不良内容的观众同样具有主观能动性，应当承担部分责任。

# 技术产业篇

**Technology and Industry**

## B.10
# 全球网络安全企业竞争力研究报告

王滢波　石建兵*

摘　要：　随着全球日益在线，网络风险越来越高，造成的危害也越来越严重。这使得网络安全产业的价值凸显，未来发展空间巨大。在这种情况下，对全球网络安全企业竞争力进行评估，寻找最具发展潜力的商业模式和技术无疑具有重大的意义。本文通过构建竞争力评价模型，对全球主要的网络安全企业进行了定量和定性的评估，并最终得出了全球网络安全竞争力百强企业。

关键词：　网络安全　企业竞争力　全球百强

* 王滢波，上海社会科学院信息研究所助理研究员，主要研究方向为数字经济和网络安全；石建兵，上海社会科学院应用经济研究所博士研究生，主要研究方向为数字经济、信息安全产业政策。

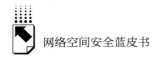

随着世界日益在线，网络安全的风险日益突出，造成的损害规模也呈指数式上升。网络安全已经从常规的信息安全、虚拟安全走向实体安全、人身安全和国家安全。网络空间已经成为全球各国竞逐的新空间。当前，网络安全产业的发展明显滞后，其规模几可忽略不计，但也面临空前的发展机遇。本文致力于从技术、研发、财务等多个角度评估网络安全企业的竞争力，描绘网络安全产业的发展趋势，为网络安全产业的发展提供有效的建议和指引。

# 一　相关概念

## （一）网络安全企业

网络安全企业是指提供网络安全硬件、软件与服务的企业，属于战略性新兴产业。

## （二）企业竞争力

企业竞争力是指企业通过参与市场竞争，获取市场份额和利润的能力。企业竞争力可通过多种方式表现，例如研发投入、人员构成、市场份额、增长速度、财务稳健度、技术优势等。

## （三）企业创新力

创新是指科技上的发明、创造。企业创新力是指企业在组织管理、技术研发、商业模式方面的突破性进展能力。企业创新力一般从营销、管理、组织制度和相关文化等维度考察。本报告用企业技术创新和管理创新考察网络安全企业的创新力。

## （四）企业增长力

学术界与产业界普遍认为，创新、并购、战略管理是提高企业增长力的直接动力。也有专家认为企业文化是企业增长力的源泉。

本报告认为，企业的赢利能力和质量、资产质量（结构、负债）、现金流量、管理驱动因素和行业前景影响着企业增长能力。收入的增长代表企业增长力，利润的增长代表企业控制力。同时，为了区别创新力维度要素，本报告用财务增长和市场拓展能力考察网络安全企业的增长力。

为了直观地表示各网络安全企业所处的不同竞争地位，我们对技术指标进行分解，将公司的创新力和增长力作为评估网络安全企业核心竞争力的两个主要维度，构建了一个"赛博罗盘"（见图 1）。

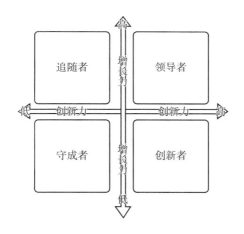

**图 1　赛博罗盘**

横轴代表创新力，左弱右强，纵轴代表增长力，上高下低。增长力是创新力的业绩变现能力，创新力是增长力的坚实基础。右上角代表创新力强，增长力也很高的网络安全企业，是市场中的明星企业，既具有很强的创新力，又具有很强的执行力，能够把创新力转化为公司实际业绩的增长，我们将这类公司称为"领导者"。这种公司一般已经得到市场的充分认可，增长预期已经部分或全部兑现，估值较高，除非有超出市场预期的增长，否则投资很难取得超额收益。右下角为创新力很强，但是公司业绩增长力一般的企业。这种企业往往具有很强的技术实力，但是在将创新能力转化为公司业绩方面具有明显的短板。一般而言，这种公司很容易被市场低估，一旦厚积薄发，具有明显的长期投资价值，是很好的投资标的，我们将这类公司称为"创新者"。左上角为创新能力弱，但公司业绩增长迅速的企业，我们将其称为"追随者"。这种企业虽然不具有很强的技术实力，但在市场营销、政商关系等领域具有特殊的能力。这种企业缺乏持续成长的能力，而且会因为短期业绩的高增长而得到极高的估值，属于投资时应重点规避风险的企业类别。第四类为左下角的企业，增长力和创新力都不高，属于中规中矩的企业，我们将其称为"守成者"。

## 二　研究方法

### （一）评价的基本要素

综合网络安全企业的概念与特性、企业竞争力的内涵和外延，本报告构建出网络安全企业竞争力评价研究的几个基本要素如下。

第一，评价对象：本报告综合梳理了全球上市和非上市网络安全企业，勾勒出一个由国内外近300家相关企业组成的评价对象池。

第二，理论基础：基于竞争力理论。

第三，指标体系的构建原则。根据网络安全产业的市场特点以及从数据的可取得性和可比较性角度考虑，在构建指标体系时采用了以下原则：主导性原则（收敛性，较少指标反映竞争力）；可操作性原则（数据可得可量化并且相对集中）；可比性原则（指标本身必须具有横向和纵向的可比性）；行业性原则（不同行业评价标准不同，应突出网络安全行业特性）。

第四，评价标准：评价标准涉及研发投入、市场容量、财务绩效、技术实力等多个维度。在传统评价标准的基础上，我们根据网络安全企业的特点，量身定制了一些专属指标，例如企业政府关系等。

第五，权重：我们根据指标的重要性区分不同权重，以期全面反映网络安全公司的增长潜力和未来竞争力。

## （二）评价指标体系

网络安全企业竞争力评价指标体系是根据网络安全企业特性以及企业竞争力内涵要素构建而成的。指标体系由两个维度构成：创新力和增长力，评价得分满分为 100 分。创新力占据 50% 权重，下设创新投入、创新产出和创新环境三个维度，其中创新投入占据 20% 权重，包括研发密度和研发投入两个指标，分别占据 5% 和 15% 的权重；创新产出占据 20% 的权重，下设专利数量、产品迭代周期和专业获奖三个指标，分别占据 5%、5% 和 10% 的权重；创新环境占据 10% 的权重，下设所属国市场空间和所属国创新能力两个指标，分别占据 5% 的权重。增长力下设增长规模、增长质量和增长潜力三个维度，占据 50% 权重，其中增长规模占据 15% 的权重，包括两个指标，主营收入和主营利润，分别占据 10% 和 5% 的权重；增长质量占据 20% 的权重，包括主营收入增长率、主营利润增长率和资产负债率三个指标，分别占据 10%、5% 和 5% 的权重；增长潜力占据 15% 的权重，包括主营业务市场排名、国外营收占比和企业政府关系三个指标，分别占据 10%、2% 和 3% 的权重。具体评价指标体系和指标说明见表 1。

表 1　网络安全企业竞争力评价指标体系

| 竞争力维度 | 分类要素 | 评价指标（方法） | 评价说明 |
|---|---|---|---|
| 创新力<br>（50%） | 创新投入<br>（20%） | 研发密度（5%）<br>（定量评价） | 研发投入占营收比例，以 50% 为最高分，按比例递减计算 |
| | | 研发投入（15%）<br>（定量评价） | 研发投入费用，按照具体金额折算费用，20 亿美元及以上统一为最高分，按比例递减计算 |
| | 创新产出<br>（20%） | 专利数量（5%）<br>（定量评价） | 公司所获专利数量，1000 项以上为最高分，按比例递减计算 |
| | | 产品迭代周期（5%）<br>（综合评价） | 新产品推出或原有产品新版本的迭代周期，三个月之内为第一档，半年之内为第二档，一年之内为第三档，一年以上为第四档 |
| | | 专业获奖（10%）<br>（综合评价） | 在国际顶级技术大赛中如曾获 AV-TEST 年度奖、获漏洞库（CNNVD）年度特别贡献奖等，参加国际重要攻防赛（Pwn2Own，Defcon）等获奖。分为四级，国际主要大奖、区域/行业主要大奖、国家主要大奖以及无 |

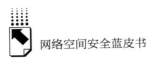
| 竞争力维度 | 分类要素 | 评价指标(方法) | 评价说明 |
|---|---|---|---|
| 创新力<br>(50%) | 创新环境<br>(10%) | 所属国市场空间<br>(5%) | 分为四档,其中中美为第一档,高度发达国家为第二档,中等发展国家为第三档,其他国家为第四档,按比例递减计算 |
| | | 所属国创新能力<br>(5%) | 基于全球创新指数,分为四档,瑞士、瑞典、荷兰、美国、英国、丹麦、新加坡、芬兰、德国、爱尔兰为第一档,韩国、卢森堡、冰岛、日本、法国、中国香港、以色列、加拿大、挪威、奥地利为第二档,新西兰、中国、澳大利亚、捷克、爱沙尼亚、马耳他、比利时、西班牙、意大利、塞浦路斯为第三档,其他国家为第四档,按比例递减计算 |
| 增长力<br>(50%) | 增长规模<br>(15%) | 主营收入(10%)<br>(定量评价) | 近三年营业收入总额平均值 |
| | | 主营利润(5%)<br>(定量评价) | 近三年利润总额平均值 |
| | 增长质量<br>(20%) | 主营收入增长率(10%)<br>(定量评价) | (本年度营业收入－上年度营业收入)/上年度营业收入(CAGR),近三年收入年均复合增速 |
| | | 主营利润增长率(5%)<br>(定量评价) | (本期利润－上期利润)/上期利润,近三年利润年均复合增速 |
| | | 资产负债率(5%)<br>(定量评价) | 负债总额/资产总额 |
| | 增长潜力<br>(15%) | 主营业务市场排名<br>(10%)(综合评价) | 基于 Gartner 数据,分为四档,领先者为第一档,挑战者为第二档,愿景者为第三档,其余为第四档,按比例递减计算分数 |
| | | 国外营收占比(2%)<br>(定量评价) | 国外营收占总收入的比例,以50%为上限,按比例递减计算 |
| | | 企业政府关系(3%)<br>(综合评价) | 分为三档,强政府背景,弱政府背景,无政府背景,按比例递减计算 |

## (三)评价公司池

网络安全是一个边界比较模糊、外延不断扩展、业务相互交叉的行业。很多企业都拥有强大的安全能力,但并不将安全视为独立的业务部门,而是将其视为产品的核心支撑能力,例如微软、谷歌、亚马逊等;还有一些公司本身的技术开发初衷并非出于安全目的,但最终成为主要的网络安全手段,例如大数据分析公司 Palantir、机器语言汇编公司 Splunk 等。因此，本报告在选择网络安全公司时采用了以下两条甄选原则。

第一，传统上主营业务为网络安全的公司；

第二，主营业务非网络安全，但在网络安全领域有重大影响的公司，例如微软、华为等。

在这个基础上，我们构建了本次研究的评价公司池，共计全球 36 个国家/地区的近 300 家网络安全企业。

## （四）数据获取

数据获取的途径主要包括公开信息源、企业调研问卷、权威机构发布的相关内部资料以及行业专家访谈等。

# 三　研究结果

根据上述评价指标，我们对目标公司池中的公司进行了计算和评价，最终得到全球网络安全企业 100 强，具体名单如下。

表 2　网络安全企业百强名单

| 排名 | 企业 | 主营业务 | 网址 | 国别 | 综合得分 |
|---|---|---|---|---|---|
| 1 | Cisco | 威胁防护和网络安全 | cisco. com | 美国 | 75. 12 |
| 2 | Microsoft | 操作系统安全 | microsoft. com | 美国 | 74. 25 |
| 3 | Symantec | 端点云和移动安全 | symantec. com | 美国 | 73. 87 |
| 4 | Mcafee | 反病毒和端点安全 | mcafee. com | 美国 | 72. 95 |
| 5 | Raytheon | 网络和国土安全服务 | raytheon. com | 美国 | 72. 54 |
| 6 | IBM | 企业 IT 安全解决方案 | ibm. com | 美国 | 72. 08 |
| 7 | HPE | 网络安全 | hp. com | 美国 | 72. 00 |
| 8 | Checkpoint | 移动设备管理和安全 | checkpoint. com | 以色列 | 71. 00 |
| 9 | Palo Alto Network | 威胁检测和预防 | paloaltonetworks. com | 美国 | 70. 76 |
| 10 | Oracle | 接入管理 | oracle. com | 美国 | 70. 70 |
| 11 | Splunk | 数据挖掘和数据安全 | splunk. com | 美国 | 70. 11 |
| 12 | Kaspersky Lab | 恶意软件和反病毒解决方案 | kaspersky. com | 俄罗斯 | 70. 10 |

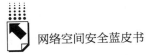
续表

| 排名 | 企业 | 主营业务 | 网址 | 国别 | 综合得分 |
|---|---|---|---|---|---|
| 13 | Palantir | 大数据分析 | palantir. com | 美国 | 69.48 |
| 14 | Synopsys | 应用安全测试 | www. synopsys. com | 美国 | 68.85 |
| 15 | 华为 | 端到端网络安全 | huawei. com | 中国 | 68.50 |
| 16 | Fortinet | 网络防火墙 | fortinet. com | 美国 | 68.32 |
| 17 | FireEye | APT 攻击防护 | fireeye. com | 美国 | 68.20 |
| 18 | BAE Systems | 网络安全解决方案和服务 | baesystems. com | 英国 | 67.97 |
| 19 | BT | 安全和风险解决方案 | bt. com/security | 英国 | 67.84 |
| 20 | SonicWall | 网络安全解决方案 | sonicwall. com | 美国 | 66.91 |
| 21 | F5 network | Web 应用安全 | f5. com | 美国 | 66.76 |
| 22 | Thales | 安全 IT 解决方案 | thalesesecurity. com | 法国 | 66.64 |
| 23 | 奇虎360 | 互联网安全 | 360. cn | 中国 | 66.29 |
| 24 | Cloudflare | 云安全 | cloudflare. com | 美国 | 65.70 |
| 25 | Lockheed Martin | 网络安全解决方案和服务 | lockheedmartin. com | 美国 | 65.69 |
| 26 | Forescout | 物联网安全 | forescout. com | 以色列 | 65.68 |
| 27 | Digital Guardian | 身份和接入管理 | digitalguardian. com | 美国 | 64.80 |
| 28 | RSA | 情报驱动安全 | rsa. com | 美国 | 64.78 |
| 29 | CrowdStrike | APT 攻击 | crowdstrike. com | 美国 | 64.64 |
| 30 | Leidos | 反恐和国土安全 | leidos. com | 美国 | 64.51 |
| 31 | Tanium | 安全和系统管理 | tanium. com | 美国 | 64.13 |
| 32 | Juniper | 威胁情报和网络安全 | juniper. net | 美国 | 64.12 |
| 33 | NetScout | 态势感知和事故响应 | netscout. com | 美国 | 63.94 |
| 34 | Tripwire | 高级网络威胁检测 | tripwire. com | 美国 | 63.84 |
| 35 | Gemalto | 数字认证管理 | gemalto. com | 法国 | 63.80 |
| 36 | Akamai Technologies | 安全云和移动计算 | akamai. com | 美国 | 63.57 |
| 37 | Gigamon | 数据中心和云安全 | gigamon. com | 美国 | 63.40 |
| 38 | Pindrop Security | 手机欺诈预防 | pindrop. com | 美国 | 63.00 |
| 39 | Pwnie Express | 企业威胁检测 | pwnieexpress. com | 美国 | 62.83 |
| 40 | CA | 身份管理 | www. ca. com | 美国 | 62.53 |
| 41 | Veracode | 应用安全检测 | veracode. com | 美国 | 62.32 |
| 42 | Dell SecureWorks | 管理安全服务 | secureworks. com | 美国 | 61.76 |
| 43 | ProtectWise | 大数据安全 | protectwise. com | 美国 | 61.73 |

| 排名 | 企业 | 主营业务 | 网址 | 国别 | 综合得分 |
|------|------|----------|------|------|----------|
| 44 | Illumio | 自适应安全平台 | illumio.com | 美国 | 61.27 |
| 45 | Thycotic | 特权账户管理 | thycotic.com | 美国 | 61.18 |
| 46 | Zscaler | 安全网关和云安全 | zscaler.com | 美国 | 60.97 |
| 47 | SailPoint | 身份和接入管理 | sailpoint.com | 美国 | 60.38 |
| 48 | INSIDE Secure | 移动设备安全 | insidesecure.com | 法国 | 60.04 |
| 49 | AT&T Network Security | 管理安全和咨询 | business.att.com | 美国 | 60.00 |
| 50 | Sera-brynn | 网络风险管理 | sera-brynn.com | 美国 | 59.79 |
| 51 | 深信服 | 防火墙和上网行为管理 | sangfor.com.cn | 中国 | 58.995 |
| 52 | Proofpoint | 安全服务 | proofpoint.com | 美国 | 58.95 |
| 53 | Ziften | 端点威胁检测 | ziften.com | 美国 | 58.82 |
| 54 | Darktrace | 网络威胁防护 | darktrace.com | 英国 | 58.65 |
| 55 | Code Dx | 软件可靠性分析 | codedx.com | 美国 | 58.43 |
| 56 | Skyhigh Networks | 云安全软件 | skyhighnetworks.com | 美国 | 58.34 |
| 57 | AlienVault | 威胁检测和响应 | alienvault.com | 美国 | 58.23 |
| 58 | Trend Micro | 服务器、云和内容安全 | trendmicro.com | 日本 | 58.14 |
| 59 | Centrify | 统一认证管理 | centrify.com | 美国 | 58.11 |
| 60 | Clearwater Compliance | 风险管理和合规 | clearwatercompliance.com | 美国 | 57.98 |
| 61 | Herjavec Group | 信息安全服务 | herjavecgroup.com | 加拿大 | 57.96 |
| 62 | Rapid7 | 风险管理 | rapid7.com | 美国 | 57.37 |
| 63 | Digital Defense | 管理安全风险评估 | ddifrontline.com | 美国 | 57.20 |
| 64 | CyberArk | 特权账户管理 | cyberark.com | 以色列 | 57.02 |
| 65 | Brainloop | 安全文档管理 | brainloop.com | 德国 | 56.97 |
| 66 | MobileIron | 移动安全 | mobileiron.com | 美国 | 56.88 |
| 67 | DFLabs | 风险自动响应 | dflabs.com | 意大利 | 56.84 |
| 68 | 启明星辰 | 安全产品和安全服务 | venustech.com.cn | 中国 | 56.52 |
| 69 | Okta | 身份管理 | okta.com | 马其顿 | 56.41 |
| 70 | Avast | 反病毒 | avast.com | 捷克 | 56.18 |
| 71 | Checkmarx | 软件开发安全 | checkmarx.com | 以色列 | 55.68 |
| 72 | Nexusguard | 云DDOS保护 | nexusguard.com | 中国香港 | 55.28 |
| 73 | Radware | 应用安全 | radware.com | 以色列 | 54.66 |
| 74 | Entersekt | 银行认证和欺诈防护 | entersekt.com | 南非 | 54.29 |
| 75 | Bayshore | 工控安全 | bayshorenetworks.com | 美国 | 54.24 |
| 76 | 猎豹移动 | 移动安全 | cn.cmcm.com | 中国 | 54.21 |
| 77 | Imperva | 数据和应用安全 | imperva.com | 美国 | 54.13 |
| 78 | 安天实验室 | 反病毒引擎 | antiy.com | 中国 | 53.72 |

| 排名 | 企业 | 主营业务 | 网址 | 国别 | 综合得分 |
|---|---|---|---|---|---|
| 79 | AhnLab | 企业安全防御系统 | ahnlab. com | 韩国 | 53. 52 |
| 80 | Sophos | 统一威胁管理 | sophos. com | 英国 | 53. 04 |
| 81 | 拓尔思 | 软件和数据安全 | trs. com. cn | 中国 | 52. 70 |
| 82 | OneLogin | 企业身份认证管理 | onelogin. com | 美国 | 52. 70 |
| 83 | Malwarebytes | 恶意软件检测和保护 | malwarebytes. com | 美国 | 52. 29 |
| 84 | Qualys，Inc | 云安全 | qualys. com | 美国 | 52. 29 |
| 85 | Northrop Grumman | 网络和国土安全服务 | northropgrumman. com | 美国 | 51. 88 |
| 86 | Barracuda Networks | 电子邮件和网络安全设备 | barracuda. com | 美国 | 51. 74 |
| 87 | 迪普科技 | 网络应用交付 | dptech. com | 中国 | 51. 65 |
| 88 | 安恒 | 大数据和云安全 | dbappsecurity. com. cn | 中国 | 50. 82 |
| 89 | 任子行 | 网络内容与行为审计 | 1218. com. cn | 中国 | 50. 81 |
| 90 | SAS | 欺诈和安全分析 | sas. com | 美国 | 50. 76 |
| 91 | Bitdefender | 反病毒和端点安全 | bitdefender. com | 罗马尼亚 | 50. 65 |
| 92 | 瀚思 | 大数据安全 | hansight. com | 中国 | 50. 51 |
| 93 | FSecure | 互联网设备安全 | f-secure. com | 芬兰 | 50. 32 |
| 94 | 山石网科 | 防火墙和入侵防御 | hillstonenet. com. cn | 中国 | 50. 28 |
| 95 | Panda Security | 反病毒和互联网安全 | pandasecurity. com | 西班牙 | 50. 17 |
| 96 | 卫士通 | 商用安全手机和商用安全密码 | westone. com. cn | 中国 | 50. 11 |
| 97 | ESET | 多设备端点安全 | eset. com | 斯洛伐克 | 50. 00 |
| 98 | 绿盟科技 | 安全解决方案 | nsfocus. com. cn | 中国 | 49. 26 |
| 99 | 天空卫士 | 数据防泄漏（DLP） | skyguard. com. cn | 中国 | 48. 95 |
| 100 | 美亚柏科 | 电子数据取证 | 300188. cn | 中国 | 48. 48 |

# 四　研究结论

展望未来，我们认为网络安全产业存在以下发展趋势。

1. 融合化

随着世界日益在线，网络安全的内容和边界不断扩张，涉及的范围越来越广，从最初的虚拟网络逐渐发展到物理世界，从互联网发展到物联网、关键基础设施乃至人身安全，技术边界也在不断拓展，从防火墙、反病毒到人脸识别、声音识别，安全日益成为一个无所不在的概念。

（1）线上和线下进一步融合，网络安全和传统安全深度融合

传统安全企业积极涉足网络安全。例如 2017 年 12 月 17 日，法国航天国防企业泰雷兹集团（Thales）击败 Atos 以 54.3 亿美元收购金雅拓公司（Gemalto）；2017 年 11 月 3 日，德国大陆集团（Continental AG）宣布以 4 亿美元收购 Argus，Argus 是一家主要从事智能车辆安防的以色列公司；类似的还有美国国防承包商水星系统公司（Mercury Systems）以 1.8 亿美元收购 Themis 公司，而 Themis 公司是美国防务计划存储系统的设计者、制造商和集成商。如果算上雷神公司（Raytheon）在过去两年间一口气收购 6 家在网络安全细分市场的一线厂商，这些都表明传统的安全防务商开始日渐重视网络安全市场，并且愿意投入巨资以求迅速切入此市场，而其他传统行业基于未来战略的考虑，也同样在物色类似的机会，典型的如梭子鱼以 16 亿美元的价格被私募基金私有化；英迈（Ingram Micro）收购 Cloud Harmonics 公司；美国顶尖的工程公司帕森斯（Parsons）收购 Williams Electric。相关的投资数据如图 2、图 3 所示。

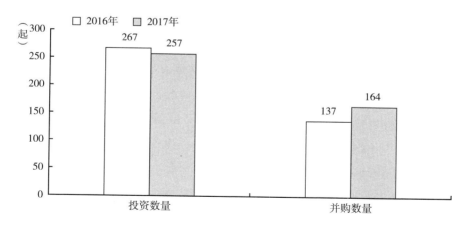

**图 2　全球网络安全产业 2016 年和 2017 年投资以及并购数量**

资料来源：Cyber Security Ventures、Crunchbase、TechCrunch、Momentum（综合整理）。

（2）互联网与物联网的融合

以工业互联网为例，随着网络从虚拟世界扩展到实体设备，网络安全的

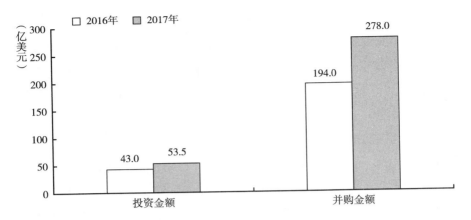

**图 3　全球网络安全产业 2016 年和 2017 年投资金额以及并购金额**

资料来源：Cyber Security Ventures、Crunchbase、TechCrunch、Momentum（综合整理）。

威胁和造成的损害都在持续上升。伊朗核设施遭遇震网病毒攻击、乌克兰电厂因黑客攻击导致大面积停电、"永恒之蓝"勒索病毒致使全球多家汽车生产企业停产等一系列事件说明，安全已经成为工业互联网发展中考虑的首要问题。工业互联网一旦出现安全问题，一方面会造成经济运行混乱，特别是关键基础设施受到攻击会拖累整体经济的运行；另一方面有可能会造成严重的人身伤亡风险，例如攻击交通设施可能会造成大量的交通事故，攻击核电站有可能造成核泄漏风险。所以，工业互联网安全本质是国家安全。因此，"国务院印发的《关于深化互联网 + 先进制造业发展工业互联网的指导意见》中，提出了构建网络、平台、安全三大功能体系，明确了工业互联网发展和安全的主攻方向和重大任务，强化了安全在工业互联网发展中的地位。"① 该指导意见也明确提出提升工业互联网安全防护能力，工业互联网的安全防护要充分考虑新的工业属性需求，同步推进产业发展和安全防护，将安全体系建设作为工业互联网发展的重要组成部分。

工业互联网的蓬勃发展也会给相关的安全公司带来机遇。物联网（IoT）

---

① 《国务院关于深化"互联网 + 先进制造业"发展工业互联网的指导意见》，http：//www. gov. cn/zhengce/content/2017 – 11/27/content_ 5242582. htm。

安全公司 Forescout 在财富 500 强、全球 2000 强及美国和全世界中型企业间享有很高的品牌认同度。2017 年 10 月在美国上市当日，Forescout 的股价上升 15.9%，达到 25.5 美元，市值接近 10 亿美元，在美股的网络安全上市股票中已经进入前 20 名。预计未来还会涌现出更多物联网安全巨头。

（3）技术边界的消融

随着技术的发展、网络边界的扩张，网络安全的产业属性也在不断发展，很多传统上不认为是网络安全的技术和模式也逐渐融合到网络安全产业中，如人脸、声波等人体的生物特征日益成为网络身份证。这些行业是未来网络安全行业的颠覆性力量。中国在这一领域的代表性公司包括旷视科技（Face＋＋）和商汤。

2. 在线化（云化甚至雾化）

云化的原因有两个：一个是越来越多的企业将业务迁移到云上，安全业务势必也会随之向云迁移；另一个是安全威胁进化的速度越来越快，网络安全产品必须能够通过云在线部署和实时升级。而雾化在当前云端化应用的发展中具备基础，由于物联网的发展，部分应用场景需有现场云支撑，类似于雾，从而雾化也已提上日程。

目前，SaaS（安全即服务）的云模式已经越来越成为主流，传统的现场部署业务日益萎缩。比较典型的，PaloAlto Networks 2017 年发布的 Global Protect 是一种云服务，Fireeye 的 ETP 和 Fireeye-as-a-Sevice 也是云服务。Qualys 的所有业务都在云平台上。目前，国内以云服务形式交付的厂商也比较多，主要集中在 DDoS 防御、WAF、身份认证和日志这几个细分领域。在云安全及其基础设施安全方面，有 CWPP、Micro-segmentation、CASB 等热点创业领域。

中小企业是应用软件 Saas 的主力军。在过去被网络安全厂商选择性忽略，是因为单个客户付费能力较低和厂商自身的渠道覆盖能力不足，但其安全需求是真实存在的，而且没有掺杂水分。通过网络安全能力的 Saas 化，一方面可降低网络安全厂商的交付成本；另一方面也可通过解决中小企业最为急迫的安全问题获取平衡收益。传统安全产品厂商演化为中小企业的安全

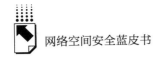
服务运营提供商，这势必成为网络安全产业新的增长点。

3. 集成化

随着安全观念深入人心，传统的网络巨头也开始在其设备中嵌入安全功能，集成化渐成趋势。2015年6月，思科宣布将安全产品嵌入整体网络中，从数据中心到端点、办事处和云。无所不在的安全嵌入成为公司希望为其客户提供的一个综合威胁防护架构的一部分。2016年初，思科对自身工程技术体系进行改造和转型，安全被提到前所未有的高度，其安全策略围绕"以网络为核心，以威胁为中心全面部署"，收购和整合了大量安全方面的公司且整合度较高。思科在其全系产品中嵌入安全功能，提供"无处不在的安全服务"。思科不仅在其产品中嵌入安全服务，而且开始将安全作为一项独立的业务运营。思科的安全业务持续发力，营收连续多年保持两位数的增幅，2016年的营收已经达到20亿美元的水平，成为网络安全行业的翘楚。

除了思科外，华为、微软等公司也纷纷成立独立的安全部门，并将安全视为重中之重。

巨头的先天优势给传统的独立网络安全厂商带来了巨大挑战。诸如Palo Alto Network、360、卡巴斯基、赛门铁克、Fireeye等安全厂商的市场空间面临着巨头的严重挤压，增长性存疑。

4. 平台化和智能化

通过平台收集数据，再进行大数据分析和机器学习的自适应人工智能安全将成为未来的核心发展方向。智能化的前提是威胁数据的平台化。通过平台进行数据收集和分析，实现网络安全威胁防护的智能化。

Oracle提出，基于机器学习的自适应情报平台是网络安全产业的未来。具有前瞻性眼光的公司正在从人工的安全战略转向能够自动预测、检测、预防和应对威胁的智能安全运营中心（SOC）。这种智能化的平台能够自动分析海量数据，从中发现关联和威胁，并制定有针对性的防御策略。

5. 服务化

持续服务运营应该是面向政府以及大型企业的新的安全保障模式。智慧的服务性政府离不开互联网的作用，更离不开安全的保障。而这个时候的安全更应该看重持续服务运营能力，而不是单一的安全技术或某些安全产品。针对关键网络基础设施加强网络安全能力，既是国家安全的要求，也是政府提供公共服务的基础。必须通过专门的安全预算确保其安全投入水平，必须构建专门的安全运营团队（国家队）去主导负责。安全厂商凭借其技术能力、产品表现和服务水平也可参与到其中的建设，成为强大的后援团和提供商。对于医疗、教育、交通、通信等很多民生服务可以主要依靠市场提供，政府的主要职能是政策制定、产业引导和全面监管，对于这些民生服务领域的安全保障支撑工作也可以通过市场化的方式来进行。安全厂商可通过和政府相关部门用参股、合资等多种资本模式构建独立可信的第三方安全团队（或企业），通过持续数据分析来积累能力和经验，形成独特的安全服务保障能力。并且随着产业整合和创新服务多样化，这种安全服务能力可进一步延展对外运营，进一步提升其规模化运营水平，获取良好的市场回报。

# B.11
# 工业互联网网络安全防护体系研究

杜 霖*

**摘　要：** 当前，工业互联网迅猛发展，日益成为推进制造强国和网络强国建设的重要基础。在创新发展、推动制造业转型升级的同时，工业互联网面临前所未有的安全威胁和挑战。安全作为工业互联网三大体系之一，是工业互联网发展的前提和保障。为了提升我国工业互联网网络安全防护能力，本文首先梳理了工业互联网面临的网络安全风险，调研并梳理了美国工业互联网网络安全防护现状，分析并总结了我国当前安全防护方面面临的挑战与不足，最后提出了新形势下构建工业互联网网络安全防护体系的意见建议。

**关键词：** 工业互联网　网络安全　安全防护体系

## 一　研究背景与研究目标

2017年11月，国务院印发了《关于深化"互联网+先进制造业"发展工业互联网的指导意见》，标志着我国工业互联网顶层设计正式出台，对于我国工业互联网发展具有重要意义。安全是工业互联网发展的前提和保障，只有构建覆盖工业互联网各防护对象、全产业链的安全体系，完善满足工业

---

\* 杜霖，北京邮电大学硕士，就职于中国信息通信研究院安全研究所，研究方向为工业互联网安全、关键信息基础设施安全等。

需求的安全技术能力和相应管理机制，才能有效识别和抵御安全威胁，化解安全风险，进而确保工业互联网健康有序发展。本文首先梳理了工业互联网面临的网络安全风险，调研并梳理了美国工业互联网网络安全防护现状，分析并总结了我国当前安全防护方面面临的挑战与不足，最后提出了新形势下构建工业互联网网络安全防护体系的意见建议。

# 二　工业互联网网络安全风险分析

## （一）工业互联网概念与内涵

当前，人类社会正经历继农业革命、工业革命后的第三次信息革命。随着互联网快速发展，大数据、人工智能等新型信息技术深刻改变我们的生产方式，并由消费领域向生产领域快速延伸，人们对生产提出了诸如个性化、定制化的更高需求，互联网的发展和工业制造领域的发展程度顺应并满足了融合发展条件，进入了历史性交会期，催生了工业互联网。工业互联网深刻变革传统工业的创新、生产、管理、服务方式，正成为推进制造强国的重要引擎、建设网络强国的重要阵地和推动工业经济转型升级的主要抓手，对于统筹两个强国建设具有重要意义。

工业互联网包括网络、平台、安全三大体系，如图1所示。其中，网络体系是基础。工业互联网将连接对象延伸到机器设备、工业产品和工业应用，可实现人、机器、车间、企业以及设计、研发、生产、管理、服务等产业链各环节全要素的泛在互联与数据的顺畅流通，形成工业智能化的"血液循环系统"。平台体系是核心。工业互联网平台作为工业智能化的"神经中枢系统"，为海量异构数据汇聚与建模分析、各类创新应用开发与运行提供不可或缺的载体，其连接设备、承载应用的作用在一定程度上类似于个人电脑或手机上的操作系统。安全体系是保障。通过打造满足工业需求的安全技术体系和相应管理机制，强化设备、控制、网络、平台和数据的安全保障能力，识别和抵御安全威胁，化解各种安全风险，形成工业智能化的"免疫防护系统"。

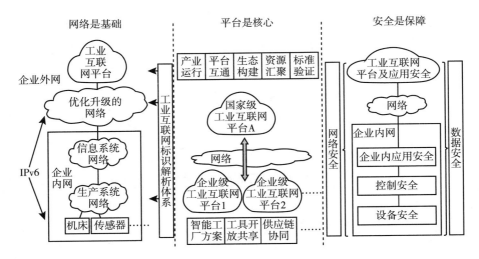

**图1　工业互联网三大体系**

## （二）工业互联网网络安全风险分析

工业互联网安全相比于互联网安全，内涵更广泛。传统互联网安全风险，大多表现为通过病毒、木马、拒绝服务或高级持续性威胁等，对用户终端、信息服务系统、网站发起攻击，导致敏感信息泄露或遭到篡改、网页挂马、服务中断等问题，影响正常的生活、工作和社会活动。工业互联网实现了互联网和工业的深度融合，连通了工业系统与互联网，打破了传统工业领域相对封闭可信的环境，将互联网的安全威胁渗透延伸至工业领域，一旦遭受网络攻击不仅会造成系统或服务中断、数据泄露等安全问题，甚至会引发生产安全问题，导致污染性物质泄露、爆炸性破坏、大面积断水断电等安全事件。工业互联网安全已经成为事关人身安全、公共利益、国计民生甚至国家安全的重大问题（见图2）。

一是互联互通导致网络攻击路径增多。工业互联网实现了全要素、全产业链、全生命周期的互联互通，打破传统工业相对封闭可信的生产环境。越来越多的生产组件和服务直接或间接与互联网连接，攻击者从研发、生产、管理、服务等各环节都可能实现对工业互联网的网络攻击和病毒传播。特别

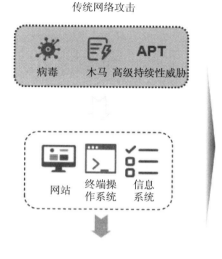

传统网络攻击　　　　　　　　　　工业互联网攻击

导致信息泄露、网页篡改、系统服务中断、网络瘫痪等后果

攻击延伸到物理世界，影响生产、人身安全，甚至威胁能源、航空航天等国家关键信息基础设施安全

**图 2　工业互联网攻击与传统网络攻击的区别**

是，底层工业控制网络的安全考虑不充分，安全认证机制、访问控制手段的安全防护能力不足，攻击者一旦通过互联网通道进入底层工业控制网络，容易实现网络攻击。近年来，此类网络安全事件频发。2015 年 12 月，乌克兰电网系统遭黑客攻击，数百户家庭供电被迫中断，这是有史以来首次导致停电的网络攻击；2016 年"网瘫"事件，美国 Dyn 公司的域名系统遭受 DDos 攻击，导致大面积断网事件；2017 年的"魔窟"勒索病毒利用美国国家安全局被泄露安全漏洞"永恒之蓝"肆虐全球事件，感染全球百余个国家和地区，直接威胁重要领域内网、隔离网络主机和数据安全，给全球网络空间安全带来严重威胁。

二是标识解析系统网络安全风险严峻。标识解析体系是工业互联网安全运行的核心基础设施之一，是实现全球供应链系统和企业生产系统精准对接、产品全生命周期管理和智能化服务的前提和基础。目前，我国工业互联网标识解析体系建设已取得初步进展，但其中安全部分相关内容涉及较少。

安全建设与规划的欠缺可能会导致标识解析体系在运行过程中面临来自外部的拒绝服务攻击（DDoS）、域名劫持、数据泄露等安全威胁与风险。此外，不同的标识体系，如 Handle、OID、Ecode、GS1 等，在兼容过程中可能会引入新的安全风险。

三是工业互联网平台网络安全风险加剧。以通用电气（GE）的 Predix 平台为代表，工业互联网平台是将各种工业资产设备和供应商连接并接入云端的软件平台，能够为企业提供资产性能管理和运营优化等数字化服务。工业互联网平台是高端制造生态的核心竞争力，已成为国际巨头争夺工业互联网主导权的焦点，GE、西门子、微软、SAP 等跨国企业已在全球部署各自平台。工业互联网平台一旦受到木马病毒感染、拒绝服务攻击、有组织针对性的网络攻击（APT）等，将严重危害生产稳定运行，甚至导致生产事故，威胁人身和国家安全。此外，我国企业推出的工业互联网平台难以与 GE、西门子为代表的跨国寡头相抗衡，国外平台在我国的大规模应用部署将在安全可控方面导致严重风险。

四是工业互联网面临严峻的数据泄露风险。工业数据是指在工业领域信息化应用中所产生的数据，包括来自工厂内部现场的设备数据和生产管理数据，以及来自互联网的市场、环境、客户、政府、供应链等外部环境的信息和数据。工业数据具有体量巨大、分布广泛、结构复杂、处理速度需求多样等新特征，其采集、汇聚、分析以及应用等与传统工业系统相比日益纷繁复杂，安全问题更加凸显。一方面，数据泄露风险增大，工业互联网数据事关企业生产乃至国家安全，一旦相关数据遭到泄露、窃取、篡改，或者流动至境外将可能影响国家安全；另一方面，用户信息安全风险增大，个性化定制、服务化延伸等涉及个人、企业等用户信息，开放环境下上述信息极易遭到窃取和利用。

## 三 美国工业互联网网络安全防护现状

当前，大量设备联网带来的网络安全威胁日趋严峻复杂，针对工业互联网网络安全工作，任何参与主体都无法独自应对网络安全带来的挑战，而应多方协作，共同应对。美国已经形成了"政府、企业、非政府组织（NGO）"三方协作、良性互动的工作格局，积极推进工业互联网安全工作。总的来说，美国政府注重政策引导，编制或发布《保障物联网安全战略原则》《物联网网络安全提升法案》《安全盾法案》等战略法规完善顶层设计，并依托 NGO 和执法机构开展标准认证和执法监督强化政策落地效果，同时发挥制造企业、信息化企业、通信运营企业多方优势加强工业互联网安全技术研发及产业布局，推动产业发展。

## （一）通信运营企业依托网络优势开展运行监测，成立联盟加强威胁信息共享

CT（通信技术）安全、IT（信息技术）安全、OT（运营技术）安全是美国工业互联网安全的重要关注点，其中，通信运营企业依托自身网络优势，在 CT 安全方面发挥了至关重要的作用。一是以网络为核心，开展工业互联网运行监测。AT&T 依托自身基础电信网优势，通过其全球网络监控能力，实现网络监测、发现异常数据、接口溯源、机器分析、大数据管理等，对网络流量异常情况开展监测和处置。专门设置了物联网创新中心，将上述能力应用于物联网，解决物联网安全问题。在设备接入管理、网络优化等方面为工业互联网发展构筑安全基础，目前已经可以对工业互联网运行安全情况进行监测。二是以联盟形式加强威胁信息共享，提升行业整体威胁应对能力。AT&T 牵头成立物联网网络安全联盟（IoT Cybersecurity Alliance），以便及时高效地分享漏洞信息和相关安全事件信息，提升信息共享效率，强化安全威胁应对能力。

## （二）信息化企业和制造企业通过技术创新和业务整合提升自身安全防护能力

在 IT 安全和 OT 安全方面，信息化企业和制造企业各显其能，基于擅长领域进行安全技术突破。一是信息化企业探索信息技术在工业互联网安全技术中

的创新应用。以思科为例，思科将人工智能、雾计算、边缘计算等新兴技术融入工业互联网，在安全检测、威胁情报关联、跟踪分析、漏洞追踪等方面进行了创新研发，并已经在石油、电力等领域推出一系列安全产品、服务，形成了相对体系化的安全解决思路。二是制造企业通过收购安全企业提升安全能力。制造企业通过收购安全企业提升自身工业安全防护能力，同时打造全面、一体化的工业安全解决方案，拓展工业互联网安全市场。如 GE 收购加拿大网络安全公司 Wurldtech，确保工业互联网运营可靠性及相关软件平台安全性。

### （三）注重标准体系化研制，推动标准统一和认证实施

美国充分发挥行业协会、企业的积极作用，推动工业安全重要标准持续发布更新，加快细分领域的标准研制，提升标准适应性并强化保护要求，并逐渐形成"抓重点（联网接口）、抓体系（标准体系）、抓落实（安全认证）"的工作思路。一是开展接口标准研制，推动联网标准统一。为改善联网技术应用到工业领域时面临的标准协议不统一的问题，美国信息通信运营企业正发挥其优势，积极开展联网接口标准研制。如美国运营商 AT&T 正在牵头制定车联网标准统一接口。二是推动安全标准体系化，加快标准在不同领域的深化细分。当前，美国已在访问控制、数据安全等多个细分领域开始标准布局，加快工业互联网安全标准体系化建设。国际自动化协会 ISA99 标准从访问安全、数据安全、防外部攻击（流量分析）和认证机构四方面搭建了工业互联网安全方面的框架，提供的网络安全工具被广泛地应用到众多行业和关键基础设施的技术评估中。美国北美电力可靠性协会（NERC）制定的《北美电力信息安全标准》，内含 11 个细分标准，从关键技术架构保护、身份控制和安全管理控制等多方面进行约定。三是实施标准安全认证，保障系统安全。美国安全试验所 UL 是美国最有权威的第三方标准研究认证机构，其推动建立了国际通行的 UL2900 系列标准，提出了规范医疗器械软件、联网设备及产品、工业控制系统等多领域的网络安全规范及要求，并依据标准开展了大量检测认证工作，对企业安全水平进行全面考察，帮助企业缩小彼此安全能力的差距。

### （四）强化执法宣传、惩处和整改跟踪，保障安全政策落地效果

为了更好地落实安全政策和标准要求，美国强化执法辅助，跟踪整改效果，建立了长期、落地的执法机制。美国联邦贸易委员会（FTC）是联邦政府的独立执行机构，负责信息通信行业消费者投诉受理，其执法模式将为我国提供有益借鉴。在安全方面，FTC 更多关注物联网领域的消费者隐私和数据安全保护，通过调动媒体参与、加大处罚力度、持续跟踪监察等多种形式保障执法效果。一是充分发挥媒体作用。FTC 鼓励个人起诉，在调查违法案例时请媒体充分参与，使媒体和公众了解调查详情及进展，并允许竞争者宣传，以提升企业守法意识。二是以巨额处罚提高威慑力。FTC 根据安全风险导致的不同后果进行分类，并逐级增加处罚力度，提高企业的违法成本以增强威慑力。如 FTC 对谷歌暗中绕过苹果 Safari 浏览器默认隐私设置的违法案例处以高达 2250 万美元的罚款。三是引入第三方进行整改效果持续评估。在开展调查并通报违法案例后，FTC 会持续监测违法企业的整改效果，发布行政命令要求企业委托第三方机构开展两年一次的持续检查，并由第三方机构出具评测报告来评估企业整改效果。

### （五）营造开放创新环境，形成人才和科技集聚效应

美国充分发挥产业园区的集聚效应，建立了硅谷等全球领先的科技产业基地，通过"风险资本＋创新技术＋硅谷文化"大力推动工业互联网等新兴产业的发展。一是营造有利的产业发展环境，大力引入资本投资。通过巷内等孵化器吸引投资人和创业者，促进创业和技术成果转化，为创新企业的建立发展提供适宜的环境。2012～2016 年，中国资本参与的初创企业投资金额增长 900%，BAT 等大公司在硅谷更加活跃，跨境协作日益增加，中美人才、资本互动日趋密切。正是得益于这种适宜的外部环境，硅谷成为高科技创新发展的发源地。二是通过引入高校前沿技术推动产业创新发展。硅谷聚集了斯坦福、伯克利、圣塔克拉拉等大批高校，通过创新的技

术转让机制，将高校前沿的科学技术研究成果直接应用于产业创新，在深度与广度两方面强化了硅谷的科技研发动力。三是建立面向全球一体化的科技人才流动机制。硅谷作为高科技人才的聚集区，依靠技术优势和开放包容的硅谷文化，建立了面向全球一体化的科技人才流动机制，吸引世界各国一流的科技创新人才自由地向美国硅谷集聚，特别是高校人才，促进硅谷形成全球领先的科技产业基地，从而推动美国工业互联网安全产业创新发展新模式的形成。

## 三 我国工业互联网安全防护面临的挑战

### （一）主体安全责任划分模糊不清，安全监管和制度体系不健全

工业互联网不仅涉及制造、电力、交通等众多行业，也涉及装备、控制系统、数据、网络、应用等层面，在这种融合状态下，安全管理、协调等诸层面的职能关系尚未厘清，监管职责分散于各个行业主管部门，尚未形成责权清晰的监管体系。同时，工业互联网涉及研发设计、生产制造、产品流通及售后服务等全产业链多个环节，运营单位、工业互联网平台提供商等多方主体在保护工业互联网安全方面的法律责任和义务划分不清晰，难以有效督促企业落实工业互联网安全保护要求。

### （二）企业意识不足，安全投入少，防护水平较低

工业企业普遍存在重发展轻安全的情况，对工业互联网安全缺乏足够认识，安全防护投入较低，安全产品、安全解决方案应用水平不高，实力薄弱的中小企业更是缺乏配套资金及人力部署安全措施。2016年调查数据显示，23.9%的企业没有信息安全团队，30.3%的企业每年基本上没有信息安全预算，接近40%的小微企业（100人以下）没有信息安全团队和资金预算。此外，企业在部署安全措施时缺乏统一的标准和引导，这些原因直接导致我国工业领域整体安全防护能力处于较低水平。

## （三）市场驱动乏力，产业支撑不够，安全可控问题不容小觑

由于企业安全投入意愿较弱，安全市场驱动乏力，缺乏体系化、针对性的工业互联网安全产品和方案设计。同时，在工业安全领域，我国缺乏行业认可的第三方机构，开展安全审查及评估认证，难以保证产品和服务的安全性。此外，我国组态软件、控制器、传感器、工业云平台等工业互联网核心软硬件和基础平台多为外商巨头制造，在安全可控方面存在风险。2014～2016年《中国工业控制系统信息安全蓝皮书》显示，国内工控 HMI 组态软件市场上，国外产品市场份额约为74%，居主导地位；在 PLC 控制器市场，95%以上的产品来自国外公司。这些产品大多存在安全漏洞，且有预置后门风险。

## （四）安全技术能力不足，难以抵御国家级、有组织的网络攻击

工业互联网可能是未来网络战的重点攻击目标，其对安全能力提出了更高要求。美国已建立爱达荷、桑迪亚等多个国家实验室，德国成立弗劳恩霍夫应用研究促进协会，夯实工业领域安全技术储备，在工业互联网安全方面具有先发优势。我国整体工业互联网安全才刚开始起步建设，在传统工业领域应对新型攻击的安全能力不足，尚未形成国家级、有组织的工业安全运行监测、网络安全事件监测发现、精准预警、快速处置和有效溯源的全网态势感知技术手段。

## （五）传统人才培养为"T 形结构"，熟悉网络安全领域与工业领域的复合型人才短缺

当前，我国人才培养呈现"T 形结构"，要求基础知识宽泛扎实，但对专业知识的培养局限于单一领域。工业互联网是工业和信息化深度融合的产物，为应对未来工业互联网发展带来的复杂问题，需要大量基础面宽、一专多能、多专多能的人才。此类安全人才不仅要掌握网络安全专业知识，还要熟悉工厂环境的应用场景。当前，复合型人才短缺，现有网络安全人才水平还不能很好地满足工业互联网发展需求。

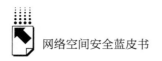

## 四　构建工业互联网网络安全防护体系的建议

围绕《关于深化"互联网＋先进制造业"发展工业互联网的指导意见》《工业互联网发展行动计划（2018－2020年）》《工业互联网专项工作组2018年工作计划》要求，坚持安全和发展同步、管理和技术并重、引导和规范并举，着力打造责任清晰、制度健全、技术先进，具备事前防范、事中监测、事后应急能力，并能够实现综合防范、立体防护、风险可控的工业互联网安全保障体系。

### （一）建立完善工业互联网安全管理制度

一是出台工业互联网安全指导性文件，构建工业互联网安全责任体系，明确主管部门的安全监管职责以及不同主体的安全责任和义务；二是推动建立工业互联网安全监督检查、风险评估、数据保护、信息通报、应急处置等安全管理制度，指导督促企业落实安全主体责任；三是推动建立分级分类管理模式，明确行业和企业分级、分类情况，构建部、省、市三级分级监督管理机制，加强对重点行业、企业的安全管理。

### （二）构筑工业互联网安全技术防护能力

突出重点、分类施策。一是加强对工业互联网平台、标识解析系统、工业大数据等的安全评估，研究提出具有针对性的安全防护思路和措施；二是强化工业互联网数据安全保护，建立工业数据分级分类管理制度，明确数据留存、数据泄露通报要求，加强工业互联网数据安全监督检查，创新工业互联网数据安全技术手段，增强数据安全防护、跨境流动监测等能力；三是加强电力、制造、交通等重点行业工业互联网安全防护，并将其纳入国家关键信息基础设施安全保障体系，针对处于发展阶段且安全能力不足的中小企业，通过建设公共服务平台帮助企业及时发现安全隐患，增强风险防范能力。

### （三）建立工业互联网安全标准和评估认证体系

一是建立工业互联网安全标准体系。推动工业互联网设备、控制、网络（含标识解析系统）、平台、数据等重点领域安全标准的研究制定，积极参与相关国际标准制定，推动安全标准在各行业的应用，加快标准落地实施。二是推动构建工业互联网设备、网络和平台（含工业 APP）的安全评估认证体系，依托产业联盟、行业协会等为工业互联网企业持续开展安全能力评估和认证服务，探索开展工业互联网安全测评机构和专业人员的评估认证。

### （四）打造工业互联网安全产业支撑能力

一是提升工业互联网安全可控能力，突破工业互联网核心技术瓶颈，重点在大型 PLC 设备、标识解析系统、工业互联网平台、工业数据分析等领域开展技术攻关，着力推动国产软硬件产品和平台的市场应用。二是加强工业互联网安全技术研发和成果转化，强化标识解析系统安全、平台安全、数据安全等相关核心技术研究，加强攻击防护、漏洞挖掘、工业协议安全性分析、态势感知、5G 安全等安全产品研发，探索利用人工智能、大数据、区块链等新技术提升安全防护水平。组织开展安全防护、监测预警与应急处置、数据安全防护等重点方向的解决方案设计和最佳实践并加强应用推广。三是强化工业互联网产业布局，通过专项资金支持、市场环境建设等方式，培育一批核心技术能力突出、市场竞争力强、辐射带动面广的工业互联网安全龙头企业，完善产业布局，促进产业发展。

### （五）建设国家级工业互联网安全技术手段

一是建设工业互联网安全监测与态势感知平台，发挥网络优势，在骨干网、关键网络出口部署监测节点，实现重点行业以及跨行业安全态势的全天候、全方位感知，为政府主管部门和重点行业企业开展风险预警和防范提供技术支撑；二是围绕设备、控制、网络、平台、数据以及装备制造业、电子行业等行业的工业互联网安全技术试验和模拟仿真环境，重点研究不同防护

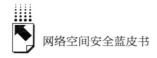
对象以及不同行业面临的关键安全问题，开展相关安全技术试验和标准验证；三是搭建工业互联网网络攻防测试验证环境，实现对典型业务进行全流程安全仿真，测试、验证各环节存在的网络安全风险以及相应的安全防护解决方案。

### （六）强化工业互联网安全专业人才和队伍支撑

一是组织开展工业互联网安全知识讲座、论坛、主题日等宣传教育活动，深入宣传普及工业互联网安全知识与技能；二是推动建立工业互联网安全人员能力评定机制，组织开展攻防演练、安全竞赛等选拔类比赛，挖掘工业互联网专业人才，打造工业互联网安全人才梯队；三是深入推进产教融合、校企合作，建立安全人才联合培养机制；四是依托国家级安全专业机构，广泛聚集工业互联网安全方面的专家、学者，打造技术精湛、能力全面、储量充沛的高端智库。

# B.12

# 车联网网络安全关键技术研究

孙娅苹*

**摘　要：** 近年来，伴随"中国制造2025"、"互联网＋"、深化制造业与互联网融合发展等国家战略的推动部署，以及汽车、电子、信息通信等技术的发展，我国车联网技术和产业发展迅速。与此同时，我国车联网发展也面临着巨大的安全挑战。安全作为车联网健康发展的基础和保障，已成为当前研究的热点和难点。在此背景下，本文首先梳理了当前车联网网络安全态势，分析了车联网面临的安全风险和挑战，对车联网安全防护的关键技术及解决方案进行了梳理和总结，并提出我国车联网安全发展的对策建议。

**关键词：** 车联网　网络安全　安全技术

## 一　车联网网络安全态势

### （一）全球车联网发展态势

近年来，随着汽车保有量的持续增长，道路承载容量在许多城市已达到饱和状态，交通安全、出行效率、环境保护等问题日益突出。在此大背景

---

＊ 孙娅苹，硕士研究生，中国信息通信研究院安全研究所工程师，主要研究方向为车联网安全、物联网安全、工业互联网安全等。

下，智能化和网联化已经成为汽车产业的未来发展趋势，车联网技术也应运而生，成为全球各国关注的重点和热点。车联网被认为是物联网体系中最有产业潜力、市场需求最明确的领域之一，是信息化与工业化深度融合的重要方向，具有应用空间广、产业潜力大、社会效益高的特点，对促进汽车和信息通信产业创新发展，构建汽车和交通服务新模式新业态，推动自动驾驶技术创新和应用，提高交通效率和安全水平具有重要意义。

车联网是借助新一代信息通信技术，实现车内、车与人、车与车、车与路、车与服务平台的全方位网络连接和汽车智能化水平提升，构建汽车生活新型业务生态，提高交通效率，为用户提供安全、智能、舒适、节能、高效的综合服务。

从车联网的内涵和边界分析来看，车联网主要包括人、车、路、通信、服务平台这五类要素。其中，人是道路环境参与者和车联网服务使用者，车是车联网的核心，其他要素与车产生关系才成为车联网要素，路是车联网业务的重要外部环境之一，通信是信息交互载体，打通车内、车际、车路、车云信息流，服务平台是实现车联网服务能力的业务载体和数据载体。

从技术发展来看，车联网的关键技术主要分布在云－管－端这三个层面。在端的层面，当前车辆和路侧设施的智能化、网联化进程加快，特别是高性能新型汽车电子技术创新活跃，车载操作系统从单一功能向支撑智能网联综合业务发展，软件结构呈现层次化、模块化和平台化。在管的层面，涉及车载蜂窝通信 4G/5G 技术、LTE-V2X 和 802.11p 无线直连通信技术等，其中无线直连 V2X 通信技术是当前国际上各方竞争的焦点。在云的层面，以车联网平台技术为核心，技术逐渐向开放化转变，目标是实现对车辆连接管理、能力开放以及数据管理等多种业务的支持。

从产业发展来看，车联网产业链条长，产业角色丰富，跨越服务业与制造业两大领域。在端的层面，以制造业产业角色为主，包括整车厂商、汽车电子系统提供商、元器件提供商、车内软件提供商等。在管的层面，主要包括设备提供商和通信服务商等。在云的层面，以服务产业角色为主，包括软件和数据提供商、公共服务和行业服务提供商等。整体来看，车联网产业创新日趋活跃，处于爆发前的战略机遇期，国内外纷纷布局争夺产业发展制高点。

## （二）车联网网络安全现状

随着车联网技术的智能化、网联化进程加快，车联网网络安全问题日益严峻，信息篡改、病毒入侵等手段已被黑客用于发起对联网汽车的攻击。特别是近年来，网络安全研究人员针对车联网开展了大量攻击测试案例，针对车联网的网络安全事件、汽车信息安全召回事件等时有发生，引发了行业内对车联网安全的广泛关注。

当前，从车联网的安全形势来看，车联网网络攻击的风险逐渐加剧，驾驶员及乘客的人身财产安全受到威胁。在已出现的车联网网络攻击事件中，部分案例中攻击者已可控制汽车的动力系统，能够导致驾驶员的生命安全遭到威胁。2015 年，克莱斯勒 Jeep 车型被国外安全专家入侵，利用系统漏洞对汽车多媒体系统实施远程控制，进而攻击 V850 控制器修改相关固件获取了向 CAN 总线远程发送指令的权限，实现了远程控制汽车动力系统和刹车系统，并在用户不知情的情况下可以降低汽车的行驶速度、关闭汽车引擎、突然刹车或让刹车失灵。[①] 2016 年，同款 Jeep 车型在被物理接触的情况下，攻击者可以借助 OBD 接口注入指令来实施对汽车动力系统的控制和对方向盘和刹车系统的操控，威胁着驾驶员和乘客的人身安全。[②] 同年，挪威安全公司 Promon 专家通过入侵用户手机，可以获取特斯拉 APP 账户的用户名和密码，进而登录特斯拉车联网服务平台实现对车辆的定位、追踪、解锁、启动等。

车联网安全事件或漏洞频频曝光的根源在于，当前国内外车联网行业网络安全防护能力明显不足。2015 年，美国参议员开展了针对主流车厂的安全防护措施、个人数据保护等相关问题的调研，结果显示：在被调研的宝

---

① http：//auto. qq. com/a/20150824/022443. htm.

② http：//auto. china. com. cn/news/20160805/677588. shtml.

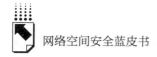
马、克莱斯勒、大众、本田、现代、奔驰、丰田、沃尔沃等16家车企中，绝大多数网络安全意识薄弱，现有的网络安全保护措施不足、未实现标准化，不能及时或主动应对网络入侵，用户数据收集范围和用途不明确，对用户未进行明示告知，一些第三方数据中心不具备有效的数据安全保护措施。在国内，车联网网络安全问题也是近两年才逐渐受到关注，行业内也普遍缺乏系统性的网络安全认知。

从车联网安全防护现状来看，车联网产业链长，覆盖元器件供应商、设备生产商、整车厂商、软硬件技术提供商、通信服务商、数据和内容提供商等厂商，网络安全的对象涉及智能网联汽车、移动终端、通信网络、信息服务平台和数据安全等云管端各个环节，网络安全需求复杂多样，车联网安全防护水平参差不齐，安全手段建设缺乏针对性和系统性。此外，由于车联网安全技术产品研发和应用推广还需时日，现有产品和生产线的升级换代部署需要一定周期，成熟或完备的网络安全防护能力尚需时日。特别是在存量汽车的安全防护方面，存量汽车淘汰周期较长，当前仍缺乏有效成熟的安全解决方案。

## 二　车联网网络安全面临的风险与挑战

从车联网的云、管、端三个层面出发，车联网的安全风险主要涉及智能网联汽车安全、移动终端安全、通信网络安全、信息服务平台安全和数据安全等五大方面。以下将从这五方面出发，对车联网的安全风险进行详细分析。

### （一）智能网联汽车安全风险

智能网联汽车的安全问题主要涉及如下关键部件：汽车总线、ECU、T-BOX、OBD接口、IVI和车载操作系统等。

1. 汽车总线安全风险

当前阶段，量产或存量的智能网联汽车主要有CAN、LIN、FlexRay和MOST四种总线方式。CAN总线是一种串口总线，用于连接汽车引擎、传输部件、仪表盘、车窗锁以及安全相关部件，也是目前汽车使用最广泛的总线方式。LIN 采用主 - 从模式，属于一种低成本 ECU 连接方式，一般在不需要高速率的场景下使用，多用于控制电子窗开关或挡风玻璃雨刷等。FlexRay 可用于接替 CAN 总线，最高提供 10Mb/s 速率，能支持电子控制实时机械控制系统，如方向盘或刹车等，但 FlexRay 价格昂贵，一定程度上限制了其广泛使用。MOST 总线通过光纤承载汽车的多媒体数据，提供多种数据信道和控制信道，能提供 24Mb/s 速率，目前多用于娱乐系统。具体如图 1 所示。

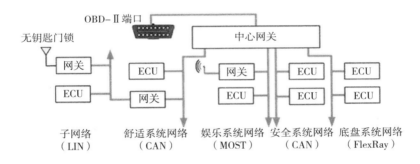

**图 1　汽车总线示意**

CAN 总线作为当前最为广泛使用的总线方式，如下主要针对 CAN 总线的安全风险进行分析。CAN 总线的特点：采用具有非破坏性仲裁的载波监听多路访问/冲突检测 CSMA/CD 机制，所有 ECU 访问权限相同，采用广播信道。基于如上特点，分析 CAN 总线通信方式在数据的机密性、真实性、有效性、完整性和不可否认性等方面的安全措施如下。

· 机密性：每个在 CAN 上传输的消息是以广播至每一个节点，恶意节点很容易在总线上监听并读取每个帧的内容。

· 真实性：CAN 帧不包括认证发送者的域，任意节点能发送消息。

· 有效性：CAN 中的仲裁规则，使攻击者可能在总线上进行拒绝服务攻击，如 ECU 接收高优先级的帧进而强迫其他 ECU 都停止传播。

· 完整性：CAN 使用 CRC 来验证消息是否因为传输错误而被修改，但

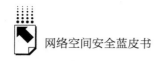

不足以避免攻击者对于正确消息的篡改而伪造错误消息，因为很容易制造一个正确 CRC 但假冒的消息。

·不可否认性：目前没有办法让一个正常的 ECU 来证明是否发生或接收过一个消息。

总的来看，CAN 总线存在如下安全风险：因没有任何加密机制，数据帧不具备加密属性；数据帧不具备发送单元地址，且以广播形式在车内网络中流动，使得 ECU 单元无法对发送源进行认证；其非破坏性总线仲裁机制会使某些 ECU 持续占用信道，如果车内某 ECU 单元被控制或故障，容易被攻击，攻击方式包括窃听、伪装、重放、伪造攻击等。

同时，随着汽车技术的发展，传统 CAN 总线的瓶颈已逐渐凸显。一方面，传统 CAN 总线已经满足不了越来越多的数据吞吐量需求，比如 CAN 总线虽然适用于汽车机械传感器和系统之间的通信，但很难达到娱乐系统或摄像头或雷达传感器等应用的高带宽要求；另一方面，随着自动驾驶技术发展的需要，ECU 的搭载会导致总线负载率的持续增加，使用 CAN 总线的网络拥堵现象将不可避免。因此，低成本、高速率的汽车总线技术已成未来总线技术的发展方向。

由博世提出的可变速率 CAN-FD 协议，在 ECU 程序刷新传输速率、信息认证，以及网关或域控制器方面都有了很大改进，且能够兼容传统 CAN 线，预计 2019～2020 年搭载 CAN-FD 的车型将实现量产。但是，CAN-FD 协议也存在潜在的通信错误或故障，同时对总线设计也提出了更高要求。

由 OPEN Alliance 发起的车载以太网标准，采用双绞线，传输速率达到 100Mb/s，能够满足速率和 EMC 等方面要求，相对光纤通信成本大大降低。目前已经有 100M 车载以太网的商用芯片，1000M 芯片正在研发中。车载以太网已成为自动驾驶时代的未来应用趋势，目前已在特斯拉中采用。但车载以太网因其在应用层面，面临以太网本身具有的安全问题，且在汽车环境中的实时性等问题尚未得到有效解决。因此，开展车载以太网安全技术研究将是未来车联网网络安全研究的重点方向之一。

## 2. ECU 安全风险

ECU 被称为"汽车大脑", 是汽车微机控制器, 目前 ECU 的核心技术主要由英飞凌、飞思卡尔、恩智浦、瑞萨等企业掌握。ECU 微处理器芯片是最主要的运算单元, 当前在技术架构方面各方存在一定差异。ECU 从产业规模来看, 数量众多且快速增长, 其 ECU 结构趋于复杂。目前汽车主要的 ECU 数量可达几十至上百个, 类型包括发动机管理系统、自动变速箱控制单元、车身控制模块、电池管理系统、轮胎压力监测系统等。

ECU 的主要安全风险体现在: 一是 ECU 漏洞的存在, 如芯片和固件应用程序都可能存在安全漏洞, 易受到拒绝服务攻击, 从而影响汽车功能的正常响应, 同时 ECU 更新程序的漏洞也会导致系统固件被改写, 如美国利用 ECU 调试权限修改固件程序解锁盗窃车辆的案件。二是 ECU 部署中存在安全隐患, 如 ECU 之间因缺乏隔离而容易成为黑客攻击的入口, 且网络拓扑结构存在隐患, 比如有的车型将不同功能都部署在同一网络中或者大多数功能部件都连接在同一总线, 自动控制功能在网络中的使用, 如自适应巡航控制等系统可以通过车内电脑对汽车发出控制指令的同时, 也为黑客提供了内置漏洞。

## 3. T-BOX 安全风险

T-BOX 是车载智能终端, 主要用于车与车联网服务平台之间的通信, 相当于在汽车内部扮演 modern 角色。T-BOX 一方面可与 CAN 总线通信实现指令和信息的传递; 另一方面内置调制解调器, 可通过数据网络、语音、短信等与车联网服务平台交互, 是车内外信息交互的纽带。T-BOX 是实现智能化交通管理、智能动态信息服务和车辆智能化控制等功能不可或缺的部分。在网络安全方面, T-BOX 的网络安全系数与汽车行驶甚至整个智能交通网络的安全都息息相关。特别是在未来的自动驾驶时期, T-BOX 的安全性就更为重要。

T-BOX 的安全风险主要有两类: 一是来自固件逆向, 攻击者通过逆向分析 T-BOX 固件, 获取加密算法和密钥, 从而解密通信协议, 用于窃听或伪造指令; 二是对信息的窃取, 攻击者通过 T-BOX 预留调试接口读取内部

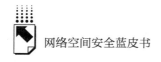

数据用于攻击分析，或者通过对通信端口的数据抓包，从而获取用户通信数据。

4. OBD 接口安全风险

OBD 接口是智能网联汽车外部设备接入 CAN 总线的重要接口，可下发诊断指令与总线进行交互，进行车辆故障诊断、控制指令收发。通过 OBD 能够读取汽车的信息，比如 17 位 VIN 码、ECU 硬件信息等，能够获取汽车的当前车速、胎压等，能够读取或清除汽车故障码，能够快速定位汽车故障位置，能够对汽车预设置的车窗升降、引擎关闭等动作行为进行测试。除此之外，OBD 还可具备刷动力、里程表修改等复杂的特殊功能。

OBD 接口风险在于：攻击者可借助 OBD 接口破解总线控制协议，从而解析 ECU 控制指令为后续攻击提供帮助。且 OBD 接口接入的外接设备可能存在攻击代码，接入后容易将安全风险引入汽车总线网络中，给汽车总线控制带来威胁。另外，OBD 接口没有鉴权与认证机制，无法识别恶意消息和攻击报文。

5. IVI 安全风险

IVI 车载信息娱乐系统是采用车载芯片，采用车载专用中央处理器，基于车身总线系统和互联网形成的车载综合信息处理系统。IVI 能够实现的功能包括三维导航、实时路况、IPTV、辅助驾驶、故障检测、车身控制、移动办公、无线通信、基于在线的娱乐功能及 TSP 服务等一系列应用。

IVI 的安全风险在于：IVI 附属功能众多，常有蓝牙、WiFi 热点、USB 等功能，具有高集成度的特点，其攻击面大、风险多，所有接口都有可能成为黑客攻击的节点。对 IVI 的攻击主要有两种方式，软件攻击和硬件攻击。其中，软件攻击是指攻击者在软件升级期间获得软件的访问权限而进入目标系统。硬件攻击是指攻击者拆解 IVI 的内部总线、无线访问模块、其他适配接口（如 USB）等众多硬件接口，并通过对车载电路进行窃听、逆向等获取 IVI 系统内信息，进而采取更多攻击。

6. 车载操作系统安全风险

车载操作系统是管理和控制车载硬件与车载软件资源的程序系统。在车联网时代，汽车通过车载电脑系统与智能终端、网络等连接，进行车联网信息服务。操作系统作为智能网联汽车的核心部件，所有的应用程序都在操作系统之上运行，操作系统向上承载应用、通信等功能，向下承接底层资源调用和管理功能。当前主流的车载操作系统主要有 WinCE、QNX、Linux、Android 等操作系统，其中 QNX 是第一个符合 ISO 26262 ASILD 规范的类 Unix 实时操作系统，占据较大市场份额。

车载操作系统的安全风险在于：车载操作系统继承自传统操作系统，代码迁移中可能附带移植已知漏洞，如 WinCE、Unix、Linux、Android 等均出现过内核提权、缓冲区溢出等漏洞，由于现有车载操作系统升级较少，也存在类似系统漏洞风险。另外，车载操作系统可能被攻击者安装恶意应用而影响系统功能，窃取用户数据。车载操作系统组件及应用存在安全漏洞，例如库文件、Web 程序、FTP 程序都可能存在代码执行漏洞，导致车载操作系统遭到连带攻击。

7. OTA 安全风险

远程升级（Over-The-Air，OTA）指通过云端升级技术，为具有联网功能的设备以按需、易扩展的方式获取系统升级包，并通过 OTA 进行云端升级，完成系统修复和优化的功能，远程升级有助于整车厂商快速修复安全漏洞和软件故障，不需要去 4S 店或者返厂，通过 FOTA 升级即可解决 90% 以上的软件故障。OTA 已成为车联网进行自身安全防护能力提升的必备功能。

智能汽车终端如果不能及时升级更新，就会由于潜在安全漏洞而遭受恶意攻击，面临车主个人隐私泄露、车载软件及数据被盗或车辆控制系统遭受恶意攻击等安全问题。例如，特斯拉、Jeep 等就曾因类似安全事件而召回车辆。具体来看，OTA 的安全风险在于：在升级过程中篡改升级包控制系统或者在升级过程中，或传输过程中升级包被劫持被实施中间人攻击，或者在生成过程中，因云端服务器被攻击而使 OTA 成为恶意软件源头。另外，OTA 升级包还存在被提取控制系统、root 设备等隐患。

## （二）移动终端安全风险

车联网普遍配套移动终端，用于实现与智能汽车、车联网服务平台的交

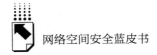

互。而针对移动终端的安全分析和网络攻防技术已相对成熟，成为车联网网络攻击事件日益多发的诱因。

在安全风险方面，一方面，移动 APP 已成为当前车联网的标配，其中，针对移动 APP 的应用破解是主要威胁。由于车联网的移动 APP 易于获取，攻击者可以通过对应用进行调试或者反编译来破解通信密钥或者分析通信协议，并借助车联网的远程锁定、开启天窗等远程控制功能来干扰用户的使用。另一方面，移动智能终端系统存在的安全风险也间接影响着车联网的安全。攻击者可以通过 WiFi、蓝牙等无线通信方式直接连接车载娱乐系统，对 IVI 操作系统进行攻击，并通过渗透攻击智能网联汽车的控制部件。此外，移动 APP 可能存有车联网云平台的账户、密码等信息，若被攻击者控制可获取账户密码，通过云平台来控制影响联网汽车的安全。

### （三）通信网络安全风险

伴随车联网无线通信和接口技术的广泛应用，车联网无线通信在整体上存在两大方面的安全问题：一是通信终端存在信源本身的访问缺陷，例如无线链路脆弱，网络拓扑动态变化，通信方式多样，节点计算能力、存储能力和能源有限，现场干扰大、环境差，机器无法感知等安全隐患；二是黑客可以通过互联网技术攻击车联网的联网系统，进而实施对整个车内网络的控制，带来严重的信息安全、隐私安全甚至人身财产安全隐患。具体来看，车联网通信网络安全主要包括车载蜂窝通信网络 4G/5G、LTE-V2X 和 802.11p 无线直连通信网络等安全，其中无线直连 V2X 通信技术是当前国际上各方竞争的焦点。

1. 无线直连 V2X 通信网络安全风险

802.11p 通信：应用层上有身份认证和传输加密措施，但链路层上的通信没有加密。攻击者可以伪造 802.11p 设备，跟踪目标车辆。另外，802.11p 对数据用户的合法性验证存在隐患，802.11p 采用基于某种类似 Web 网站上 SSL 模型的公钥基础设施 PKI 模型，在这一过程中，对于车联网用户，如果一直采用固定的公私钥对，传输设备将有可能被跟踪。

LTE-V2X 通信：LTE-V2X 技术和安全策略目前尚未出台。LTE-V2X 在系统实体通信过程中，支持 V2X 应用的车辆节点传输应用层信息，但传输的消息内容，如与身份、位置和属性相关的信息，都可能被伪造、重放或窃听。从攻击方式来看，攻击者可通过分析身份和特定数据之间的关联来获知节点的个人信息，或利用 V2X 消息中的位置信息进行长时间位置跟踪，或是短时间的位置跟踪被用于路线预测。

在网络安全风险方面，802.11p 与 LTE-V2X 都面临同样的问题。一是资源授权受限，恶意节点可能同时请求占用无线资源，从而导致合法的车辆节点无法进行通信。二是通信环境安全威胁，通过控制环境信息，向车辆节点或行人节点发送错误的 V2X 消息或告警，或者通过控制 V2X 实体上的数据处理使 V2X 实体发送错误的 V2X 消息或告警，误导周边的 V2X 实体做出错误的行为，进而可能发生交通事故。此外，无线直连 V2X 通信网络还存在其他的安全隐患，比如以车间通信为例，不仅仅涉及无线通信领域的信号窃取、信号干扰等固有安全问题，也不能忽视恶意行为人对车间通信的安全性影响，例如攻击者可能阻止自己的车辆发送信息来隐藏自己的驾驶行为，或通过收集某一车辆的信息来识别某个特定的驾驶员等。

## 2. 公众通信网络安全风险

车联网信息服务中应用的公众通信网络主要包括蜂窝移动通信网络如 2G/3G/4G、WiFi 通信、卫星通信、无线个域网络通信等。公众通信网络在通信方式方面，本身就存在网络加密、认证等方面的安全问题，因此应用到车联网领域的上述通信方式，也都继承了这些通信网络所面临的安全风险。

公众通信网络传输安全的主要风险来自以下几个方面。一是认证安全，公众通信网络未验证发送者的身份信息，存在伪造身份、动态劫持等风险。二是传输安全，车辆信息没有加密或加密强度弱，或所有车型都使用相同的对称密钥，进而导致密钥信息暴露。三是协议安全，公众通信网络还面临协议伪装等风险。特别是在自动驾驶情况下，汽车根据 V2X 通信内容判断行驶路线，攻击者就有可能利用伪消息来诱导车辆发生误判，进而影响车辆自动控制，导致交通事故的发生。

### （四）信息服务平台安全风险

车联网服务平台是提供车辆管理与信息内容服务的云端平台，负责车辆及相关设备信息的汇聚、计算、监控和管理，提供智能交通管控、远程诊断、电子呼叫中心、道路救援等车辆管理服务，以及天气预报、信息资讯等内容服务（见图2）。车联网服务平台是车联网数据汇聚与远程管控的核心，从安全防护对象来看，应重点关注车联网服务平台的平台系统、控制接口、Web 访问接口、账户口令、数据保护等问题。

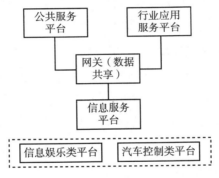

**图 2　车联网服务平台结构示意**

车联网服务平台的安全风险主要表现在以下几个方面。一是服务平台面临传统的云平台安全问题。在平台层和应用层都可能存在安全漏洞，使得攻击者利用 Web 漏洞（SQL 注入、XSS、CSRF）、数据库漏洞、接口 API 安全注入漏洞等攻击云平台，窃取敏感信息，以及面临拒绝服务攻击等攻击。二是车联网管理平台公网暴露问题。车联网管理平台应设置较高权限，加强车辆访问控制的认证，构建与车互联的可信通信，但当前普遍与车辆通信采用车机编码或固定凭证等认证方式，安全认证机制较弱。此外，除了类似于传统云平台的安全防护措施（如病毒防护、中间件防护、访问控制等），车联网服务平台的安全应重点考虑采取数据安全方面的防护措施。

### （五）数据安全风险

数据安全是车联网面临的主要安全问题之一。一是车联网数据价值高，车联网数据信息从数据内容来看，包括用户信息、用户关注内容、汽车基本控制功能运行数据、汽车固有信息、汽车状态信息、软件信息和功能设置信息等数据。从数据业务形态来看，涉及车联网数据的互通、数据的共享，以及未来基于数据的智能决策，是车联网的根本需求。特别是在车联网数据隐私保护方面，根据获取的车主和车辆实名认证的驾驶证、车牌号、车辆识别码等信息，再结合用户行车轨迹及其他业务应用数据，几乎可以得出个人"全息"图谱。二是车联网数据安全问题突出，面临数据泄露、数据篡改和数据劫持等来自外部的安全威胁，同时车联网数据日益与其他行业交织，已实现用户线上和线下生活的有机结合，其数据安全事件的影响程度大。三是车联网数据安全保护难度加大。随着车联网技术的发展，车联网信息服务中的相关数据量剧增，数据安全和隐私保护的难度逐渐增大。相对于智能网联汽车、移动终端等安全防护可以借助传统网络安全防御的经验和管理办法相比，车联网数据保护目前尚缺乏成熟的行业解决方案。因此，车联网数据安全问题既是车联网安全防护的重点，也是难点。

车联网数据安全保护需要解决哪些关键问题？一是对数据的访问控制和认知问题；二是数据在分享过程中的信任问题；三是数据共享过程中的安全保护问题；四是车厂和信息服务提供商等数据汇聚的过程中，作为数据中心，数据的存储安全问题；五是数据采集、共享过程中涉及的隐私问题。

在解决车联网数据安全保护问题时，最大的难点在于：实现数据的可靠性和隐私保护相互矛盾。一是一旦对车联网数据进行隐私保护，如在采取匿名和相关方法保护隐私措施的同时，会给保证数据可靠性带来一定困难。比如如果用户进行隐私保护之后，对其身份不了解，有可能发布的是虚假信息，比如行驶中的汽车节点发布虚假的车辆和环境运行数据，可能直接威胁汽车驾驶安全。一旦发布了相关的虚假信息，对车联网的整个安全将带来极大的隐患。二是完善的数据可靠性保障，会在一定程度上威胁用户的数据隐私。

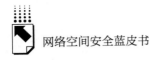

# 三 车联网网络安全防护关键技术进展

车联网网络安全防护的关键技术，将从智能网联汽车、移动终端、通信网络、信息服务平台和数据安全等五大方面展开。

## （一）智能网联汽车安全技术

### 1. 关键技术

（1）汽车总线安全技术

鉴于上文中阐述的 CAN 总线存在的特性和安全风险，目前主要通过安全加密、异常探测和安全域划分等技术来保证 CAN 总线安全。

一是安全加密。通过 CAN 加密使得 ECU 认证、完整性检查和加密发送的帧，避免被没有解密密钥的节点读取内容。但存在的问题在于，足够有效的加密解密算法需要一定的计算能力，非常消耗时间和资源，对于车辆这种实时系统也是很关键的问题。解决办法就是，在 ECU 中增加硬件安全模块使车内以密文通信。

二是异常探测。旨在监控 ECU 之间数据传输来保证其合理性。异常探测常见的有四种方案。方案一：使用模块探测，探测被监控的 ECU 两个帧传输时延是否过短，以判断是否有 ECU 出现问题不工作。方案二：使用二进制污染工具来标注数据，数据被 ECU 使用或发送至网络将被标注，这也就能跟踪系统中最初的恶意指令，缺点是这种解决方案非常消耗资源。方案三：建立一个系统，每条总线上的每个帧 ID 对应一个 ECU，帧只能被一个特定的 ECU 发出，每个 ECU 检查帧 ID 是否是自己的 ID，如果不是自己发送的，将发送高优先级告警帧来重写这个不合法发送。方案四：使用入侵检测系统部署，类似于传统计算机安全领域，使用基于签名、基于异常等两种探测方法。

三是安全域划分。为车内所有 CAN 子网设置中心网关，将汽车内网划分为动力、舒适娱乐、故障诊断等不同的安全域，将高危要素集中到独立的

"局域安全总线"，定义清晰的安全域边界，并在边界部署安全措施，通过安全网关使动力总线与其他区域安全通信。

（2）ECU 安全技术

对于 ECU 的安全，有通过软件和硬件两种方式来提升安全等级。硬件安全方面，是通过增加硬件安全模块，将加密算法、访问控制、完整性检查等功能嵌入 ECU 控制系统，以加强 ECU 的安全性，提升安全级别。目前，车内半导体的主流设计规范有 EVITA 和 SHE 等，主要安全功能为安全引导、安全调试、安全通信、安全存储、完整性监测、信道防护、硬件快速加密、设备识别、消息认证、执行隔离。软件安全防护用于保护 ECU 软件的完整性，保证汽车关键软件不被攻击所影响。在保护 ECU 代码安全方面，与传统电脑中安全引导机制的方法相似，基于信任的汽车定义可以通过 EVITA HSM 或 TPM 这样的安全模块来实现。对于多媒体 ECU 主流的设计方法是 OVERSEE，通过使用超级监控者将关键软件从不信任的模块（如外部通信接口）中隔离开，使攻击者渗透到无线通信协议时，无法攻陷整个 ECU，无法在总线上发送消息。

（3）可信操作系统安全技术

为防止"永恒之蓝"等类似安全事件在车载系统上发生，需要建立可信车载操作系统。操作系统安全的核心目标是实现操作系统对系统资源调用的监控、保护、提醒，确保涉及安全的系统行为总是处于受控状态下，不会出现用户在不知情情况下某种行为的执行或用户不可控行为的执行。除收集已知所选操作系统版本漏洞列表外，还应定期更新漏洞列表，同时确保第一时间发现、解决并更新所有的已知漏洞。同时，保证操作系统的健壮性的根源在于保证操作系统源代码安全，可以通过对操作系统源代码的静态审计，快速发现代码的潜在 BUG 以及安全漏洞，及时修正 BUG 和漏洞。此外，需要加强操作系统自身升级更新的受控性，以及确保操作系统中所有文件、I/O、通信、数据之间的交互行为的可控和客观，监控全部应用、进程对所有资源的访问并进行必要的访问控制是安全可信操作系统所必须具备的。

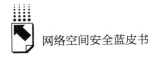
（4） OTA 安全技术

智能网联汽车在升级过程中需要建立安全升级机制，通过数字签名和认证机制等确保增量升级包的完整性和合法性，同时按照时间、地区、设备数量等信息动态调整升级策略。在增量升级包传输过程中，通过通信加密保证整个升级包的传输安全，避免升级包被截获或者遭受中间人攻击等导致升级失败。另外，在 ECU 升级过程中，还应进行安全监控，以监控升级进程，确保 ECU 升级后能够正常工作，同时需要具备相应的固件回滚机制，保证即使升级失败后 ECU 也可恢复到原来状态，通过双重保护确保整个 ECU 升级过程的安全可靠。车载终端对更新请求应具备自我检查能力，车载操作系统在更新时，应对设备端合法性进行认证，车载操作系统在更新自身分区时，或向其他设备传输更新文件和更新命令时，要能够及时声明自己身份和权限。同时，升级操作应能正确验证服务器身份，识别出伪造服务器，或者高风险链接链路。升级包在传输过程中，应借助报文签名和加密等措施防篡改、防伪造。如果升级失败，系统要能够自动回滚，以便恢复至升级前的状态。

2. 安全解决方案

智能网联汽车安全与传统信息安全的相同之处是，针对汽车的各类入侵都是利用了汽车本身存在的安全漏洞来实施的，而这些漏洞主要来源于软件、硬件以及系统等层面，因此，解决相关的安全漏洞是当前智能网联汽车信息安全的核心。与传统信息安全不同之处在于，智能网联汽车具备智能终端属性，安全防护需要依据汽车的系统架构特性，实施针对性的安全保护，区别于传统的信息安全解决方案。

因此，智能网联汽车安全防护体系建设，需要深入汽车应用场景，结合汽车的生态环境，考虑汽车的诸多功能模块，对相关功能属性进行针对性划分，实施不同的安全策略，软硬件相结合贯穿生命周期安全管理的集成防护体系（见图3）。

（1） 安全芯片

当前，基于安全硬件模块提供汽车电子芯片安全保护已成为发展趋势。

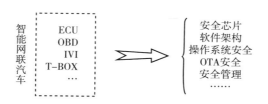

**图3 智能网联汽车安全防护关键点**

典型的解决方案有：EVITA 提出硬件安全模块（HSM）、HIS 组织发布安全硬件扩展（SHE）。在产业化应用方面，英飞凌、恩智浦等推出具有 HSM 的 SoC 芯片，国际主流车企的新推车型将采用 HSM 芯片，预计 2018～2019 年实现全面普及。EVITA 提出面向汽车硬件安全模块（HSM）的通用结构如图4 所示。

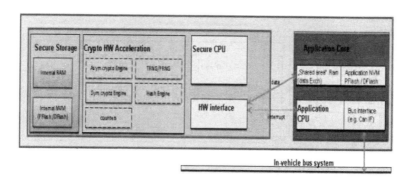

**图4 EVITA 汽车硬件安全模块的通用结构**

主要原理是：ECU 的应用 CPU 拥有一个密码协处理器，负责执行所有密码应用，包括基于对称密钥的加解密、完整性检查、基于非对称密钥的加解密、数字签名的创建与验证，以及用于安全应用的随机数生成功能。

EVITA 把硬件安全模块划分为三个等级：Light HSM、Medium HSM、Full HSM。

Light HSM：主要用于车载传感器和执行器，只包含基于 AES-128 的对称加解密模块；没有提供独立的处理和存储单元，应用处理器和应用软件可以完整访问所有的密码数据。

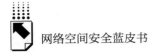
Medium HSM：主要用于 ECU 之间通信场景的 ECU，包含基于 AES - 128 的对称加解密模块；有独立的处理和存储单元；没有基于硬件加速的非对称密码和哈希算法。

Full HSM：主要用于 V2X 的通信单元，以及中央网关。包含基于 AES - 128 的对称加解密模块；有独立且较强的处理和存储单元；基于硬件加速的非对称密码和哈希算法。

除 EVITA 外，还有安全硬件扩展 SHE、可信平台模块 TPM（Trusted Platform Module）和智能卡（smartcard）等方面的硬件安全策略。SHE 的结构如图 5 所示。SHE：通过硬件提供基于 AES - 128 的密码服务，加解密；消息认证码；引导加载程序的认证；唯一的设备 ID；等等，并可以利用不可直接访问的方式存储密钥。相关模块比较如图 6 所示。

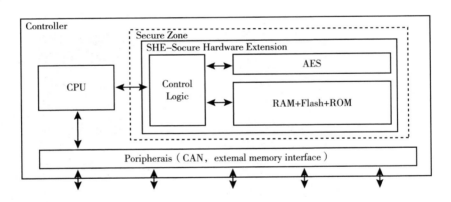

图 5　SHE 的结构示意

（2）软件架构

AUTOSAR 作为典型的 ECU 基础软件架构技术，基于安全芯片保证车内安全通信。AUTOSAR（AUTomotive Open System ARchitecture）由宝马、博世、大陆、戴姆勒 - 克莱斯勒、西门子威迪欧以及大众，于 2003 年 7 月联合建立，旨在为汽车电气/电子构架开发一套模块化、可扩展、可转换、可重用的汽车电子控制单元定义层次化的基础软件架构。AUTOSAR 经典平台的安全通信架构如图 7 所示。

| HSM | EVITA *full* | EVITA *medium* | EVITA *light* | SHE | TPM | common Smartcard |
|---|---|---|---|---|---|---|
| Boot integrity protection | Auth. & Secure | Auth. & Secure | Auth. & Secure（opt.） | Secure | Auth | None |
| HW crypto algorithms（incl. key generation） | ECDSA, ECDH, AES/MAC, WHIRLPOOL/ HMAC | ECDSA, ECDH, AES/MAC, WHIRLPOOL/ HMAC | AES/MAC | AES/MAC | RSA, SHA-1/ HMAC | ECC, RSA, AES, 3DES, MAC, SHA- x.. |
| HW crypto acceleration | ECC, AES, WHIRLPOOL | AES | AES | AES | None | None |
| Internal CPU | Program-mable | Program-mable | None | None/ Preset | Preset | Program-mable |
| RNG | PRNG w/ TRNG seed | PRNG w/ TRNG seed | PRNG w/ ext, seed | PRNG w/ TRNG seed | TRNG | TRNG |
| Counter | 16×64bit | 16×64bit | None | None | 4×32bit | Yes |
| Internal NVM | Yes | Yes | Optional | Yes | Indirect （via SRK） | Yes |
| Internal Clock | Yes w/ ext. UTC sync | Yes w/ ext. UTC sync | Yes w/ ext. UTC sync | No | No | No |
| Parallel Access | Multiple sessions | Multiple sessions | Multiple sessions | No | Multiple sessions | No |
| Tamper Protection | Indirect （passive, part of ASIC） | Indirect （passive, part of ASIC） | Indirect （passive, part of ASIC） | Indirect （passive, part of ASIC） | Yes （mfr. dep.） | Yes（active, up to EALS） |

**图6 EVITA、SHE、TPM 与 smartcard 硬件安全模块比较**

AUTOSAR 经典平台的服务分为四个方面：系统、存储、密码和通信。SecOC 安全通信模块在协议数据单元层面（PDUs）为关键数据提供可行、具有资源有效特性的真实性机制。SecOC 与 AUTOSAR 的通信系统协同是由 PDU Router 负责对接收的消息进行路由，将发送的安全相关协议数据单元提供给 SecOC 模块，SecOC 随后增加或处理安全相关信息，把协议数据单元返回给 PDU Router，由 PDU Router 进行进一步的路由处理。SecOC 将使用密码服务体系提供的密码服务。

（3）安全管理

安全开发生命周期管理成为当前智能网联汽车网络安全防护的统一做法，当前有两种实施路径。路径一：对于全新车型，信息安全生命周期管理作为革新式产品研发思路，是发展的必然趋势。路径二：对于升级版车型或

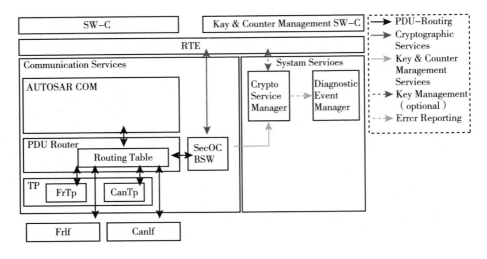

**图7 AUTOSAR 经典平台的安全通信架构**

存量汽车，安全管理趋于补救式研发思路。下面主要针对路径一的全生命周期安全管理进行分析。

在汽车全生命周期安全管理方面，ISO 26262《汽车安全完整性水平》为汽车安全提供了生命周期管理理念，其涉及管理、开发、生产、经营、服务、报废等环节。美国 SAE J3061《信息物理汽车系统网络安全指南》作为汽车网络安全方面的过程框架，把网络安全融入车辆研发、生成、测试、安全响应等整个生命周期，为识别和评估网络安全威胁提供指导。日本提出了 IPACar 模型，按照汽车的生命周期（策划、开发、使用、废弃），给出相应的信息安全对策。

汽车全生命周期安全管理，主要涉及四个阶段：策划设计阶段、生产阶段、交付使用阶段和废弃阶段（见图8）。其中，在策划设计阶段，信息安全方案应充分结合功能、性能安全，对方案的可行性进行论证，且在信息安全方案中要制定威胁模型、安全防护模型以及防御策略模型，要进行多层面的安全监测，以验证方案的正确性、安全性与可行性。在生产阶段，需要遵循信息安全开发准则，在系统、软件和硬件开发的各环节避免引入安全隐患，开展阶段性安全测评，随时发现漏洞，及时整改，严格执行检测、监控、验证工作。在交付使用阶段，应开展威胁情报安全预警和安全运营，做好安全事件应急响应。在废弃阶段，要严格执行对数据的备份、销毁处理，特别是重要数据和敏感数据。

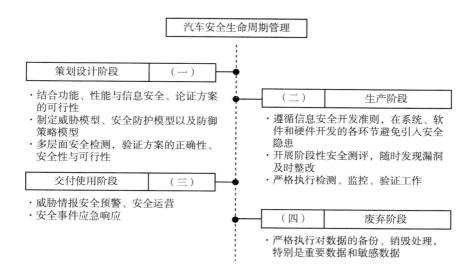

**图8　汽车全生命周期安全管理示意**

## （二）移动终端安全技术

车联网移动终端的安全防护，应注重内部加固和外部防御相结合，重点加强 APP 防护和数据安全保护。一是关注应用软件安全防护，保证终端应用软件在运行中的安全，防止黑客的入侵，确保终端应用业务流的安全，减少损失，尽快部署安全加固软件，以有效降低安全更新服务所带来的重大安全风险。目前国内移动互联网应用安全企业，例如梆梆安全、360、威努特等已和车联网整车厂开展业务合作，提供安全加固、渗透测试服务，加强车联网移动应用保护。

二是加强操作系统安全防护。对终端进行各种操作的审计和管控，采取如软件管理、白名单技术等安全机制，进行终端操作系统漏洞检测，以实施终端恶意代码防护，采取恶意代码采集、查杀和防御技术。进行终端操作系统安全加固，在内核驱动层对操作系统进行加固，防止利用 ODAY 漏洞对

操作系统发起攻击。

三是加强硬件芯片安全防护。采取终端硬件芯片可信技术,可信硬件驱动处于可信机制底层,应确保可信根不能被非授权使用。进行端硬件的虚拟化,以降低终端硬件带来的风险,迅速容灾备份与快速恢复。

## (三)通信网络安全技术

车联网的通信场景具备联网汽车高速移动、网络种类多样、网络拓扑结构复杂等特点。确保网络传输的安全性是保障车联网系统安全的重要保证。然而,在汽车高速移动、网络拓扑动态变化的情况下,传统的网络边界防护已无法适用。因此,车联网无线通信安全技术研究,也是安全工作的难点之一。

1. 车联网通信安全技术

在网络传输安全方面,一是要采取网络加密技术,进行网络协议加密、网络接口层加密,以及传输层加强节点和传输数据采取保护机制,在网络加密结构设计中采取密码体系并选用合适密钥。二是要建设可信的通信环境。应建设可信平台环境,为通信传输安全提供保证,保证环境配置的安全性,从根本上阻止网络攻击,提升数据传输可信度,并在传输网络中配置防火墙保证传输信息可信。三是要基于分级保护实施设计技术方案及加强内部控制和安全保密管理等,采取传输信息安全保护策略。

在通信网络边界安全方面,边界安全防护的难点在于:车联网安全边界不断扩大,安全边界分散,且具有不确定性,传统的边界隔离技术实施困难。同时,车联网网络接入设备种类多,安全风险点增加,对接入设备身份验证困难。可采取的车联网网络边界安全技术有三种。一是分段隔离技术。不同网段(车内网、车车通信、车云通信等)实施不同边界控制(如白名单、数据流向、数据内容等),对车辆控制总线相关的数据进行安全控制和安全监测,对关键网络边界设备实施边界防护,如对 T-BOX、中央网关等设备部署入侵检测系统等措施。二是鉴权认证机制。对接入车联网的终端设备(接入汽车的外部设备、移动终端设备等),加强鉴权认证,确保设备可信,避免未经认证的设备接入网络。三是车云通信双向认证技术。在车云通信场景下，除了采取安全接入方式，如 VPN 等措施，还应针对业务内容，划分不同的安全通信子系统，对关键业务系统采取基于 PKI 和 IBC 等的认证机制，实现车、云的双向认证，确保访问的合法性。

2. 车联网通信安全解决方案

对于车内网，目前主流的安全解决方案的核心聚焦于车载终端，主要通过防火墙的逻辑隔离来实现对 CAN 总线和 OBD 之间的安全风险防范。从部署方式来看，主要有并联、串联两种方式。其中，并联部署方式是西班牙的 Charlie 和 Chris 在 BLACKHAT 会议上介绍防止汽车攻击的硬件产品，通对 OBD 接口流量进行监测，发现异常后关闭汽车某些功能，被动监听，不能阻止恶意指令进入汽车总线（见图 9）。

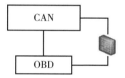

**图 9　车内防火墙并联部署方式**

串联部署方式以 VisualThreatCAN 防火墙为代表，将 CAN 防火墙部署在 CAN 总线和 OBD 设备之间来过滤不安全指令，通过串联保护阻断恶意指令（见图 10）。

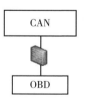

**图 10　车内防火墙串联部署方式**

对于车际网，以欧盟项目 PRESERVE 为代表，目标是设计、实现和测试一个安全、可扩展的 V2X 安全子系统，为 V2X 通信提供接近于实际应用的安全和隐私保护措施，其抽象安全架构如图 11 所示。

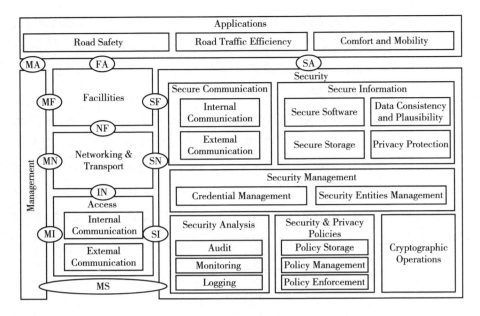

**图 11　PRESERVE VSA 车辆和路侧设施提供的抽象安全架构**

　　PRESERVE VSA 安全通信架构从安全通信、安全信息、安全管理、安全审计、隐私保护和密码算法这六个方面对 V2X 通信和车内通信进行保护。其中，安全通信主要关注内部和外部安全通信问题，内部通信是指如传感器数据、命令和信号等需要进行安全传输以确保数据不会被篡改，外部通信安全要求接收方至少需要验证发送方的真实性和授权特性，以及数据完整性。安全信息主要对车辆和路侧设施存储、交换的数据进行保护，包括安全存储、安全软件、隐私保护、数据一致性、数据合理性。安全管理负责对安全通信所需要的证书进行组织管理。安全审计对安全相关的信息进行监控、审计和日志。隐私保护负责管理、存储和执行安全与隐私方面的策略，定义系统资源的访问控制规则、管理匿名和其他隐私保护策略。密码算法是提供基本的安全功能，如加解密、签名的生成与验证等。

　　在安全认证方面，PRESERVE 项目中提出基于 LTCA 长时间证书和PCA 匿名证书的安全解决方案，如图 12 所示。该方案中的两个安全证书，LTCA 是 V2X 设备永久使用的 ID，在 V2X 设备通过认证之后可以发放长时间证书，而 PCA 证书用于给已发放长时间证书的 V2X 设备发放 PCA 证书，用于 V2X 设备间通信时使用。在应用方面，目前已经有多家安全公司能提供比较成熟的基于上述技术的安全解决方案，例如 ESCRYPT 公司，不但提供 PCA 体系，同时能够提供基于硬件的、针对嵌入式系统的密钥存储和证书管理等多种功能的解决方案，可以满足通信安全和用户隐私保护多层面安全需求。当然，该解决方案也存在一定的局限性，PKI 体系部署成本高、组件多、维护复杂等问题也导致其在车际网推广使用的进程相对漫长。

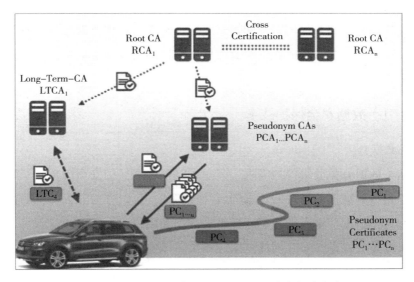

**图 12　PRESERVE 车际网 LTC + PC 安全解决方案**

## （四）信息服务平台安全技术

当前车联网服务平台均采用云计算技术，通过现有网络安全防护技术手段进行安全加固，部署有网络防火墙、入侵检测系统、入侵防护系统、Web 防火墙等安全设备，覆盖系统、网络、应用等多个层面，并由专业团队运营。如上汽和阿里合资成立斑马智行有限公司，负责上汽乘用车云平台运营，利用阿里云安全能力搭建可信云平台。比亚迪将新能源云平台搭建在私

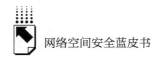

有云平台上，由集团内独立业务部门运营，搭建相对安全的云平台。

车联网服务平台功能逐步强化，已成为集数据采集、功能管控于一体的核心平台，并部署多类安全云服务，强化智能网联汽车安全管理，具体包括以下几个方面。一是设立云端安全检测服务，部分车型通过分析云端交互数据及车端日志数据，检测车载终端是否存在异常行为以及隐私数据是否泄露，进行安全防范。此外，云平台还具备远程删除恶意软件能力。二是完善远程 OTA 更新功能，加强更新校验和签名认证，适配固件更新（FOTA）和软件更新（SOTA），在发现安全漏洞时快速更新系统，大幅降低召回成本和漏洞的暴露时间。三是建立车联网证书管理机制，用于智能网联汽车和用户身份验证，为用户加密密钥和登录凭证提供安全管理。四是开展威胁情报共享，在整车厂商、服务提供商及政府机构之间进行安全信息共享，并进行软件升级和漏洞修复。

## （五）数据安全保护技术

### 1. 数据分类

基于数据分类分级保护需求，建立车联网数据保护安全规范。车联网信息服务相关的数据信息按照数据的属性或特征，可以分为五大类：属性类数据、行为类数据、车况类数据、环境类数据和用户个人数据。

属性类数据是指车联网信息服务相关主体的属性数据信息，可细分为车辆属性数据和移动终端属性数据两类。

行为类数据是指与车辆驾驶行为、操控行为等相关的数据，细分为车辆行为数据、操控行为数据两类。

车况类数据是与车辆运行状态相关的数据，包括但不限于动力系统、底盘系统、车身系统、舒适系统、电子电气等相关的数据。

环境类数据主要是与车辆所处环境相关的，细分为车辆外部环境数据、车辆内部环境数据两类。

用户个人数据是指车联网信息服务过程中所采集、使用和（或）产生的用户相关的数据信息。包含用户基本信息、车辆及车主信息、个人位置信息、身份鉴权信息、个人生物识别信息、通信交互信息、金融支付信息、日志记录信息和其他信息等。

2. 数据安全等级划分

在进行数据安全等级划分之前，先将数据进行重要性分级。车联网信息服务数据依据车联网信息服务数据的安全目标、车联网数据的重要性，以及可能发生的安全事件的影响范围和严重程度，对车联网信息服务相关的数据进行分级，并按照数据的分类分级实施安全保护。本标准将车联网信息服务数据划分为一般数据、重要数据和敏感数据。

根据车联网信息服务的数据安全目标、数据重要性分级，将车联网信息服务数据安全保护划分为两个等级：基本级和增强级。

基本级规定了车联网信息服务数据安全保护的基本技术要求，其包含了基本级应支持的安全能力集合。车联网信息服务的一般数据将按照基本级要求实施保护。增强级规定了车联网信息服务数据安全保护除满足基本级要求以外，还应满足增强的安全技术要求，其包含了增强级应支持的安全能力集合。车联网信息服务的重要数据和敏感数据将按增强级实施安全保护（见图13）。

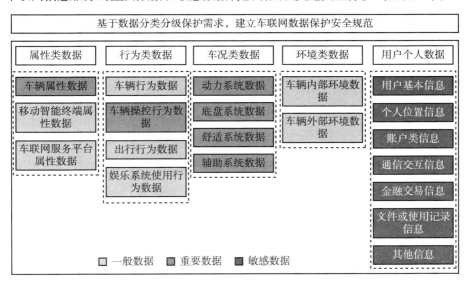

图13　车联网信息服务数据分类分级示意

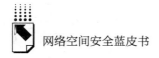
### 3. 数据安全技术

强化数据处理环节安全要求，保障数据的机密性、完整性和可用性。根据数据的安全等级要求，即基本级技术要求和增强级技术要求，对数据处理周期各环节的安全技术进行规范。车联网信息服务数据安全保护各环节的技术要求示意如图 14 所示。

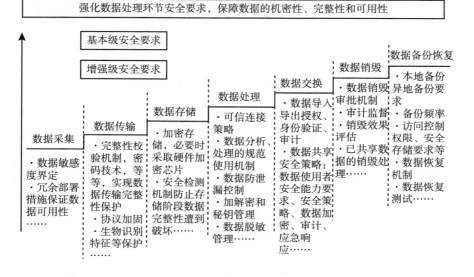

**图 14　车联网信息服务数据各环节安全技术要求示意**

## 四　车联网网络安全防护体系

### 1. 车联网安全防护技术体系简图

基于上述车联网安全风险分析和安全防护关键技术的研究，可以归纳得出车联网安全防护体系的简图，车联网的安全防护重点围绕智能网联汽车、移动终端、云平台、通信安全和数据安全，图 15 中简略给出了各防护重点环节的关键安全技术。

**图 15　车联网安全防护技术体系**

2. 车联网安全防护技术视图

在车联网云、管、端三层架构的基础上，本报告给出了车联网网络安全防护的整体技术视图，如图 16 所示。

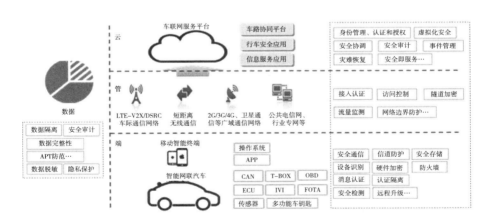

**图 16　车联网安全防护整体技术**

3. 车联网安全防护体系

从车联网的发展趋势来看，车联网的总线技术、网络架构等都在不断的演进发展，车联网的安全问题也将伴随车联网技术的演进而长期存在。因此，对于车联网安全技术的研究和车联网安全防护体系的建设，需要从发展的眼光来看，突破当前安全关键难题，探索下一阶段可能面临的新的威胁和挑战，建立面向汽车演进的多层次、综合立体的安全防御体系，才能保障车联网的安全（见图17）。

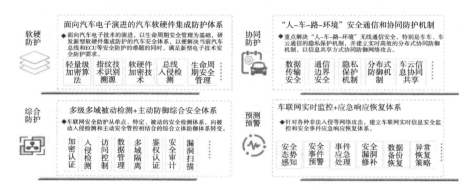

**图 17 车联网安全防护体系**

4. 小结

在新一轮车联网发展布局的关键节点，我国车联网安全技术和产品研发，还需从产业布局的角度，关注以下几个方面。

一是建设车联网安全模拟仿真平台。针对车联网安全技术和产品研发，开展车联网安全核心技术研发、车联网安全场景模拟、车联网安全试验靶场建设、安全技术产品测试和安全方案验证。

二是建立车联网安全监测平台。提升车联网安全态势感知能力，开展设备识别与定位、关键系统和平台监测、漏洞发现、网络关键节点检测和风险感知，增强安全监测预警、应急处置能力。

三是车联网安全测试评估。基于车联网安全标准研制，采用成熟的安全评测技术、评估模式与自建评估体系相结合，构建评估体系、建设评估验证系统、开展安全评测技术研究、建立行业评估规范，开展车联网各环节的评测评估。

四是车联网产业、行业安全协同建设。为车联网相关企业、主管单位、安全厂商等提供安全支撑、咨询、方案设计、检查检测等公共服务，包括漏洞收集发布、安全预警研判、事件协同联动以及攻防演练等。

# B.13
# 网络安全企业发展路径及政府角色研究

赵　爽　崔枭飞　张文辉*

**摘　要：** 网络安全企业是国家网络空间安全能力的重要支点。以美国为首的西方发达国家，凭借强有力的网络安全企业实力、紧密联动的政企关系，占据全球网络空间优势地位。本研究拟通过对国外典型企业发展的研究，借鉴国际经验，提出促进我国网络安全企业发展的政策建议。

**关键词：** 网络安全　安全企业　政企关系

## 一　国际典型安全企业发展路径

FireEye、Palo Alto、Check Point、SOPHOS、Trend Micro 等网络安全企业在国际上具有较强影响力，通过对这些企业创立背景、创始人及资本情况、细分技术领域、重要转折节点、布局前沿领域等的分析，能够了解网络安全企业发展的鲜明历程。

### （一）国际典型网络安全企业的发展路径分析

1.美国网络安全企业 FireEye 发展分析

FireEye 曾持续入围全球网络安全 500 强，并多次取得第一，Gartner 分

---

* 赵爽，经济学硕士，中国信息通信研究院安全研究所工程师，研究方向为网络安全产业与基础设施保护；崔枭飞，计算机科学硕士，中国信息通信研究院安全研究所网络安全研究员，研究方向为网络安全新技术与挑战；张文辉，工学硕士，电信科学技术研究院信息与通信工程研究生，研究方向为网络安全。

析师评价称："FireEye Inc. is at the top of the list。"

FireEye 历经了起步、发展、停滞、转型等过程。FireEye 成立于 2004 年，于 2008 年 3 月发布第一个产品——网络恶意攻击保护系统（Web MPS），而后于 2011 年发布 email MPS，于 2012 年拓展到 file MPS，正式起步。而正是 MPS 系列产品组合构成了 APT 检测和防御产品的基础。FireEye 在 2012 年获得了长足发展，增长率超过了100%。其合作伙伴与客户已达 1000 多家，有 1/4 的财富市值超过 1 亿美元的 500 强企业在使用该公司产品。2013 年至 2014 上半年频发的 APT 攻击事件将 FireEye 公司股价一度推上顶点，市值一度超过 100 亿美元，公司在 APT 防护上具有独占优势，深受追捧。然而随着 FireEye 公司地位的上升，MVX 技术也遭到诸多挑战。从 2014 年 3 月开始，FireEye 的股价开始走向下坡。传统竞争优势的逐渐丧失也逼迫 FireEye 进行转型，其产品和服务体系在 2014 年收购 Mandiant 公司之后进行了改变。FireEye 强于检测，Madiant 强于处理，双方优势互补。

目前，FireEye 主营业务涉及 NX（互联网）、EX（邮件）、FX（内容）HX（端）等，主要提供产品支持服务，即火眼服务、移动设备威胁防护（MTP）、威胁分析平台（TAP）、基于云的邮件威胁防护；客户支持，即动态威胁服务（DTI）、高级威胁服务（ATI）；等等。

FireEye 主营业务及收入构成情况如图 1 所示。

FireEye 核心技术及发展优势主要有两点。一是 FireEye APT 检测关键技术，多向量虚拟执行技术（Multi-Vector Virtual Execution）。FireEye 的 APT 检测实际上是一种"沙箱"（Sandbox）技术，是在虚拟环境下执行和检测攻击，发现恶意脚本和阻断攻击，VX Engine 是其核心处理引擎。从技术原理的角度来说，检测主要分为两个阶段。在捕获阶段，对 Web、电子邮件和文件样本进行捕获；在虚拟运行阶段，即放到沙箱中依据不同的操作系统和应用进行虚拟执行和 Reply（重放），发现包括恶意软件在内的威胁。从产品的发展阶段来说，基于 MVX 技术的 FireEye 产品为专有硬件系统而非虚拟化和软件版本，硬件检测具有可控和高效的优点。

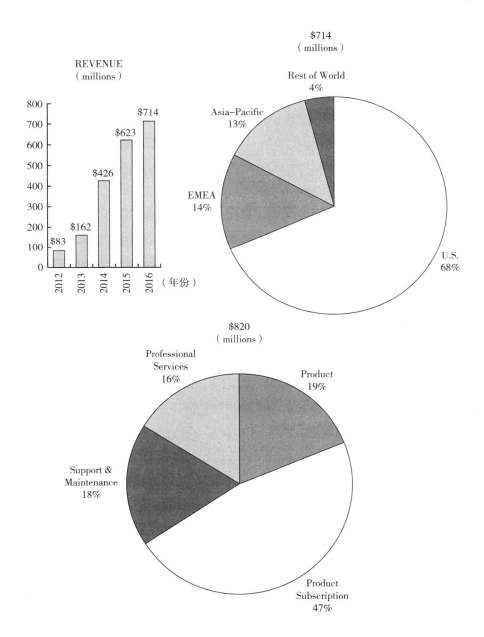

**图 1 FireEye 收入构成及增长情况**

资料来源：FireEye 2016 年年报。

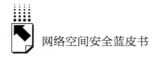
二是面向服务转型，动态威胁分析平台（Threat Analytics Platform，TAP）。TAP是进行数据关联、分析和威胁识别的处理引擎，是FireEye产品体系的大脑。FireEye将这个引擎放到了"云"上，用户可以上传数据，并通过访问云端平台获得威胁分析的结果，同时一些新的IOCs（Indicators of Compromises）和Profiles也通过TAP同步到本地。反过来利用云平台大数据FireEye搭建出事件响应智能（IR Intelligence），这是一个典型的云安全模式，一方面采集Event数据；另一方面下发更新的指标和模版。FireEye技术演变路径如图2所示。

**图2　FireEye技术演变**

资料来源：中国信通院整理。

### 2. 美国网络安全企业Palo Alto发展分析

作为下一代防火墙产品定义者，Palo Alto Networks由Check Point和NetScreen的前工程师Nir Zuk创办于2005年，Nir Zuk是早期状态检测防火墙和第一入侵防御系统的主要开发者。2007年，Palo Alto Networks推出第一个自主研发的防火墙，Greylock和Sequoia Capital两家风投公司相继提供了25万、900万美元的启动资金。

2012年7月20日，Palo Alto Networks在纽约证券交易所上市，上市后保持几乎年均50%的增长速度。2014年1月，成功收购了Morta Security，主攻高级持续性威胁；同年4月，收购了Cyvera，其产品针对安全威胁提供综合管理；2015年5月，成功收购了Cirro Secure，实现了在云安全领域的加强与拓展。

Palo Alto是美国新兴安全企业前瞻性布局和转型的代表。在2010年网络安全界还沉迷于统一威胁管理UTM时，就率先提出了下一代防火墙，随后敏锐地把握住行业发展趋势，将 APT 和云安全两大行业热点相结合。Palo Alto 的下一代安全平台正着力打造一个从实到虚、从云端到终端、从已知到未知的多层次纵深防御体系。

Palo Alto 主营业务分为三大产品体系，一是下一代防火墙，Global Protect、Panorama（全景）以及虚拟化下一代防火墙（VM 系列）。二是云和 SaaS 安全，Aperture、VM 系列（公有云、私有云）。三是威胁情报云，Aperture、VM 系列（公有云、私有云）。目前，Palo Alto 在 IDC 企业级防火墙市场占有率位列前三，并以其下一代防火墙、安全管理、威胁情报、终端防护、虚拟防火墙等 6 项产品入围美国国土安全部 CDM 项目一揽子推荐产品清单。

Palo Alto 赢利情况如图 3 所示。

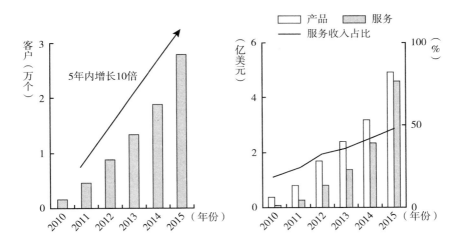

**图 3　Palo Alto 客户及销售收入增长情况**

资料来源：Palo Alto 2016 年年报。

Palo Alto 核心技术及发展优势主要有两点。一是下一代防火墙技术。Palo Alto 是下一代防火墙（Next Generation Firewall，NGFW）概念的缔造者；Palo Alto 提出的下一代防火墙与统一威胁管理（UTM）的差异在于，产品支持的多种功能特性可以并行处理且不影响处理性能，充分利用多线程技术和多核处理器性能实现并行化的检验处理和过滤操作；Palo Alto 防火墙首先基于应用签名过滤流量，而非传统防火墙仅仅基于端口。

二是基于云的 APT 防御技术。Palo Alto 敏锐地把握住网络安全的发展趋势和中小客户需求痛点，其 Wildfire 产品将 Cloud 和 APT 有机结合，提供基于云的安全防护。Wildfire 核心能力包括：零日攻击检测，即 Wildfire 云通过行为分析能力，快速识别常用应用程序和操作系统中的攻击；恶意域名监测，即通过构建遭到入侵域名和基础网络架构的全局数据库，在高级攻击的控制阶段阻止攻击；可视化数据呈现和处理，即在单一视图中展现有关恶意软件、恶意软件行为、遭到入侵的主机等丰富信息，便于事件响应团队快速识别威胁并构建主动控制；自动化响应，即识别威胁后，自动响应阻止攻击而无须人工操作或服务。

3. 以色列网络安全企业 Check Point 发展分析

Check Point 软件技术有限公司创立于 1993 年，以 FireWall 获得专利的状态检测技术（Stateful Inspection）发明而成为 IT 安全行业的先驱。目前，Check Point IDC 下一代防火墙和 UTM 市场占有率第一，连续十八年位于 Gartner 企业级防火墙 Leaders 领导者象限，连续七年位于 Gartner 移动数据保护 Leaders 领导者象限，连续六年获得 NSS Labs 下一代防火墙产品推荐评级，连续两年获得 NSS Labs 数据泄露检测产品推荐评级。

2006 年，Check Point 提出一体化安全管理平台 UTM，并在防火墙领域占据优势地位。2007 年，Check Point 收购 Protect Data&NFR Security，用户数达到 5.86 亿户，并开始涉足数据安全。2009 年收购 FaceTime Communications 应用数据库，Check Point 取得业界最全面的应用程序分类和签字数据库，包括 50000 多个 Web 2.0 专用界面工具和 4500 多种互联网应用。2010 ~ 2011 年，收购 Liquid Machines&Dynasec。2015 年 2 月，收购 Hyperwise CPU 级别高级威胁检测平台，Check Point 开始聚焦威胁情报与云安全，并在同年 4 月，收购 Lacoon Mobile Security，向移动安全发力。

Check Point 赢利情况如图 4 所示。

Check Point 主要提供四类解决方案。一是下一代威胁防御，包括基于云的威胁防御、Sand Blast 零日漏洞防护以及 IPS。二是移动安全，包括 DLP 软件、

**图4　Check Point 发展历程**

资料来源：中国信通院整理。

URL 过滤软件。三是下一代防火墙，包括针对公共云和私有云安全的 vSEC、Power 系列（针对数据中心 & 大企业）、UTM 系列（针对中型企业、小企业 & 分支机构）。四是安全管理，包括 Smart－1 管理设备、终端安全管理 E80 等。

Check Point 核心技术及发展优势主要分为三点。一是防火墙引擎。Check Point 防火墙引擎预定义 300 多种协议，可实现对网络应用及协议的全面支持、深入的协议检测。防火墙引擎可控制的 FTP 命令为 50 多种，具有强大的认证功能，可实现基于 Session 的用户认证、认证集成功能和 Microsoft AD 集成实现用户认证单点登录、链路负载均衡、inbond/outbond 链路复杂均衡，并支持 DNS Proxy。

二是推出基于软件刀片架构的全新安全管理系列设备。Check Point 推出了突破性安全创新技术，即软件刀片架构。此架构采用单一管理控制台、统一安全网关、统一终端安全管理。基于此架构的 Smart－1 安全管理设备系列，是业界首个整合了网络、IPS 和端点安全策略管理的可扩展安全设备，并可提供高达 12TB 的整合记录存储。通过 Check Point 的软件刀片架构，用户可以根据需要通过添加管理刀片来扩展 Amart－1 设备的标准功能。

三是未知威胁防御技术。设备通过防病毒、抗 Bot、SandBlast 威胁仿真（沙箱）和 SandBlast 威胁提取技术来保护企业免受已知和未知威胁的攻击。即使黑客应用绕过沙箱的逃避技术，基于云的威胁仿真引擎也可以检测到恶意软件。在虚拟沙箱中运行，快速隔离并检查文件，以便在进入网络之前发

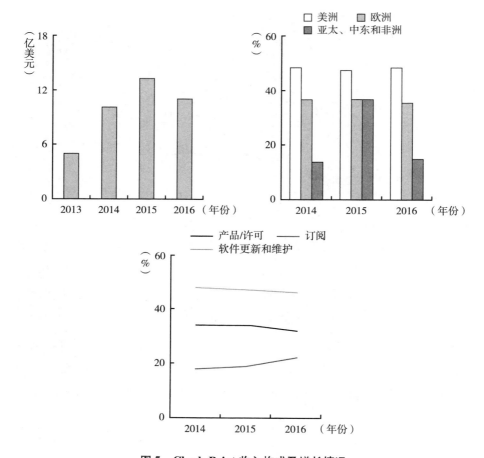

**图5 Check Point 收入构成及增长情况**

资料来源：Check Point 2016 年年报。

现恶意行为。这一创新解决方案结合了基于云的 CPU 级检测和操作系统级沙盒，以防止感染高危漏洞。此外，SandBlast Threat Extraction 可重建文件以消除潜在的威胁，维护业务正常运转。

4. 英国安全企业 SOPHOS 发展分析

SOPHOS 在 1985 年成立，发布防病毒软件并率先采取多引擎检测（checksum）。1991 年，在第一次海湾战争期间，开始为英国军队提供产品和服务，并于 1996 年建立北美总部。2002 年获得 TA Associates 投资，开启了收购大潮，并于 2015 年伦敦股票交易所上市（见图 6）。目前，SOPHOS 作为 Gartner 统一威胁管理魔力象限领导者，获得了 SC Magazine Awards Europe 2016 最佳 UTM 产品奖、AV-TEST 最佳 Android 应用安全防护奖唯一获奖企业等荣誉，并服务全球 150 个国家 100000 家企业，共拥有 1 亿用户。

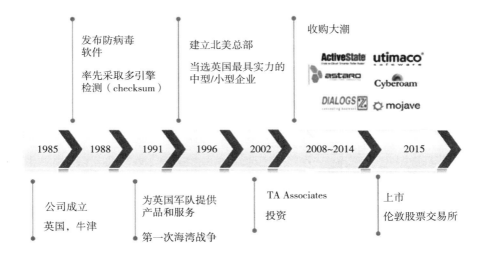

**图 6　SOPHOS 发展历程**

资料来源：中国信通院整理。

针对网络，SOPHOS 主营产品包括：XG 防火墙、SG UTM、安全 WiFi、网页防护和安全邮件。针对终端用户，主营产品包括：XG 防火墙、SG UTM、安全 WiFi、网页防护和安全邮件。

SOPHOS 以其终端和网络的有机结合和同步安全理念，主要形成两个核心技术及发展优势。一是 Anti-Virus 技术。SOPHOS Anti-Virus 病毒侦测引擎，包含程序码模拟器、在线式的解压缩器和侦测其清除宏病毒的 OLE2 引擎。二是 InterCheck 技术。InterCheck 技术是专门为了改进网络环境中的病毒扫描性能而开发的，整合了病毒扫描及计算检查码的方式将每个文档需要被扫描的次数最小化，而不会降低安全性。这样的技术避免了许多防毒系统在执行性能、侦测能力及其他方面的缺陷。

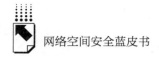
5. Trend Micro 发展分析

Trend Micro 作为第一家推出病毒防护产品的企业，于 1988 年在美国加州成立，同年在东京证券交易所上市，并于第二年 7 月在美国纳斯达克证券交易所上市。Trend Micro 在 1992 年接管了日本软件公司成立趋势科技，在日本设立总部。2005 年通过收购 InterMute，集成其反间谍技术产品。2007 年收购美国企业 Kelkea，核心技术为 IP 识别与风险管理。2008 年收购 Provilla，提升了其文件泄露防护能力。2009 年收购英国 Identum，集成其加密技术到趋势产品中，并于同年，收购加拿大 Third Brigade，提升了动态数据防护及应用安全防护能力。2010 年收购英国 humyo，聚焦基于云的存储和数据同步（见图 7）。Trend Micro 赢利情况如图 8 所示。

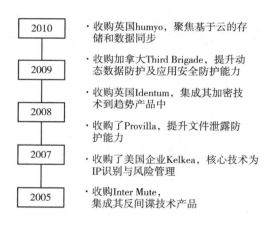

**图 7　Trend Micro 并购历程**

资料来源：中国信通院整理。

Trend Micro 除积极开展并购外，也高度重视与相关公司开展战略合作活动，例如，与 VMware 进行 OEM 合作，推出全球首家整合式云端虚拟化安全方案；与 Qualys 合作建立联盟，加码风险管理；与 Facebook 合作，利用主动式云端截毒技术，阻隔恶意网站链接，并于 2014 年取得 IDC 终端安全市场占有率第一以及 expertON Group 云安全服务商第一的地位。

Trend Micro 主营业务分为四个方面。一是 Web 安全，包括邮件安全、

WEB 防病毒（IWSS）、Web 安全网关（IWSA）。二是信息安全，包括 IMSA（硬件）、电子邮件病毒防护（ScanMail）。三是网络安全，包括网络防病毒（NVWE 硬件）、TDA（硬件）。四是终端安全，包括企业终端安全防病毒、服务器病毒防护、服务器深度安全防护系统。

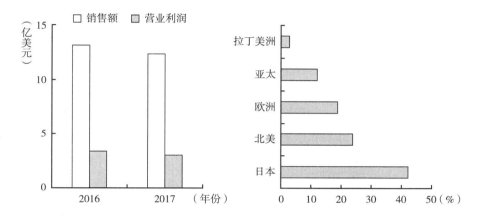

**图 8　Trend Micro 收入构成及增长情况**

资料来源：Trend Micro 2016 年年报。

Trend Micro 的核心技术主要集中在以下方面。一是主动式云端截毒技术（Smart Protection Network）。Trend Micro 通过主动收集恶意文件信息、传播途径、关联链路，自动化关联分析潜在安全风险并提供防护策略，实现恶意文件隔离和查杀。二是创新的病毒防护处理机制。Trend Micro 针对病毒采取分阶段抑制措施，实现病毒防护的最佳效果；在新病毒出现前、刚出现、出现中、出现后的每一阶段都有相应的应对策略，通过漏洞控制、阻止策略等获得防护能力，并实施彻底化病毒清除。三是集中统一的高管理性。Trend Micro 防病毒系统实现了跨广域网的多级控制与管理，集中分发漏洞检测码、阻止策略、病毒代码、扫描引擎、清除工具，并自动生成日志报表，帮助管理员快速定位传染源和发现未部署防病毒系统的漏洞节点，一个管理人员就可以完成整个所辖网络防毒系统的管理，减少了人力投入，同时保证了防毒系统策略的一致性。

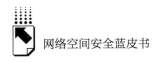

## （二）国际典型网络安全企业的发展路径总结

**1. 把握技术变革趋势，敏锐捕捉新兴威胁，引领技术和产业发展**

网络技术从最初带宽的发展，到网络应用蓬勃发展，再到社交网络等新业态的出现，及至现在 IT 技术全面渗透以及云计算场景的出现，网络安全威胁也在不断演变，相应的网络安全防护技术也在不断革新。针对流量压力，Check Point 提出网络和传输层基于数据包源地址、目的地址、端口号的状态检测防火墙（硬件）；针对 Web 攻击邮件蠕虫，Net Screen 提出在 OSI 第七层应用层，实现对 Web 业务进行保护的应用防火墙；针对威胁多元化、小众协议、僵尸网络，Check Point 提出统一威胁管理（UTM），即防火墙、网络入侵检测和防御、防病毒网关功能集合；针对 APT 攻击、ODAY 漏洞，Palo Alto 提出多功能集成、统一平台管理，可选择扫描全部或扫描一次的下一代防火墙；针对云安全威胁，Palo Alto 提出基于虚拟化平台的软件化设备云，即虚拟化防火墙（见图9）。

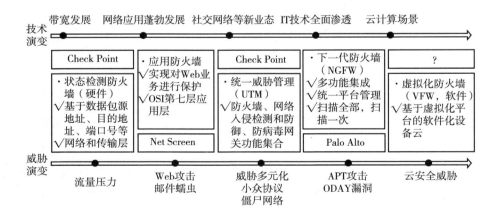

**图9 安全企业发展与技术演变关系**

资料来源：中国信通院整理。

**2. 取得国际顶级安全咨询、评级机构认证认可，提升业界影响力**

FireEye、Palo Alto 等企业均获取 Gartner、IDC 等多个咨询机构的认可，确立了在产业界的重要地位。IDC 主要提供全球、区域、细分领域市场咨询，Gartner 则侧重技术成熟度分析、魔力象限、区域市场分析等，而 SC、InfoWorld、Momentum、SANS 也在全球范围具有极强的影响力。除了咨询机构外，检测认证也是企业技术水平的重要保证，在防病毒领域，英国认证机构有西海岸实验室 Checkmark 认证、VB100% Award 等，德国认证机构有 AVTest 测试等，Symantec、SOPHOS、Trend Mirco 均参与了该认证；在安全硬件领域，有 NSS Labs、ICSA 机构，Check Point 等安全硬件厂商更加偏好此类认证。

3. 上市融资

恰巧本文分析的安全企业均为已上市的网络安全企业。从上市时间与成立时间的差距看，有成立 4 年就迅速上市的 Check Point，也有历经 30 年于近期刚刚上市的 SOPHOS，虽然上市时间存在一定差距，但均选择了上市，也有着一定的代表性。相关企业市值、营收以及营收增长情况如图 10 所示。

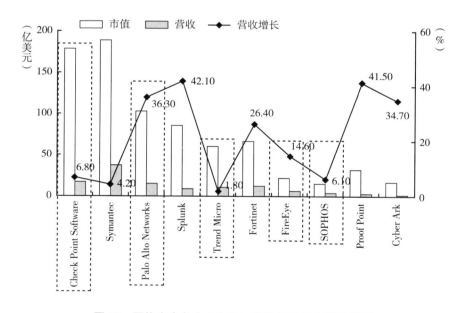

**图 10　网络安全各企业市值、营收以及营收增长情况**

资料来源：中国信通院整理。

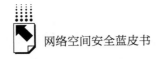

### 4. 重视政府市场布局

Palo Alto 与美国政府、情报部门均有业务往来，Trend Micro 则是美国国土安全部的重要合作伙伴，SOPHOS 也为英国军方提供技术支持。可见，打造政企关系、开拓政企市场对于安全企业的发展异常重要。政府市场布局的优势主要有两点：一是政府网络安全市场需求广泛、资金充沛；二是政府、军队等案例，具有显著的示范效应，可作为企业技术处于领先地位、资质可信赖的官方证明。

### 5. 全球市场扩张

从各家企业收入构成看，几乎全部为全球化的市场收入格局。企业进行国际市场布局的优势主要有两点。一是市场的全球化。在网络攻击全球化趋势下，安全需求集中爆发，国际市场潜力大。二是资源的全球化。如技术资源、威胁情报资源等。网络安全企业国际市场份额情况如图 11 所示。

| 企业名称 | 美国 | EMEA/欧洲 | 亚太 | 其他 |
|---|---|---|---|---|
| FireEye | 68% | 14% | 12% | 4% |
| Trend Micro | 24% | 19% | 54%（日本42%） | 3% |
| SOPHOS | √ | √ | √ | √ |

**图 11　网络安全企业国际市场份额情况**

资料来源：中国信通院整理。

## 二　主要国家安全产业扶持经验

网络安全产业发展与政府对网络安全的重视、投入以及相应的政策举措紧密相关。主要国家在技术孵化、资金注入、市场推动等方面采取了一系列举措，助力企业成长。

### （一）美国：培育网络空间安全保障和威慑能力

美国作为全球领先的网络强国，政府在国家网络安全政策和战略制定方面体现出很强的前瞻性和执行力，在安全企业发展壮大的过程中直接扮演着重要的角色。美国以技术应用带动企业发展，培育网络空间安全保障和威慑能力，具体表现如下。

一是政府背景投资基金投资战略性关键技术。美国中央情报局下属风险投资机构 In-Q-Tel，近 20 年来致力于搜寻与国家安全相关的创新技术，给予资金支持并搭建政企桥梁，惠及上千家初创企业。被 In-Q-Tel 投资的企业，高达 70% 的比例在其投资后得到了政府机构的订单，而且平均可收获来自其他风险投资机构的总额是 In-Q-Tel 投资额 11 倍的融资。

二是通过政府主导的产品推荐清单，推进先进技术应用部署。美国国家网络安全行动计划（CNCI）重点任务之一，美国政府的持续诊断和应对计划（CDM），旨在落实美国《联邦信息安全管理法》（FISMA）中对政府信息系统实施持续监测的规定，提升政府系统安全态势感知能力。为落实该计划，美国国土安全部建立了涉及 302 项网络安全相关产品的推荐清单，包括安全管理、应用防火墙、邮件安全网关等一系列产品和服务，清单内容包括 Bit9 - 安全管理平台、CyberArk - 威胁情报分析、IBM - 终端安全管理、MaAfee - 高级威胁防御、Palo Alto Networks - 下一代防火墙以及 RSA - 数据访问管理等，为政府部门及相关领域采购提供指导，有助于统一提升关键信息基础设施安全保护水平。

三是通过国家级技术认证，形成产业示范效应。美国国土安全部依照《培育反恐技术法案》（Safety Act）对有助于防范和应对恐怖主义的技术进行认证。2015 年 4 月，FireEye 的多向量虚拟引擎和动态威胁情报云平台取得了该法案认证，确立了 FireEye 在网络安全技术和市场的领先地位，也将促进美国军方、政府和其他重要部门加大火眼安全产品和服务的部署使用力度。

## （二）以色列：政府操刀网络安全企业崛起之路

以色列网络安全产业凭借创新文化基因、人力资源优势、明确的战略定位，成为网络安全领域的大国、强国，受到举世瞩目，具体表现如下。

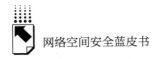

一是在 1995～2002 年起步阶段，关注"计算机安全"，尝试磨合，由点到面。组建国家层面的安全咨询委员会，启动安全标准研制；在财政部设立"计算机处"，统筹管理 IT 预算；强化电子政务领域安全能力建设，维护信息系统安全。

二是在 2002～2010 年发展阶段，强调"信息安全"，明确职责，重点保护。颁布国家关键基础设施保护的安全政策；设立"国家信息安全局"（NISA）；化解金融领域的安全监管矛盾；扩充关键基础设施保护的工作体系。

三是在 2010～2015 年成熟阶段，狠抓"网络安全"，升级安全战略，强化组织协调。仿效美国启动网络安全政策评估；发布承前启后的《国家网络计划》报告；落地践行《2011 国家网络战略》；成立总理直属的"国家网络空间局"（INCB），统筹管理网络发展与安全工作。

四是在 2015 年至今完善阶段，注重"网络空间安全"，加强总体协调、巩固优势地位。成立"国家网络空间安全管理局"（NCSA），与 INCB 并驾齐驱；颁布出台《2015 以色列网络安全新战略》；致力于巩固网络安全世界强国的优势地位，积极拓展国际网络空间交流与合作。

## （三）英国：加快企业孵化进程，支持企业海外拓展

英国实施网络安全加速器计划与网络安全培育计划，加快企业孵化进程，支持企业海外拓展。一是网络安全加速器计划。2015 年 1 月，英国宣布设立网络安全 Pre-Accelerator 项目，以支持初创型网络安全企业创新成长。二是网络安全培育计划。以 GCHQ 网络加速器计划为基础，挑选在加速器计划中，有潜力的安全企业参与；参与该计划的企业可与来自 GCHQ、国家网络安全中心等的国际顶尖人才和技术专家对话，获悉政府采购流程、知识产权管理、出口管制等信息，并有机会向政府部门提供产品和服务；初创公司将获得 Wayra UK 授予的资助，提供工作场所，还将有机会学习网络安全最佳做法并获得 Cyber Essentials 认证；该计划将帮助初创企业促进初期销售和业务发展，并确保后续第三方投资，该计划第一期 7 家企业已融资

270 万英镑，并获得了思科订单。

此外，为了加强政府和安全供应商之间的协调，英国贸易投资署（UKTI）设立了由学界、政府和工业界代表组成的"网络成长伙伴关系"。该伙伴关系致力于获得更多的出口市场，提升英国安全企业在国外市场的竞争力，进行市场分析，并通过巴西、印度、海湾国家和东南亚等地的驻外机构收集信息，以了解当地和区域的网络安全情况、高价值项目和出口风险。同时，英国贸易投资署还积极对外发展双边关系，寻求网络产品和服务的出口机会。

# 三 我国网络安全产业政策扶持情况

## （一）政策现状

我国网络安全企业扶持政策措施分为企业孵化、技术培育、企业发展、技术应用四个主要领域。在企业孵化领域，主要依靠民间孵化器、社会资本实现；在技术培育领域，依靠网络空间安全专项等科研专项的施行以及主要面向具有一定市场规模、技术实力的中大型安全企业的措施；在企业发展领域，依靠国家高新技术企业等荣誉资质以及税收等财政扶持手段；在技术应用领域，主要依靠企业自主市场拓展。

### 1. 技术培育

自 2016 年 2 月 19 日以来，网络安全被纳入了国家重点研发计划《网络空间安全重点专项》。专项的总体目标是逐步推动建立起既"与国际同步"又"适应我国网络空间发展"的"自主"的网络空间安全保护、治理和网络空间测评分析技术体系。部署 32 个重点研究任务；专项实施周期为 5 年，即 2016～2020 年；按照分步实施、重点突出原则，首批在 5 个技术方向启动 8 个项目；国拨经费总概算为 3.99 亿元推动技术培育。在创新链方面主要依靠五点推动技术培育：一是网络与系统安全防护技术研究；二是开放融合环境下的数据安全保护理论与关键技术研究；三是大规模异构网络空间中的可信管理关键技术研究；四是网络空间虚拟资产保护创新方法与关键技术研究；五是网络空间测评分析技术研究。

除国家级、网络安全方向的科研专项外，非安全、地方性专项也为企业创新提供助力。科技部颁布国家高技术研究发展计划（原863计划）；发改委成立国家工程实验室；发改委实行促进大数据发展重大工程专项；财政部实行战略性新兴产业发展专项；工信部实行软件公共服务平台专项。

重点区域也提出了相关专项或产业扶持政策，例如，北京市颁发北京市科技型中小企业技术创新资金；为海淀园三站政策提供资金支持；推动北京市科技新星等项目的实行。上海实行上海市中小企业产业升级配套专项以及浦东新区软件和信息服务业发展专项。成都实行成都市信息安全示范应用补助项目以及四川省新一代信息技术与信息安全专项等。

2. 企业扶持

我国企业发展扶持政策以税收优惠为主要手段，重点城市相关网络安全园区则在用地、投资建设、上市等方面提供丰富的扶持措施。主要税收优惠政策包括：国家、地方高新技术企业税收优惠，双软企业税收优惠，技术开发免缴增值税优惠，专利申请费用减免优惠，小型微利企业税收优惠等，以助力企业的发展。

园区政策方面，《武汉市人民政府关于支持国家网络安全人才与创新基地发展若干政策》极具代表性。例如，在用地方面，对在网络安全基地核心区建设大数据中心、超算中心等公共技术平台，且固定资产投资在30亿元及以上的企业，其用地可搭配一定比例的商住用地依法出让；将网络信息安全产业纳入市优先发展产业，享受供地价格优惠政策。在投资补助方面，对网络安全产业重大项目或者产业链关键项目，鼓励武汉临空港经济技术开发区管委会按照项目固定资产投资2%～8%的补贴标准实行配套支持。在上市奖励方面，鼓励支持企业上市，对在境内外主板、创业板上市和新三板、武汉股权托管交易中心挂牌的企业按照政策给予一定额度奖励。

3. 技术应用

为完善电信和互联网行业网络安全保障体系，进一步推进网络安全技术手段建设，工业和信息化部连续三年开展了网络安全试点示范工作，遴选项目 82 个，涉及项目建设金额超过 10 亿元，形成了若干可复制的经验模式并进行推广。

### （二）存在的不足

相较于国际，我国政府在网络企业发展中的扶持、引导力度有待进一步加大，具体体现在以下三个方面。

1. 政府扶持政策层次化、体系化水平有待提升

一方面，政府政策尚未成为产业需求牵引的有效方式，网络安全建设投入长期严重不足。2015 年我国电子信息产业中软件和信息技术服务业实现业务收入约 4.3 万亿元，网络安全产业占比仅为 6.6‰，与国际平均水平 2% 存在 3 倍的差距；美欧等西方发达国家在重要 IT 系统建设中的网络安全投入占比达到 15%～25%，我国与之相差近 20 倍，投入严重不足已经成为制约产业发展和网络安全保障能力提升的重要掣肘（见图 12）。

另一方面，目前政府政策多面向大中型企业倾斜，对于中小型企业适用性不强。《国家信息安全专项》《网络空间安全重点专项》等专项计划，主要承担单位均为大中型安全企业、事业单位等；在部分区域性产业园区建设上，给予知名企业以更大优惠力度。

2. 政府对于企业技术转化扶持力度不足

政府资金支持项目转化为产品/应用的数量相对较少，多数政府项目是科研项目，主要以深度研究、挖掘关键网络安全技术为主，预期实际验收成果与企业自身赢利产品输出相比相对较少。过去 3～5 年获得政府资金支持的项目转化为产品或应用的数量如图 13 所示。

3. 缺乏对于战略性技术企业的孵化和培育

一是尚未建立技术企业孵化的综合平台。尚未建立形成一整套初创企业培育政策体系，未能按照不同领域、不同发展阶段提出差异化的孵化培育政策，未能形成良好的政产学研联动机制，缺乏针对战略性关键技术的方向指引。

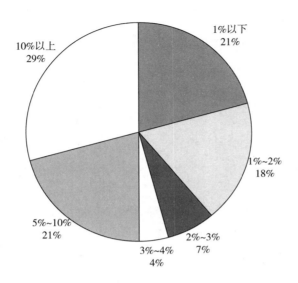

**图12 政府资金支持占企业研发投入比例**

资料来源：中国信通院。

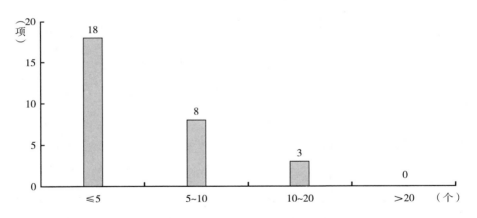

**图13 过去3~5年获得政府资金支持的项目转化为产品或应用的数量**

资料来源：中国信通院。

二是对于企业影响力构建等考虑不足。一方面，缺乏国家级的认证、资质等，未能形成产业界的示范作用，推动创新技术产品推广；另一方面，未能充分发挥网络安全有关论坛、会议对于先进技术、创新企业的品牌效应，一些网络安全宣传活动定位为专业领域活动，参与人数较少。

三是缺少政府主导的安全产业投资基金。美国、以色列、英国等网络安全产业强国均采取了国家主导性质的产业投资、融资行为，目前我国尚未针对安全领域建立国家级、政府主导性质的专项基金。

# 四　有关建议

## （一）企业发展建议

一是加大投入，对标国际前沿技术开展创新研发。把握网络技术演进趋势，加大资金投入，加快突破网络安全核心技术，打造竞争优势；加快机器学习、人工智能、大数据分析等新兴技术布局，提升网络安全技术产品的性能，创新网络安全防护思路。

二是加强政府市场布局，建立完善政企合作关系。依托技术、产品和资源优势，服务国家需求，重点面向关键信息基础设施等重要领域需求开展研发和市场布局；通过信息共享、手段联动、处置协同等方式，建立与政府互信互认、互为依托的紧密关系。

三是积极推进网络安全"国际化"，提升国际影响力。通过海外论坛展会、联合方案定制集成、渠道合作复用、标杆工程建设等多种方式积极开展"走出去"探索；积极融入国际安全圈，加深与国际产业界的交流合作，引进先进理念、技术和人才，这些日益成为中国网络安全企业打造"高精尖"技术布局的必要举措。

## （二）政策建议

1. 以落实《网络安全法》、网络强国战略为契机，加快推动网络安全产业发展政策落地

一是细化网络安全政策要求，完善保障政策落地的配套措施。明确细化安全防护标准和要求，加强大数据、人工智能、工业互联网等新兴领域网络

安全手段建设，推动开展网络安全风险评估，让产业政策和保障需求转变为切实推动产业发展的依据和条件。二是发挥政策导向作用，引领网络安全创新发展方向。突出抓重点、强基础、补短板，支撑关键核心安全技术突破；大力支持网络安全服务产业，推动构建网络安全产品与服务相互配合、相互补充的动态防御体系。三是加大财税政策扶持力度，助力中小企业孵化培育。创建创新企业孵化的良好环境，加快培育国家级、战略性、创新型安全技术企业。

2. 加快推动网络安全产业园区建设，打造网络安全高端、高新、高价值产业集聚中心

一是推动产业集聚发展。打造政产学研用网络安全产业生态系统，孵化网络安全核心技术、高精尖技术企业。二是加快突破核心技术。推动联合建设国家级和部省级实验室，联合申报国家重大专项，强化网络安全技术协同攻关。三是推进产品服务创新应用。以关键信息基础设施保护为契机，推进网络安全产品和服务应用。四是做好人才引进。打造园区网络安全实训基地，吸引国内外高端网络安全人才。五是促进国际交流合作。建设网络安全产业国际合作交流平台，引导企业和机构加强网络安全技术国际合作研发。

3. 加快推广网络安全最佳实践，以应用带动产业升级

继续推进网络安全试点示范工作，进一步推进网络安全技术手段建设，为关键信息基础设施安全提供有力保障。一是拓展试点示范新领域：物联网、车联网、工业互联网、智慧城市、智能家居、互联网支付等。二是创新网络安全新技术：云计算、大数据、人工智能、区块链、机器学习等。三是给予示范项目更多支持：完善项目管理，提高推广力度，推动示范项目的实战化、效益化。

4. 优化完善产业生态环境，推进产业互动对接

一是营造公平竞争的市场环境。开展网络/系统评估认证工作，推动建立以"成效"为核心的服务评价机制；加强网络安全服务能力评定，规范网络安全服务市场，建立安全企业社会信用体系。二是充分发挥行业平台力

量。发挥政府智库、行业平台力量，持续加强安全领域研究和输出，预测技术趋势，推广应用经验，宣传创新产品服务。三是加快推进网络安全高端人才培养。以重点行业领域安全技能大赛等为依托，重点面向基础业务应用、大数据系统、IoT、工业互联网等领域安全防护需求，构建完备、系统、接近真实的测试环境和平台，助力网络安全人员实战能力提升。

# 国际治理篇

## International Governance

# B.14
# 美欧网络数据产权化发展及其启示

张 衡[*]

**摘　要：** 当前，各种大数据开发利用的技术和政策激励措施缔造了对
数据产业规模的巨大想象空间，同时各方都在积极主张自身
对数据的权益。美欧围绕当前网络数据交易市场构建和共享
交易模式、数据权益分配和控制的规则展开了广泛的讨论，
这些讨论有助于我们廓清问题，寻找适当的制度路径以规范
和推动大数据产业的发展。

**关键词：** 数据产权化　共享交易　权益分配

---

[*] 张衡，法学博士，上海社会科学院信息研究所助理研究员，主要从事网络安全与数据保护
的法律政策研究。

近年来，推动数字经济和大数据发展成为各国的重要发展战略。以"数据"为关键生产要素的新经济形态成为各国政策的关注重心。以谷歌、Facebook、阿里巴巴等数据驱动型企业为代表的互联网巨头以及大批新兴数据创新企业创造了数据生产和利用的各种形式。比如，通过连接网络的各种智能设备生产并传输数据；以数据为基础构建人工智能的算法，通过机器学习改进认知模式；数据驱动下的数据内容生产和服务提供；数据驱动下的精准医疗；数据驱动下的预测和决策分析等。提出"第四次工业革命"概念的世界经济论坛创始人克劳斯·施瓦布（Klaus Schwab）将数据称为第四次工业革命的生命线。[①]

当前，各种大数据开发利用的技术和政策激励措施缔造了对数据产业规模的巨大想象空间，同时各方都在积极主张自身对数据的权益。各种设备、产品和服务产生的数据，出于安全、风险评估、合规、预防性维护、市场情报、新商业模式的发展、公共政策和执法等各种原因[②]，对于个人和组织来说都是极有价值的。然而，大部分受欢迎的数据的管理和控制都涉及隐私、信任和安全问题，以及谁有权从各种联网设备和服务产生的数据中获益的问题。[③] 在大众媒体和政治讨论中，这些问题通常被归为数据所有权或数据产权问题。[④] 近年来，Facebook 数据泄露、hiQ v. LinkedIn、新浪诉脉脉、顺丰与菜鸟的物流数据争夺、华为与微信的数据争夺等事件，都凸显出数据资产化过程中，数据主体与数据产业者、数据产业者之间对数据权益分配和数据权利归属存在的激烈争议。[⑤]

近年来，各国纷纷试图引入"数据所有权"概念，作为一项合法权利

① K. Schwab, *The Fourth Industrial Revolution*：*What it Means*，*How to Respond* （2016）www. weforum. org，published 16 January 2016.

② David Welch，*Your Car has been Studying You*；*Everyone Wants the Data*，Bloomberg BNA Privacy & Security Law Report 15 PVLR 1482（July 12，2016）.

③ McKinsey & Company，Car Data：Paving the Way to Value – Creating Mobility 7 – 9（2016）.

④ Evgeny Morozov，*To Tackle Google's Power*，*Regulators have to Go after its Ownership of Data*，THE GUARDIAN（July 2，2017），www. theguardian. com/technology/2017/jul/01/google – european – commission – fine – search – engines.

⑤ 张衡：《网络数据产权化发展及其争议》，《信息安全与通信保密》2018 年第 8 期。

展开辩论。尽管目前包括欧盟委员会在内的机构都对"数据所有权"概念持保留态度，但是其讨论方兴未艾。① 其实，早在数据尚未成为有价值资产的时候，学术界就展开了关于是否需要确立一项数据产权制度来约束和管理网络数据的讨论②，美国和欧洲的大量研究者提出假设或要求设立数据产权。③

国务院于 2015 年颁布《促进大数据发展行动纲要》（国发〔2015〕50 号），将数据确立为国家基础性战略资源。2017 年 12 月，习近平总书记在中共中央政治局就实施国家大数据战略进行第二次集体学习会议上要求推动"国家大数据战略"。④ 大数据产业发展必须规范数据交易市场秩序，在数据整合、共享和流通的生态环境中维护各利益相关方权益，从而降低交易成本，激活庞大的数据资产价值和创新应用，使数据产业得以迅速发展。⑤ 然而，在当前"数据所有权"议题的辩论中，围绕"数据""信息""所有权"的含义有很多不确定性和模糊性，对于数据权益的分配和控制的法律规则，比如排他性权利中的访问权如何确定，现有产权法律如何以及为什么

---

① European Commission, Communication on Building a European Data Economy (2017) 9 final; European Commission, On the Free Flow of Data and Emerging Issues of the European Data Economy, (2017) (Commission Staff Working Document); Osborne Clarke LLP, Legal Study on Ownership and Access to Data (European Commission 2016), https://bookshop.europa.eu/en/legal – study – on – ownership – and – access – to – data – pbKK0416811/; McKinsey Global Institute, The Internet of Things: Mapping the Value Beyond the Hype (McKinsey 2015); Lords Artificial Intelligence Committee, Who Should Own Your Data? https://www.parliament.uk/business/lords/media – centre/house – of – lords – media – notices/house – of – lords – media – notices –2017/october – 2017/who – should – own – your – data/.

② 齐爱民：《拯救信息社会中的人格：个人信息保护法总论》，北京大学出版社，2009。

③ Paul Schwartz, Property, Privacy, and Personal Data, 117 HARV. L. REV. 2055, 2059 (2004); Lawrence Lessig, The Architecture of Privacy, 1 VAND. J. ENT. L. & PRAC. 56, 63 –65 (1999); Lawrence Lessig, Code and Other Laws of Cyberspace, (1999), p. 122 – 35; Richard S. Murphy, Property Rights in Personal Information: An Economic Defense of Privacy, 84 Geo. L. J. 2381, 2383 (1996); Janeček, Václav, Ownership of Personal Data in the Internet of Things (December 1, 2017). Computer Law & Security Review, 2018, Forthcoming. Available at SSRN: https://ssrn.com/abstract = 3111047.

④ 《习近平：实施国家大数据战略加快建设数字中国》，http://news.xinhuanet.com/politics/2017 – 12/09/c_ 1122084706. htm。

⑤ 杜振华、茶洪旺：《数据产权制度的现实考量》，《重庆社会科学》2016 年第 8 期。

将数据纳入或排除在保护范围内的法律和政策因素还有待进一步论证。数据作为新经济的生产资料具有重要的价值，需要得到法律上的承认和保护，然而，数据权属不明导致数据获取、共享、交易等带来的风险和困境却可能使产业发展停滞不前甚至轰然塌陷。梳理分析国外有关数据产权化议题的研究和讨论，有助于我们进一步廓清问题，并找到适当的制度解决路径。

# 一　网络数据概述

## （一）网络数据的概念

我国《网络安全法》将"网络数据"定义为"通过网络收集、存储、传输、处理和产生的各种电子数据"。《最高人民法院关于适用〈中华人民共和国民事诉讼法〉的解释》中，将"电子数据"定义为"通过电子邮件、电子数据交换、网上聊天记录、博客、微博客、手机短信、电子签名、域名等形成或者存储在电子介质中的信息，以及存储在电子介质中的录音资料和影像资料"。我国对"网络数据"的定义，并非从数据性质或权属角度加以界定，而是从技术角度强调数据的载体和形态及其来源的广泛性。欧盟立法将网络数据分为个人数据与非个人数据。2018 年 5 月实施的欧盟《一般数据保护条例》和 2017 年 9 月发布的《非个人数据自由流动条例（提案）》（*Regulation on the Free Flow of Non-personal Data*）将数据分为个人数据与非个人数据，适用两种不同的制度。[①]当数据能够识别自然人时，该类数据属于个人数据，适用个人数据保护的规则。如果个人数据实施匿名化措施后不再具有身份识别性，则可以与其他数据一起适用非个人数据的规则。由于个人数据和非个人数据在保护价值、适用规则、涉及主体、权益分配等多方面都存在差异，[②] 因此，将个人数据和非个人数据分类讨论，有助于进一步厘清数据产权化理论中的复杂问题。因此，本文将参考这一分类标准，在此基础上讨论网络数据产权化问题。

---

[①]　张衡：《网络数据产权化发展及其争议》，《信息安全与通信保密》2018 年第 8 期。

[②]　张衡：《网络数据产权化发展及其争议》，《信息安全与通信保密》2018 年第 8 期。

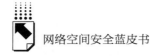

### （二）网络数据市场及其共享交易模式

虽然信息交易已经持续了数百年，但是信息以数字形式存储使数据的流动和交易得以急剧增长①，尤其是非个人数据，比如金融和商品市场数据的交易形成了庞大的数据交易市场。② Stahl 等人将数据市场定义为将数据作为商品进行交易的电子市场，电子市场是"允许参与者会面并进行市场交易的具体机构或基础设施，并转化为电子媒介"。③ 除了商业领域生成的数据以外，数据市场中的大量数据还来源于公共部门的开放数据（Open Data）。欧盟公共部门信息再利用指令（EU Directive 2003/98/EC on the Re-use of Public Sector Information）推动欧盟范围内公共部门信息的开放共享，而美国自奥巴马总统时期开始实施的一系列开放数据政策，包括美国《透明度和开放政府备忘录》《开放政府指令》，在全球范围内率先通过 data. gov 这一联邦统一数据平台，发布数以千计的数据资产，推动数据产品和服务的开发。

当前，网络数据利用、共享和交易主要呈现以下五种模式。

一是通过"数据经纪商"（Data Broker）收集数据并转让、共享的交易形式。④ 数据经纪商行业在美国的大数据产业中占据重要地位。⑤ 数据经纪商从政府来源、商业来源和其他公开可用来源收集数据，并为用户提供市场营销产品、风险控制产品和人员搜索产品。⑥ 借鉴美国数据经纪产业模式，我国也建立了多种类型的大数据综合试验田、大数据交易中心（所）等交易平台。

---

① 胡凌：《商业模式视角下的"信息/数据"产权》，《上海大学学报》（社会科学版）2017 年第 11 期。

② 《据预测，2018 年，金融市场数据市场预计将达到 66.5 亿美元》，http：//www. marketsandmarkets. com/PressReleases/financial – analytics. asp。

③ F. Stahl，F. Schomm，G. Vossen & L. Vomfell，*A Classification Framework for Data Marketplaces*，Vietnam J Comput Sci，2016，p. 137.

④ 张衡：《网络数据产权化发展及其争议》，《信息安全与通信保密》2018 年第 8 期。

⑤ 马志刚：《数据交易发展模式之美国篇》，http：//www. cbdio. com/BigData/2016 – 11/02/content_ 5366758. htm。

⑥ Federal Trade Commission，Data Brokers：A Call for Transparency and Accountability，https：//www. ftc. gov/system/files/documents/reports/data – brokers – call – transparency – accountability – report – federal – trade – commission – may – 2014/140527databrokerreport. pdf.

二是通过投资、并购、合资等方式实现数据交易。[①] 比如谷歌、亚马逊等公司在隐私政策中都做出声明，涉及资产合并、收购或出售等交易活动，个人数据通常都是转让的企业资产中的一部分。[②]

三是通过互联网平台 API 接口共享数据。这是当前最受瞩目的数据共享方式，以 Facebook、谷歌为代表的平台型互联网企业以及政府开放数据平台是通过开放应用程序接口（API）共享数据的主要力量。平台类的网络数据持有者不再通过内部开发或者商业合作开发应用程序，而是通过开放程序编程接口，由第三方开发人员将数据集成到他们开发的应用程序之中，推动数据的共享和创新。

四是由第三方承包商根据企业的指示，或依据特定目的和合同范围内实施数据共享和分析，[③] 第三方承包商并不允许对基础数据进行再利用。德勤为欧盟所做的有关数据产权的一项支持性研究显示，超过一半的受访企业的数据处理是由第三方服务商进行的。[④] 谷歌的隐私政策中也显示，由关联公司为其提供数据处理服务也是谷歌对外披露数据的一种形式，比如为谷歌提供客户支持。

五是根据法律法规的程序要求或强制性政府要求共享数据。不管是美国的《澄清合法使用数据法》（CLOUD 法案）、英国的《调查权法》，还是我国的《网络安全法》，都将企业协助数据执法确定为法定义务，要求其提供相关的用户数据。此外，为了保护企业、用户、公众的权利、财产或安全，企业也被允许向外披露用户数据。[⑤]

---

[①] 张衡：《网络数据产权化发展及其争议》，《信息安全与通信保密》2018 年第 8 期。

[②] 比如谷歌隐私政策中声明："如果涉及资产合并、收购或出售等交易，我们会继续确保个人信息的机密性，并会在转让个人信息或个人信息受其他隐私权政策约束之前通知受影响的用户。"亚马逊中国的隐私政策声明："为持续发展我们的业务，我们可能会出售或收购商店、子公司或者业务部门。在这些交易中，客户信息通常是所转让企业资产中的一部分，但这些信息（当然除非客户做出其他同意）仍然受制于转让前已有的任何隐私声明所作出的承诺。虽然可能性不大，但在极端的情况下，如果本网站或其关联公司或他们各自的全部资产被收购时，客户信息应是被转让资产的一部分。"

[③] 张衡：《网络数据产权化发展及其争议》，《信息安全与通信保密》2018 年第 8 期。

[④] Deloitte, Impact Accessment Support Study on Emerging Issues of Data Ownership, Interoperability,（Re）usability and Access to Data and Liability.

[⑤] 张衡：《网络数据产权化发展及其争议》，《信息安全与通信保密》2018 年第 8 期。

## （三）数据产权化

《元照英美法词典》将"所有权"（Ownership）定义为"一个人享有的对某物独占性的支配权，是对物的占有、使用和以出租、出借、设定担保、转让、赠与、交换等方式予以处分等权利的集合，也是法律承认权利人对作为权利客体的物——包括有形财产与无形财产所享有的最充分、最完整、最广泛的权利"。所有权将某物赋予某人或法人实体，表明该物品属于该人。①

在美国法律中，所有权表示为财产权，指的是"允许某人使用、管理和享受财产，将其转让给他人的权利束"②，以及"对拥有财产的独占使用或垄断"权利③。根据德国法律规定，"所有权"是指只要不违反法律或侵犯第三方的权利，物主有权"自由处理某物，且不受他人的任何影响"。④根据《布莱克法律词典》的解释，"财产"（Property）是指"所拥有的物"或"所有权的客体"。财产主要分三种，不动产（如土地或房地产）、个人财产（如除不动产以外的实物财产）和知识产权（如基于思想的无形财产）。产权包括一系列规定，管理着人们对财产的获取和控制，具体地说，这些权利是指所有者对抗他人的"权利束"（Bundle of Rights），包括①拥有权；②排他权；③转让权。⑤在这三种权利中，排他权被认为是"一般财产权利束中最基本的权利之一"。

在个人数据领域，早在20世纪70年代，美国就有学者在个人数据中引入产权的提议。⑥财产权被理解为排他性权利，辩论的重要内容是将产权化

---

① *Oxford Dictionary of English* 1270 (3d ed. 2010).

② *Black's Law Dictionary*（10th ed. 2009）.

③ Stephen M. Sheppard, Ownership (Owner or Own), *The Wolters Kluwer Bouvier Law Dictionary* (2012).

④ B. Rgerliches Gesetzbuch［BGB］［CIVIL CODE］, Aug. 18, 1896, Relchsgesetzblatt［RGBL.］195, amended Oct. 1, 2013, BGBL. I at 3719, § 903（Ger.）, *translated in* GESETZE IM INTERNET, https://www.gesetze-im-internet.de/englisch_bgb/englisch_bgb.html.

⑤ Tom W. Bell, *"Property"in the Constitution：The View From the Third Amendment*, 20 WM. & MARY BILL RTS. J. 1243, 1250 (2012).

⑥ A. Westin, *Privacy and Freedom*（Atheneum 1967）.

作为赋予个人数据控制权的一种手段。[1] 一些反对产权化的观点认为，信息隐私是一种公共利益，产权的市场交易无法保证其安全。[2] 作为回应，另一些学者提出了相应的产权模型，提出可以加强信息隐私。[3] 在欧洲，在个人数据中引入财产权以实现数据保护目标的想法获得了关注，因为产权被认为特别适合保护欧洲个人数据保护的核心，即个人数据的控制权和信息自决权。然而，在撰写欧盟数据保护法时，立法者却并没有明确承认个人数据的财产权。我国《网络安全法》《电子商务法》（草案）提出了包括"个人信息自主决定"在内的"删除权""更正权"等个人权利。《电子商务法》（草案）首次提出"电子商务经营主体交换共享电子商务数据信息的，应当对数据信息进行必要的处理，使之无法识别特定个人及其终端，并且无法复原"。立法仅确立了"个人信息自主决定权"，这是借鉴欧盟数据保护立法的思路，更多的是赋予数据主体人格权意义上的控制权，保障隐私和安全，而非从产权概念上加以赋权。

在非个人数据领域的数据共享和交易，根据欧盟委员会报告的总结，现阶段主要通过数据库权、著作权保护、商业秘密保护、合同法等方式实现。并且，数据所有权的概念并未得到各国法律上的确认，大部分数据交易以"数据使用权"的名义进行权利转移。2017 年发布的《建立欧盟数据经济》报告中，欧盟提出考虑设立数据产权，即"数据生产者权利"，其客体主要是"非个人的和计算机生成的匿名化数据"。[4] 实践中，计算机生成的数据可以是个人性的或非个人性的，当机器生成的数据能够识别自然人的时候，该类信息则属于个人信息，应适用个人数据保护规则，直到这些数据完全匿

---

① J. Rule，*Privacy in Peril：How We are Sacrificing a Fundamental Right in Exchange for Security and Convenience*（Oxford：Oxford University Press 2007）.

② P. Regan，Privacy as a Common Good in the Digital World，*Information，Communication & Society*，（2002）5（3）382.

③ P. Schwartz，Privacy，Property and Personal Data，*Harvard Law Review* 2056；J Rule（n 14）；L Lessig，*Code* 2.0（New York 2006）.（2004）117.

④ European Commission，*Building a European Data Economy*，https：//ec. europa. eu/digital - single - market/en/policies/building - european - data - economy.

名化为止。按照欧盟委员会的设想，数据生产者（设备的所有者或长期用户）权利可以是排他性的财产权，数据生产者有权分配或许可他人使用其数据，并独立于其与第三方之间的合同关系；或者仅仅是纯粹的防御性权利，只允许在非法盗用数据的案件中提起诉讼。

虽然目前各国法律并没有对数据产权进行明确规定，然而无论法律承认与否，现有的数据产权在事实上存在，即通常属于企业而非个人的数据财产，尽管在企业的资产负债表中还不包括这一块内容。[1] 然而传统法律语境和经验惯性，以及数据的可复制、非排他的特性使数据产权界定不易、定价困难，企业虽然在数据形成过程中实施了专业化的数字处理，但是其并没有完整的"数据权"，其数据资产没有得到法律明确的承认和保护。而个人虽然在宪法、民法甚至刑法上拥有一系列的个人数据权利保护，但是对个人数据的控制权并不充分，最终客观上造成了个人有"权"无"实"、企业无"权"有"实"的尴尬境地，严重掣肘了大数据产业的健康发展。

## 二 当前数据权属管理的实践模式

### （一）个人数据

#### 1. 企业通过市场模式获取数据使用权

互联网提供的免费服务一直是新经济引以为傲的创新模式。自 21 世纪初谷歌通过重新挖掘用户行为数据，解决广告投放的对象和定价问题，便开始催生了一种"以免费模式吸引庞大用户群，以挖掘用户数据赚取利润"的互联网新经济模式。免费的信息和服务之所以成为可能，是因为这种新经济模式通过免费服务吸引大量用户，获得流量，通过收集和分析个人数据发布定向广告，其收入主要来自互联网广告和增值收入。比如全球最大的社交

---

[1] 胡凌：《商业模式视角下的"信息/数据"产权》，《上海大学学报》（社会科学版）2017 年第 6 期。

网络平台 Facebook，其年度 400 亿美元的利润中有 98% 来自广告收入。

在这种新经济模式下，互联网企业投资于数据收集、存储、分析的平台和工具，用户则成为数据原材料的提供者，用户的个人数据从提升服务品质的作用转变为利润来源的"金矿"。这种通过行为盈余获取利润的模式被哈佛商学院教授 Shoshana Zuboff 称为"监控资本主义"。① 互联网企业并不要求用户让渡个人信息的所有权，而仅仅要求获得使用权。② 尤其是 GDPR 实施之后，大型互联网企业在隐私协议中，普遍都强调保护用户对个人信息的控制权。通过增加数据利用的透明度，建立用户信任，获得用户授权使用数据。比如 Facebook 在其隐私政策中就规定："您可以通过活动日志工具管理您在使用 Facebook 时分享的内容和信息。您还可以通过下载你的信息工具下载与您的 Facebook 账户相关的信息。"在用户账户存续期间，互联网企业可以一直免费使用用户信息，在用户删除后，也可将用户个人数据匿名化后继续使用。如果互联网企业的全部或部分服务或资产的所有权或控制权发生变更，用户的信息将可能被转移给新的所有者。

美国隐私法专家 Schwartz 认为，通过市场自我调节数据权属存在局限性，因为它没有考虑赋予隐私社会价值，并且不现实地假设数据主体有能力主动参与。而大量研究也证明，消费者只具有"有限理性"。同时，市场模式没有考虑到消费者和互联网企业间的议价能力和专业知识上的不对称。此外，个人数据的价值在披露时往往无法确定，因为它的价值有时取决于尚未确定的潜在未来用途。

2. 隐私法/个人数据保护法赋予数据主体名义上的排他性权利

隐私法和数据保护法都旨在保护个人自由和人的尊严。③ 从隐私法和数

---

① Shoshana Zuboff, The Secrets of Surveillance Capitalism, http：//www. faz. net/aktuell/feuilleton/debatten/the‐digital‐debate/shoshana‐zuboff‐secrets‐of‐surveillance‐capitalism‐14103616. html.

② 胡凌：《商业模式视角下的信息数据产权》，《上海大学学报》（社会科学版）2017 年第 6 期。

③ Regulation （EU） 2016/679 of the European Parliament and of the Council of 27 April 2016 on the Protection of Natural Persons with Regard to the Processing of Personal Data and on the Free Movement of such Data, and Repealing Directive 95/46/EC （General Data Protection Regulation） 1, 2016 O. J. （L 119） 1, 1.

据保护法的一般原则来看，数据控制者获取个人数据需要遵循最小够用原则，并不鼓励数据的创造和生产。因此，隐私法通常与产权法处于两种话语和价值体系。

隐私法赋予数据主体禁止他人获取或使用某些个人数据的权利，类似于物权法赋予的排他权。[①] 数据主体一般不拥有关于自身的数据，但根据美国的数据隐私法，数据主体有资格在某种程度上限制企业和政府对其数据的使用。[②] 此外，在欧盟和其他司法管辖区的数据保护法律下，数据主体还有权访问、删除和携带转移由企业处理的个人数据。

为保护数据隐私，美国和欧盟的立法者赋予数据主体一系列对个人数据的控制权，包括知情权、选择权、更正权、删除权、求偿权等。比如欧盟《一般数据保护条例》（GDPR）规定，在一般情况下，禁止公司处理任何个人数据，除非有法定例外。这种以强硬语言构成的排他权，常与产权法概念相类比。[③] 然而，GDPR 目前并没有承认数据主体享有数据所有权或产权，仅仅是承认可能凌驾于隐私利益之上的反对权利，并且赋予数据控制者大量"数据主体同意"要件之外的处理许可。

相比欧盟制定的统一的数据保护法，美国在数据隐私保护方面只有基于部门的联邦和州法。这些数据隐私法通过侵权法和特定行业条例保护合理的隐私预期，相比 GDPR 提供的保护，这些保护的产权特质就更少了。

例如，美国《健康保险流通与责任法》（HIPAA）是管理医疗数据的联邦法律，旨在保护个人可识别信息的隐私，但并不授予任何个人对其记录的所有权。[④] 在涉及汽车事故数据记录仪（EDR），即记录汽车碰撞之前关键的传感器和诊断数据的"黑匣子"时，美国的一些州法律使用了产权法的

---

① Pamela Samuelson, Privacy as Intellectual Property? 52 STAN. L. REV. 1125, 1130 (2000).

② Lothar Determann, Determann's Field Guide to Data Privacy Law (3d ed. 2017).

③ Jacob M. Victor, The EU General Data Protection Regulation: Toward a Property Regime for Protecting Data Privacy, 123 Yale L. J. 513, 515 (2013).

④ Health Info. & The Law, Who Owns Health Information? 1 (2015), http://www.healthinfolaw.org/lb/download - document/6640/field_ article_ file.

术语，将 EDR 中的数据"所有权"划分给了司机或车主。① 但法规明确表示，其目的是划分 EDR 设备中，数据物理介质的所有权，而不是为信息内容本身建立产权。事故目击者、安全摄像头、其他交通参与者和法医调查人员，可以自由地从其他来源获得其信息内容。此外，加利福尼亚州的《隐私法》要求某些计算机数据"所有者"在发生数据泄露时承担"数据泄露通知义务"，② 但其在定义部分澄清说，使用"所有权"这一术语，是为了保护公司以自身商业目的持有的任何数据。③ 因此，尽管加州立法机构将"所有者"一词与"数据"联系起来使用，却既不依赖于现有的产权法律概念，也不承认数据的产权。

尽管为了保护隐私和个人数据，波斯纳、施华兹等法律学者们提出了信息产权法的概念。英国数据保护机构也在一起数据经纪人违法实施个人数据交易的处罚中指出，"企业需要明白，他们并不拥有个人数据——人们拥有这些数据，这些人有权知道自己身上发生了什么，以及谁有可能与他们联系进行营销。"④ 关于隐私保护的流行言论，也使人们认为他们"拥有"他们的个人资料。然而，除了排他权之外，数据保护法和隐私法与物权法并不相同。隐私法不鼓励或奖励企业对数据创造的投资，不规范对他人的所有权收购或转让，也不适用于所有人。大部分美国的数据隐私法都仅限于特定行业，适用于特定类型的企业、组织或个人，不像财产法那样适用于所有人。

3. 欧盟加强数据主体控制权的改革趋势

在欧盟，个人数据的保护享有基本权利的地位，而且个人数据的处理受到全球数据保护立法的最高标准的保护，因此在欧盟，信息自决权被理解为

---

① Frederick J. Pomerantz & Aaron J. Aisen, *Auto Insurance Telematics - Data Privacy And Ownership*, 20 - 11 Mealey's Emerg. Ins. Disps. 13（2015）.

② CAL. CIV. CODE § 1798. 82（a）.

③ CAL. CIV. CODE §1798. 81. 5（a）.

④ Laura Edwards, ICO Warns Data Broking Industry After Issuing 80000 Fine to Unlawful Data Supplier, *https：//gdpr. report/news/2017/11/03/ico - warns - data - broking - industry - issuing - 80000 - fine - unlawful - data - supplier/.*

个人决定披露或使用个人数据的能力。2016 年欧盟通过了《一般数据保护条例》，标志着欧盟数据保护法改革的最终成果。欧盟数据保护改革的目标之一是加强数据保护这一基本权利的有效性，也就是个人可以控制自己的个人数据，建立对数据化环境的信任。改革的结果是，GDPR 创设了类似于产权的新权利，比如数据可携权和数据删除权（被遗忘权）。在人工智能驱动的大数据分析中，持续的数据化（Datafication）是数据产权讨论中需要考虑的另一个变化。也就是说，数据化代表了现代数据挖掘和高级数据分析技术，这些技术能够将所有东西转化为数据，能够比之前更快地在人和数据之间建立联系。这些现象共同导致了数据量的增加，更多的数据是"个人的"。这从根本上改变了个人数据产权的辩论规模，这种变化既是定量的，也是定性的。

许多学者认为，数据可携权对于数据保护的产权化路径是有利的。① 根据GDPR 第 20 条的规定，数据主体有权获得关于他/她的个人数据，以结构化的、常用的、机器可读的格式，并可将这些数据传输给另一个数据控制者。欧盟数据保护咨询机构"第 29 条工作组"认为，数据可携的主要目标是加强个人的控制权，确保数据主体在数据生态中扮演积极的角色②，尤其是要防止服务锁定。Tene 和 Polonetsky 认为，数据可携要求数据以一种可重复利用的格式保存，是要求基于个人数据创造的财富应当与个人进行分享，并预测基于数据可携权将创造一个以个人数据应用为中心的提供数据分析和管理服务的市场，为数据主体服务。③ 尽管数据可携权并非一种排他权，欧盟《数字内容指令》草案还是承认，个人数据在数字经济中作为资产甚至货币的经济作用，尤其是作为消费者交换数据内容的对价："数字经济中，服务商往往并不要求消费者支付货币获取数字内容，而是通过使

① IS Rubinstein, Big Data: E End of Privacy or a New Beginning? *International Data Privacy Law*, (2013) 3（2）74; P. Swire & Y. Lagos, Why the Right to Data Portability Likely Reduces Consumer Welfare: Antitrust and Privacy Critique, *Maryland Law Rev*, （2013）72（2）335373.

② Article 29 Working Party, Guidelines on the Right to Data Portability, 5 April 2017, 16/EN WP 242 rev. 01. , 4, fn 1.

③ O. Tene, J. Polonetsky, Big Data for All: Privacy and User Control in the Age of Analytics, *Northwestern Journal of Technology and Intellectual Property*, （2013）11（5）264.

用在提供数字内容或服务过程中获取的消费者的个人数据获得补偿。"①《数字内容指令》适用于这样的合同（第 3 条）。尤其是在合同终止的情况下，提供商将承担合同［第 13a（1）（2）］规定的部分或全部偿还的义务，如果涉及个人数据，还需履行 GDPR 第 20 条规定的数据可携义务［第 13 条 a（3）］。

但是也有观点认为，GDPR 所提出的数据可携权的适用范围非常有限，其只适用于数据主体所提供的个人数据，并不是所有有关个人的数据；提供者为数据主体，并不是任何"所有者"，适用于建立在"用户同意"基础上的数据处理活动，并且处理是通过自动化方式完成的，② 而不适用于基于正当利益、法律规定或其他理由情况下的数据处理；也没有授予任何排他、使用和让渡权。此外，GDPR 第 20 条第 2 款所规定的"数据可携"是建立在"技术可行"的基础上的，这显示出立法者并没有将"可携权"上升为一种强制性的互兼容、互操作技术标准的程度。③

总体来说，在当前数据流动的复杂情境下，个人数据的财产化是不是一种适当的法律工具，能够帮助数据主体实现对个人数据的控制的效果还有疑问。数据主体的控制权需要通过建立类似于保罗·施华兹（Paul Schwartz）、詹姆斯·鲁尔（James Rule）和爱德华·杨格（Edward Janger）提出的更为一致和清晰的个人数据管理框架，实现允许网络服务商对数据的使用，也尊重个人的信息自决的权利。④

---

① EU Presidency, *General Approach on Proposal for a Directive of the European Parliament and of the Council on Certain Aspects Concerning Contracts for the Supply of Digital Content First Reading*, published in Brussels on 1 June 2017.

② 王融：《〈欧盟数据保护通用条例〉：十个误解与争议》，https：//mp. weixin. qq. com/s/kndY7nn2sdhrU_ EUuPDgpw。

③ 王融：《〈欧盟数据保护通用条例〉：十个误解与争议》，https：//mp. weixin. qq. com/s/kndY7nn2sdhrU_ EUuPDgpw。

④ P. Schwartz, Privacy, Property and Personal Data, *Harvard Law Review*, （2004）117, 2056; J Rule（n 14）; L. Lessig, *Code* 2.0（New York 2006）; E. J. Janger, Muddy Property：Generating and Protecting Information Privacy Norms in Bankruptcy, WM. & MARY L. REV. （2003）44, 1801.

### （二）非个人数据

数据经济的发展不仅驱动了政策战略的改变，也对数据法律制度提出了新的诉求。数据交易发展的法律环境的缺失，可能导致数据的可获取性、流动性和交易性降低，对数据市场的繁荣和发展造成障碍，甚至导致不正当竞争。当前，许多国家和地区出台了大数据国家战略，推动数据的共享利用。比如，2017 年 9 月，欧盟委员会发布了欧盟《非个人数据自由流通框架条例》（草案），旨在构建一种非排他的、弹性的、可扩展的数据（集）所有权，以规范数据市场和数据交易。引入"非个人数据"这一概念是为了保障数据具有充分的自由流动性、互操作性和可移植性，以提升欧洲经济的全球竞争力。数据市场的发展需要一个更可靠、合法、安全的方案规制数据价值链中各种参与者收集、创造、分析和丰富数据所有权问题。当前，非个人数据权利要分为两种管理取向。

一是数据权利的排他性保护取向，主要通过著作权保护、商业秘密保护、合同保护、刑事保护等形式实现。

①著作权保护模式。数据经济时代，自动生成并实时收集和处理的数据，难以满足著作权对作品要求的"智力创造"特征，因此难以作为整体对其实施著作权保护。欧盟 1996 年制定的《数据库指令》，通过设立"数据库领接权"保护为获取、区分和呈现数据所做出的实质性投资。① 但在 British Horseracing Board v. William Hill 案中，一方面，欧洲法院为"数据库"界定了非常宽泛的定义，即任何独立作品的集合都包含在内，只要每个作品都可以单独检索，包括通信录、电话目录、版权作品的汇编、网站、报纸、杂志和培训手册等；② 另一方面，欧洲法院的判决主要保护的是对数据库的投资，而非对创建数据的投资。满足数据库保护标准的投资要求设置了较高的限制，即投资是指对开发、建构、呈现数据库的投资，

---

① 曹建峰、祝林华：《欧洲数据产权初探》，《信息安全与通信保密》2018 年第 7 期。

② British Horseracing Board v. William Hill（C‐203/02），https：//www.twobirds.com/en/news/articles/2005/british‐horseracing‐board‐v‐william‐hill.

而非对创建数据本身的投资。这导致数据库的开发者宁愿选择加密数据库或者使用许可合同来保护数据库上的权利，数据库权则无法发挥预期的效果。

②商业秘密保护模式。在美国，数据可以通过商业秘密实施保护。美国的一些州承认信息中的财产权，主要涉及商业秘密而非一般信息。美国法律中有大量的"专有信息"的表述，即是保护这类数据。2012 年，美国制定了联邦层面的《窃取商业秘密澄清法案》。2016 年，美国又通过《保护商业秘密法》为商业秘密所有者提供了新的统一联邦民事救济法律。欧洲 2016年出台的《商业秘密保护指令》承认商业主体对具有秘密性的商业数据的控制权，但并未承认所有权。[1] 实践中，用商业秘密保护数据权利也存在困难。一方面，数据的秘密性难以证明，尚没有明确的标准来判定保密措施是否能够满足秘密性的要求；另一方面，秘密性很难保持。拥有相应技术的主体往往都可以收集同样的数据，难以确保其特殊性。[2] 因此，秘密性证明的困境和保持的难度，导致商业秘密的保护框架存在不足。

③合同保护模式。通过订立合同，保护主体的数据权利和提供相应的救济也是一种重要的数据权利保护方式。但是，合同具有相对性，而大数据时代的到来使得数据价值链的参与者和利益相关方越来越多。双方的约定很可能对潜在的第三方利益造成干预或损害，从而引发纠纷。当然，除了合同双方合意的数据处理以外，还有大量的数据利用行为不直接与合同相关，也需要相应的机制予以规范，比如利用 cookies 收集的数据。

④刑法保护模式。各国刑事法律中，非授权或超出授权范围访问和获取数据一般都已经明确予以禁止。比如，根据美国《计算机欺诈和滥用法案》（*Computer Fraud and Abuse Act*，CFAA）等计算机干预法律，数据生成设备（例如汽车、心脏监测器、手机和其他连接设备）的所有者有权访问存储其持有设备中的数据和信息，此类法律禁止他人没有授权或超出授权范围访问

---

① 曹建峰、祝林华：《欧洲数据产权初探》，《信息安全与通信保密》2018 年第 7 期。

② 张衡：《网络数据产权化发展及其争议》，《信息安全与通信保密》2018 年第 8 期。

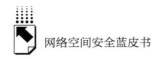
计算机获取信息。①

二是推动数据共享与利用的管理取向，主要通过反垄断、开放共享的法律政策推动。

①反垄断与公共利益考量。在大平台的数据权益和小企业及公共利益的权衡中，美国联邦法院在 2017 年 hiQ v. LinkedIn 一案中做出了选择。美国联邦地区法院判决，禁止 LinkedIn 公司采取法律或技术措施，限制第三方企业爬取其网站上用户公开的数据。美国联邦法院判决旨在维护公共利益，保护中小企业创新，对 LinkedIn 的数据权利进行了限制，鼓励平台上的数据实施共享利用，推动行业整体的发展。② 也就是对于用户公开的数据，第三方的数据产业者也可以共享利用，作为数据控制者不得加以技术和法律的限制。

②鼓励数据自由流动与共享。欧盟《非个人数据自由流动条例》（草案）从促进市场竞争的角度出发，借鉴《一般数据保护条例》中个人对个人数据享有的数据可携带权，要求数据和云服务商建立行为准则，方便专业用户转移数据和切换服务商。企业可以充分利用云服务，为数据资源选择最具成本效益的位置，在服务提供商之间转换，或者将数据返回到自己的计算机系统中，避免在多个地点复制数据，以助其进入新市场、扩展新业务。有关便利数据转移和服务商切换的规定将促进数据市场和云服务市场的竞争，最终降低社会成本，推动数字经济发展。

## 三　美欧数据产权化发展面临的困境

### （一）数据流通中的数据权利主体与利益相关方认定

数据经济环境下，数据流通的链条边长，共享交易中的利益相关者复杂多样。依据利益相关者在数据产业中所扮演的角色，可以分为数据主体和数

---

① 18 U. S. C. § 1030（a）（2）（c）.

② 张衡：《网络数据产权化发展及其争议》，《信息安全与通信保密》2018 年第 8 期。

据产业者。数据产业者又可以分为数据控制者、处理者、居间者、使用者等角色。数据权利的争议存在于数据主体与数据产业者之间权益的分配，同时也存在于不同的数据产业者之间的竞争。①

大数据环境下，数据共享交易等流通活动更为活跃，数据流通的链条越长，其中涉及的利益相关方就越复杂多样，许多主体为之付出了劳动，并使数据的价值不断释放，带来更多效益。② 大数据技术的发展使得数据的相关性价值尤为凸显，数据的价值有赖于对原始数据的挖掘和加工分析。因此，数据权利不再仅仅属于个人，其价值应当为数据产业链中的所有参与者共享成为普遍的认知和当前的实践。

根据 OECD③ 和欧盟的报告④，数据价值链中最重要的角色包括以下五类。一是互联网服务提供商。互联网服务提供商（ISP）是数据生态系统的核心。互联网服务提供商在数据价值链的开始阶段即发挥重要作用，因为它们为终端用户（组织或个人）或其他 ISP 提供必要的技术基础。某些 ISP 还提供如云计算和数据分析服务等补充 IT 服务。因此，ISP 在大数据分析方面发挥着重要作用。二是 IT 基础设施服务商。IT 基础设施服务商为客户提供软件和硬件工具包，以处理和分析大数据。它们提供的工具包括数据分析、数据管理、关键计算、数据存储和传输、云计算、数据库管理和分析软件等。⑤ 比如 Hadoop，它已经成为一种处理复杂非结构化大数据的标准技术。三是数据提供者。数据市场中有各种不同的数据（服务）提供者。①数据经纪商。数据经纪商从各种来源汇编和汇总数据（包括个人数据），并向其他公司或数据经纪人出售、许可使用或其他方式分发此类数据。数据经纪商的数据来源包括由个人或组织披露或提供的数据、传感器收集的数据、在互联网上爬取或挖掘的数据、政府开放数据等。②个人。网络用户在使用网络

---

① 张衡：《网络数据产权化发展及其争议》，《信息安全与通信保密》2018 年第 8 期。
② 金丽莉：《环境统计数据质量控制问题研究》，《经济研究导刊》2011 年第 12 期。
③ OECD, *Data-driven Innovation：Big Data for Growth and Well-being*, OECD Publishing 2015.
④ European Commission, *Building the European Data Economy：Data Ownership*, January 2017.
⑤ OECD, *Data-driven Innovation：Big Data for Growth and Well-being*, OECD Publishing 2015.

产品和服务过程中提供和生成了大量数据，或者通过网络运营者存储和管理他们的数据。③公共部门。在开放数据运动的推动下，各国公共部门提供了大量政府数据。例如，www. data. gov 网站即美国联邦政府开放政府数据集的主要平台。欧盟早在 2003 年就颁布了《公共部门信息再利用指令》，旨在释放公共部门持有和积累的大数据的潜力。① 四是数据分析服务提供商。数据分析通常由网络服务提供商、IT 基础设施服务商或数据提供商实施。尽管如此，数据价值链系统中仍然包括特定的数据分析服务提供商，其中包括开发基于数据分析的专用软件和可视化工具。② 数据分析服务提供商往往是那些初创企业或提供预测分析、模拟、情景开发和高级数据可视化技术等新兴技术的企业。数据分析服务提供商与数据经纪商不同的是，其通常直接从客户那里获取数据，而不是从第三方获取数据。这对于在数据保护环境中将其角色究竟识别为数据控制者还是处理者有所不同，所承担的数据保护义务也有所差别。考虑到其服务的特殊性，数据分析服务提供商通常被定义为"数据处理者"，而不是数据控制者，而数据经纪人通常被认为是独立的数据控制者。五是数据驱动型企业。数据价值链中的参与者还包括那些基于不同目的使用和分析数据，开发尖端产品、服务和技术的组织，也就是所谓的数据驱动型企业。这类企业不仅包括谷歌、Facebook、阿里巴巴等平台类互联网企业，也包括大量的初创企业和创新型公司。他们不仅将数据作为其业务运营的核心推动力，也是其服务背后的基本经济价值。在这样的场景下，数据转化为知识和智能，成为宝贵的资产，可以用于决策目的。

## （二）数据权利分配与归属

自个人数据保护理念兴起以来，各国立法纷纷将其与保护人格尊严和个人自由相联系。特别是以欧盟法律为代表的个人数据保护法律规范强调对个

---

① Directive 2003/98/EC of the European Parliament and of the Council on the Re-use of Public Sector Information ［2003］OJ L 345/ 90.

② OECD, *Data-driven Innovation*：*Big Data for Growth and Well-being*, OECD Publishing 2015.

人信息在收集、利用、共享过程中个人的控制权的保护，以实现《欧盟基本权利宪章》所保护的个人数据权。大数据和数据经济的兴起，使传统的"单边处置方式明显具有不合时宜性"。[①] 大数据价值链中的利益诉求纷繁复杂，数据主体与数据产业者、数据产业者相互之间的利益冲突也导致当前数据权属问题更具争议性。目前，有关数据权利归属主要存在两种主张。

第一种主张将数据权利归属于数据产业者。该主张承认了资本和劳动的在数据价值链中的地位。该观点认为，数据产业者在数据价值的生成过程中，发挥了人员、技术、管理、资本等方面的驱动作用，应当被认为是数据价值的主要开发者，应当赋予其以数据利益的所有权。也就是说，数据主体提供的个人数据具有基础价值，而数据产业者在数据的加工利用和增值流通中创造了基于数据的增值价值。甚至可以说，如果没有数据的加工和流通，个人数据的基础价值也无法体现其财产属性。

反对将数据权利归属于数据产业者的理由是，个人数据权有渐成一项人权的发展趋势。特别是在欧洲，《欧洲基本权利宪章》第八条将个人数据权规定为一项人权。欧盟《一般数据保护条例》明确规定："本条例基于天赋之人权与自由而制定。"个人数据的分析和利用不得侵害人的尊严和自由。德国《联邦个人数据保护法》第一条规定："本法的目的在于保护个人的人格权在其个人数据的处理过程中免受损害。"作为一项基本权利，个人数据保护权中的个人应当被作为主体而非客体对待。个人不得被抽象为数据的载体，在数据获取时应当得到必要的尊重。此外，个人数据不仅仅在数据经济语境下具有财产权属性，在人格权和隐私权层面更蕴含了自由与人格尊严等方面的利益。将个人数据权利归属于数据产业者，容易在经济利益的推动下，湮没个人保护权的基本权利价值，而就个人数据买卖进行议价，更是为人格权理论支持者所难以接受的。这是对数据产权化问题本身的质疑。

另一个反对数据权利完全归属于数据产业者的观点是，数据主体应当在数据生成的财富分配中占有一席之地。该观点认为，考虑到个人数据的高经济价

---

① 龙卫球：《再论企业数据保护的财产权化路径》，《东方法学》2018 年第 3 期。

值，大型数字平台通过快速扩张知识产权权利，利用用户个人数据的做法并不令人意外，但是用户在数据产业价值链中没有得到任何财富分配。数据生成的财富分配不公平相当于 Boyle 所描绘的知识和思想的"第二次圈地运动"，或者如他所言的"无形的思想的约定"。比如 Evgeny Morozov 在《金融时报》上撰文提出，谷歌和脸书这样的数字巨头正在收割、囤积、垄断他们在各种服务中收集的数据而获得排他性的利润，而这种数据池并不对外开放。① 大型私有平台的提供者完全控制了数据的访问，这些数据越来越成为重要的资源。没有平台服务商的许可，任何人都无法从这些有价值的数据资产中获利。因此，平台服务商成为数据和以数据生成的知识的守门人。对个人缺少财产权利在法律上的明确分配导致数据圈地运动的进行，个人数据密集型的信息产业中具有强大市场力量的一些参与者能够形成最强大的事实上的对个人数据的独占，导致数据穷人和数据富人之间的分裂、精英和大众的分裂。②

第二种主张是将数据权利归属于数据主体。早在本世纪初，劳伦斯·莱斯格就以"卡-梅框架"的保护规则为基线，倡导信息财产化之目的，即将信息财产赋权后，信息所有权归属信息主体，数据产业者对信息进行收集、处理、利用之前必须与信息主体协商。③ 莱斯格建立的个人数据的财产规则意味着，当数据归属确定后，买方想从数据主体处取得信息，必须通过自愿交易，以卖方同意的价格购买。④ 数据的人格权和财产权完全归属于数据主体，赋予了数据主体强大的控制权，也就是给予数据主体对自身数据占有、使用、收益、处分的全部权利。

而反对将数据权利完全归属于个人的理由是，数据财产权集中于个人，

① E. Morozov, Europe is Wrong to Take a Sledgehammer to Big Google, *The Financial Times*, 12 January 2015 available online at www.ft.com.

② C. Hess and E. Ostrom, Introduction: An Overview of the Knowledge Commons, (2007) in C Hess and E Ostrom (eds.) *Understanding Knowledge as Commons* (MIT Press 2007) 13.

③ Paul M. S., Beyond Lessig's Code for Internet Privacy: Cyberspace Filteres, Privacy Control, and Fare Information Practices., Wis. L. Rev. 2000: 743.

④ 凌斌：《法律救济的规则选择：财产规则、责任规则与卡梅框架的法律经济学重构》，《中国法学》2012 年第 6 期。

数据产业者的资本和劳动得不到承认，在数据经济时代是不可行也不可能实现的。① 莱斯格提出"卡-梅框架"是在大数据产业兴起之前，当时对个人数据的保护更多的是从保护数据主体的人格利益出发，加强对个人数据的控制权，保障数据主体对数据的自主权利。在数据经济时代，将数据财产权集中于个人，无视了数据产业者在资本、人力、技术和管理上的投入，也无法真正有效实现个人对个人数据的财产权。在人工智能和大数据分析驱动下，数据处理技术和实践的发展，使个人数据成为一种难以执行的个人产权难题。一方面，数据处理导致个人的决定不可避免地对他人产生溢出效应，比如数据画像的结果，或者一群人的同一个数据片段的结果，比如基因数据。某个人共享基因数据的决策，但是其揭露的信息不仅仅涉及个人，还关系到他/她过去和未来几代有血缘关系的亲属，② 这种现象也称为"网络效应"。因此，真正的个人对个人数据的控制以及有关个人数据的财产权的有效实现是非常困难的。另一方面，对于财产权客体以及权利所有人，创建和管理财产权的透明度也充满挑战。这是因为，不管是在欧洲还是在美国，个人数据的定义都是动态的：同样的数据，在不同的场景下，可能是个人数据也可能不是个人数据，或多或少可能与可识别的个人相关，或者与个人相联系（relate/link）。欧盟 1995 年《数据保护指令》将个人数据定义为"已识别或可识别自然人的任何信息"。在前言第 26 段，为了确定一个人是否可识别，应该考虑所有数据控制者或其他人能够合理使用的方法来识别特定个人。GDPR 也采用了同样的定义，要求考虑数据控制者或其他人采取所有合理的手段直接或间接识别个人。关于可识别性，人们普遍认为，在现代数据处理技术条件下，先前的匿名数据可以通过数据分析重新再识别。正如2016 年，欧洲法院在 Breye 案中的判决，③ 当其他第三方所持有的额外数据

---

① 张衡：《网络数据产权化发展及其争议》，《信息安全与通信保密》2018 年第 8 期。

② Article 29 Working Party, Working Document on Genetic Data, Adopted on 17 March 2004, 12178/03/EN（WP 91），4.

③ Court of Justice of the European Union, Case C－582/14, Patrick Breyer v. Bundesrepublik Deutschland, judgment of 19 October 2016, ECLI：EU：C：2016：779.

可获得时，非个人数据可能转变为与识别自然人相关的数据。个人数据定义越来越广泛，对于保护数据主体的控制权来说可能是有利的，却使实现个人数据的产权化成为一个难题。也就是说，个人数据包含的大量数据与个人的相关性究竟在何种程度上足以构建属于个人的财产权，以及如何追踪这种相关性的状态都是不确定的。

## 四　网络数据产权化讨论的启示

当前，理论与实践部门已经开始关注网络数据的产权化问题，是否需要构建数据产权，以及如何构建与分配数据相关权益引发了诸多讨论，这其中最为主要的是确立以下基本思路。

一是对网络数据权利和权益归属进行界定是大数据时代促进数据流通的必然趋势。虽然在欧盟提出创建数据产权的主张后，德国著名的研究机构马普研究所提出了反对意见，认为当前没有理由或必要创建数据的排他性权利。[①] 马普研究所认为，保护个人数据的法律并没有控制数据使用或促进对下游数据市场的使用合法化，也不应该将数据专有使用权分配给通过传感器生成数据的设备所有者。但是，正是因为当前数据保护法的价值是建立在保护个人权益的基础上的，与数据流通的价值理念存在冲突。因此，数据产权化规则应当着重于数据流通共享环节的规则构建，为各利益相关方有序利用数据提供保障。其次，马普研究所认为，加强数据控制者的数据能力将催生反竞争的市场准入壁垒。自由信息的公共领域的一般原则必须战胜迫在眉睫的"信息垄断"。从当前欧洲数字经济的动态发展来看，目前没有观察或预期到任何市场失灵。因此，收集或创建数据的立法动机是没有必要的。但是，事实上，从 Facebook 的第三方数据开发利用导致的数据保护争议，以及领英与 ihQ、菜鸟与顺丰、华为与腾讯之间的争议，已经可以看出，由于

---

① Max Planck, Institute for Innovation and Competition: Data Ownership and Access to Data: Position Statement of the Max Planck Institute for Innovation and Competition of 16 August 2016 on the Current European Debate, https://papers.ssrn.com/sol3/papers.cfm? abstract_ id = 2833165.

竞争规则的缺失，不同的数据产业者在数据开发利用和共享合作中发生利益分配和权利归属的争议。

二是构建平衡共赢的数据权益分配机制。大数据开发和流通的产业链条中，存在复杂的数据利益相关方。不管是提供基础个人数据的数据主体，还是参与数据开放利用的产业者，都有充分的理由参与数据权益的分配，共享数据经济时代的红利。在设计数据产权制度时，不管将数据权利归属于谁，都必须充分考虑各方的诉求和其投入的劳动，并且在利益平衡理念下，确定参与者成本投入的合理回报。

三是数据产权化规则是对传统倾斜保护个人权益的法律规制框架的扶平。传统以个人权益为核心构建的权益分配框架，无法适应数据经济时代各利益相关方的诉求。数据的权利归属问题与数据共享和不可绝对交割存在抵牾，但是，数据的共享和流通是数据价值实现和数据经济发展的基础。因此，数据产权化规则构建的核心在于对数据流通层面相关规制的创新，以激励数据产业的发展。不能为了保护个人数据而过于限制数据的流通，这不仅有悖于数据自由的价值取向，而且可能损害数据主体对有关自身数据的自决权。[①] 个人数据保护与数据利用之间并非非此即彼的对立关系，数据经济的发展服务于数据主体，数据主体是数据经济发展的最终获益者，在保证个人数据安全的前提下推动数据流通才是大数据时代背景下对个人数据保护的发展趋向。

---

① 张衢：《网络数据产权化发展及其争议》，《信息安全与通信保密》2018 年第 8 期。

# B.15
# 从网络空间安全治理视角看中国提升治理权的路径选择

李　艳[*]

**摘　要：** 网络空间国际治理进入历史发展新阶段，在技术、应用、认知以及重大安全性事件冲击等诸多因素的驱动下，国际社会各方对于网络安全的关切上升到前所未有的高度，网络空间国际治理随之呈现新的阶段性特点，即安全治理成为治理重心。安全与发展的关系不再仅仅是并列的"双目标"，安全问题不能有效应对，将成为发展的桎梏，2017年表现尤为突出，新一轮全球性网络安全威胁搅动国际社会各方神经。形势虽然严峻，但客观来讲，实属网络空间发展必经之阶段，国际社会各方正围绕安全治理积极探索有效的应对之道，可以预见，这一努力将持续相当长时间。对中国而言，顺势而动，围绕安全治理展开布局与加大投入，不仅有利于自身网络强国建设，更是构建网络空间命运共同体的重要环节，首先确保"共同的安全"无疑是对当前国际社会需求的最佳回应。

**关键词：** 网络空间　安全治理　中国　治理权

---

* 李艳，中国现代国际关系研究院信息与社会发展研究所副所长、副研究员，主要从事互联网治理机制与国际合作研究。

当前，网络空间国际治理已进入历史发展新阶段，在各种因素作用下，所谓"发展"与"安全"平衡的天平发生倾斜，相较于发展诉求，安全治理成为更加突出的核心关切。积极作为，主动适应和把握这一阶段性发展趋势，围绕网络空间国际安全治理加大投入与加强布局，成为中国进一步提升治理权的重要路径选择。

# 一 以安全治理为重心：网络空间国际治理发展之必经阶段

众所周知，所谓网络空间治理始终围绕两大主线，即"发展"与"安全"，确保二者的平衡被视为网络空间治理的目标。但实践证明，二者的绝对平衡只是国际社会共同追求的一种理想状态，二者从来都只是相对的平衡，在不同历史时期，治理重心实际上会有所偏向。当前种种迹象表明，网络空间国际治理已进入安全关切强于发展关切的新阶段，当然，对于这一判断需要说明两点。首先，这不是一种"绝对"的观点。所谓"强于"是相对而言，并不是说完全不考虑发展，而是安全问题成为网络空间发展的主要矛盾或矛盾的主要方面，如不能有效解决不仅影响安全，更对发展形成严重桎梏。因此，国际社会对安全问题的关注度会更高一些，治理资源的投入也会随之更集中在安全治理领域。其次，这也不是一个"消极"的观点。认为安全治理成为重心并不否认发展取得的成果，更不是危言耸听地对未来发展不抱希望，实际上，现阶段安全关切的上升只是网络空间治理发展的必经阶段，它不仅符合技术与应用发展的客观规律，亦符合国际社会各方的认知规律。

首先，符合技术与应用的发展规律。互联网技术架构从其最初设计本身而言，追求的是互联互通与全球普及，是一个旨在"发展"的架构，天然不是一个追求"安全"的架构。因此，从互联网产生直到21世纪头10年，互联网技术的商业化与社会化进程不断加快，互联网成为全球重要信息基础设施，互联网与社会的交互性亦进一步加强，此阶段的特点就是技术与应用的不断推陈出新，国际社会各方考虑更多的是如何最大限度地发挥互联网技术给社会带来的变革性积极影响。虽然在此过程中，一些网络安全问题也开始显现，但仍主要集中反映在技术层面，如垃圾邮件、蠕虫病毒等，即使涉及一些社会领域，如网络犯罪开始日益增多，但一切似乎都在可控范围，未引起各方足够重视。这也是为什么在当时，国际社会对于网络空间治理目标的认知更多偏重于"促发展"。比如在 2003 年与 2005 年的 WSIS 日内瓦会议与突尼斯进程中，虽然国际社会对互联网治理的认知开始从技术转向综合治理，但仍认为其应该是"各国政府、私营部门和公民社会根据各自的作用制定和实施旨在规范互联网发展和使用的共同原则、准则、规则、决策程序和方案"[1]，聚集点明显在"发展与使用"上，之后的 IGF 论坛的议题设置更多的也是对于发展的考量。

但近些年来形势发生很大变化，一方面，技术本身的安全风险特性进一步显现，互联网技术发展进入新阶段，以物联网、大数据、云计算、人工智能与区块链为代表的"基于互联网的"技术与应用不断落地，呈现"网网互联""物网互联"，甚至"人物互联"等互联网技术应用新趋势。相较于之前追求"互联互通"的初始技术，这些技术与应用具有一个显著的特点，国际社会各方从其产生与应用之初，就高度关注其中蕴含的安全风险，其从设计与产生之时，就有基于安全的架构设计与考虑。另一方面，重大突发性事件的"催化作用"。这里不得不再次提及"斯诺登事件"带来的影响，虽然该事件似乎已过去五年，但事件的深远影响仍在不断显现，其中最为重要的就是该事件在客观上使得国际社会各方从战略高度全面审视网络空间的安全问题，安全关切前所未有地深入人心，并在很大程度上转化为各国将网络安全作为核心利益关切。再加上随着国家主体在网络空间战略竞争的日益白热化，尤其是其与现实空间博弈相互融合与振荡，非国家主体不断利用"低门槛"与"非对称力量"在网络空间不断拓展，网络空间形势更趋复杂，网络犯罪与网络恐怖主义等使得网络安全形

---

① Back Ground Report，WGIG，http：//www. itu. int/wsis/wgig/docs/wgig‐background‐report. doc，2007 年 2 月 13 日。

势更趋恶化,国际社会各方开始认识到"保安全"至关重要,没有安全何谈发展。这也是为什么在 2015 年底的 WSIS + 10 HLM 上,国际社会在探讨新一轮信息社会十年(2016~2025 年)发展目标时,安全关切格外突出,这体现在大会成果文件(Outcome Document)中,如肯定"政府在涉及国家安全的网络安全事务中的'领导职能'",强调国际法尤其是《联合国宪章》的作用;指出网络犯罪、网络恐怖与网络攻击是网络安全的重要威胁,呼吁提升国际网络安全文化、加强国际合作;呼吁各成员在加强国内网络安全的同时,承担更多国际义务,尤其是帮助发展中国家加强网络安全能力建设等。

其次,符合国际社会的认知规律。一方面,认知的形成本身具有一定"滞后性"。互联网发展历程的驱动因素首先是技术及其应用,在应用的过程中,技术往往是一把"双刃剑",在促进发展的同时亦会带来各种问题,这些问题可能是技术上的,但更多的是引发许多社会安全隐患或监管难题。但这些问题的显性化需要一定时间,即很多时候,应用之后才会出现或发现问题,因此,国际社会对于安全问题的认知天然具有一定的"滞后性"。这也是为什么早期更重发展,少安全关切的因素之一,安全问题的后果还未显现或还未得到各方的关注。另一方面,认知的改变需要足够冲击力。很多安全问题并不是国际社会认识到,就能得到重视与应对,只有这些问题由于缺乏及时反应和妥善应对,对发展进程形成桎梏,这些桎梏带来现实冲击,这些安全问题才会最终得到足够重视。简言之,就是安全威胁与事件必须具备足够的爆发频度与烈度,才能引起国际社会的有效反应。远的不提,以2017 年为例,全球性勒索软件 WannaCry 波及全球 150 个国家,感染近 20万台电脑,而这些电脑大多集中在医疗、能源等重要民生领域①,更为关键的是,此事件的调查扑朔迷离,姑且不论真相如何,事件所揭示出的"网络武器库"问题以及"美朝网络冲突"等深层次安全隐患令人担忧。国际

---

① https://www.gizmodo.com.au/2017/05/theres – a – massive – ransomware – attack – spreading – globally – right – now/.

社会对该事件的认识从黑客攻击上升到对"网络武器库"的管理，以及"网络与现实空间政治冲突叠加"带来的风险问题；再如大规模数据泄露问题，2017年，大规模数据泄露事件成为网络安全领域的"常态"，数据安全关切上升到前所未有的高度，这些问题不仅涉及公民隐私与国家安全，更给社会与政治稳定带来极大影响。2017年7月在瑞典发生的公民敏感数据泄露，就引发了一场政治危机。① 正是在这些不断爆发的大型网络安全事件的冲击下，国际社会对于安全治理的关切无疑再上新台阶。

## 二 安全治理的关键：技术解决方案与"行为规范"

国际社会普遍认为，当前网络空间安全形势严峻的根源，无非有二：一是技术应用过程中的安全漏洞与隐患；二是行为规范的缺失，就二者而言，后者更为严峻。因为技术的问题相对好解决，且在多数情况下，技术与应用本身没有问题，它们是中立的，出问题的是那些滥用技术的"人"。因此，加强对网络空间行为主体的规范，即对包括国家与非国家主体在内的行为进行有效规制，是最大限度维护网络空间安全与稳定的关键。为此，近年来，尤其是2017年，国际社会各方主要围绕网络空间行为规范积极作为，共同致力于探寻更加安全与稳妥的解决之道。

首先，在"联合国框架"层面，在历届联合国专家小组（GGE）的努力下，国际法在网络空间的原则性适用问题基本得以解决。如第三届GGE报告确认，国家主权和源自国家主权的国际规范和原则适用于国家进行的信息通信技术活动，以及国家在其领土内对信息通信技术基础设施的管辖权。第四届专家组进一步纳入国家主权平等原则、不干涉内政原则、禁止使用武力原则、和平解决国际争端原则以及对境内网络设施的管控义务等内容，进一步完善了规范体系。② 第70届联大协商一致通过了俄罗斯、中国和美国

---

① http：//thehackernews. com/2017/07/sweden – data – breach. html.

② 2015 UN GGE Report：Major Players Recommending Norms of Behavior and Highlighting Aspects of International Law，https：//ccdcoe. org，2016年1月2日。

82 个国家共同提出的信息安全决议，授权成立的第五届专家组①，继续讨论国际法适用、负责任国家行为规范、规则和原则等问题，旨在落实负责任的国家行为准则，建立信任和能力等领域多项可操作性措施。虽然，此届 GGE 未能在 2017 年达成最终成果性文件，但相关问题的探讨得以深入和细化仍然对整体进程的推进有着积极意义。此外，从非国家行为主体规范来看，伴随打击网络犯罪国际合作的推进，相关法律法规探索亦进一步推进，如 2017 年 5 月 24 日，第 26 届联合国刑事司法大会通过加强国际合作打击网络犯罪的正式决议。② 2017 年 7 月，国际电信联盟发布第二个全球网络安全索引（GCI），指出网络安全已成为数字化转型的至关重要组成部分，鼓励各国考虑网络安全的国家政策。该索引对网络犯罪问题予以高度关注，称各国政府应采取措施加强网络安全生态环境建设，以减少犯罪威胁，增加人们对网络的信心。同时，全面评估成员国应对全球网络安全问题的承诺和行动，新加坡、美国位居前两名，中国列第 32 名。国际电信联盟还提出全球网络安全议程的五大支柱：法律、技术、组织、能力建设和国际合作。

其次，在区域性政府组织层面，七国集团（G7）、二十国集团（G20）峰会积极探索应对网络安全威胁。七国集团首脑宣言赞同关于在网络空间负责任国家行为的宣言，将共同努力应对网络攻击并减轻网络攻击对关键基础设施的影响。宣言称，"我们赞同于间大利卢卡召开的外长会议所发布的'联合公报'、'关于在网络空间负责任的国家行为的宣言'、关于不扩散和裁军的声明，并进一步应对严重安全问题与危机。"

最后，在企业与智库等层面，从企业来看，如微软公司带头呼吁《数字日内瓦公约》，称国际社会应参考《日内瓦公约》保护战时平民的做法，确保和平时期平民免受网络攻击伤害。西门子倡导网络安全《信任宪章》，

---

① Elaine Kozak，Cybersecurity at the UN：Another year，Another GGE，www. lawfareblog. com.

② http：//www. crime - prevention - intl. org/en/welcome/publications - events/article/le - cipc - organise - latelier - des - instituts - du - reseau - pni - dans - le - cadre - de - la - 26eme - session - de - la - c. html.

提升各方对网络空间的信心。且不论这些文件的观点与立场如何，在 GGE 等传统机制面临"瓶颈"时，这些倡议的提出极大地吸引了国际社会的眼球，让各方开始思索规范制定的各种可能途径。从智库来看，北约卓越合作网络防御中心分别于 2013 年、2016 年陆续推出的《塔林手册》（1.0 与 2.0 版），主要围绕战时网络行动规范，探讨武装冲突法等战时国际法在网络空间的适用问题。《塔林手册》（2.0 版）则进一步扩充和平时期网络行动国际法规则。虽然此手册编撰主要由西方国家参与，但为增强影响力，有意向非西方国家扩大；同时，此文案虽属专家倡议性文书，但其不断积极寻求政府"背书"，如组织政府法律代表咨询会等。考虑到国际法渊源与形成惯例，即便只是"专家造法"，其本身的过程及相关理念与规则条文对未来网络空间行为规范的影响力不可低估。2017 年 2 月，美国东西方研究所与荷兰海牙战略研究中心联合发起成立"全球网络空间稳定委员会"，旨在集合全球学界智力，进一步推进维护网络空间稳定的规则研究与探讨。

当然，这些规则制定的进程或多或少地存在各种各样的问题，目前网络空间安全治理还未建立起成熟、完备、有效的规则体系，如在联合国框架层面，虽然有权威性和合法性，但由于资源的缺乏和决策效率的问题，原则性共识能达成，但具体条款的落实推进困难，这也是为什么 2017 年之后，国际社会围绕联合国 GGE 的下一步工作方向甚至是机制调整进行广泛探讨，联合国秘书长古特雷斯亦在组建新的专家团队，希望突破这一瓶颈；区域性政府组织层面，地缘政治性与代表性是始终存在的问题，影响力与接受度受到一定制约；企业智库层面，多数也只能停留在倡议或建议层面，要转化为规则或规范，仍需得到其他国家主体和非国家主体的认可，以微软公司提出的《数字日内瓦公约》为例，不少国家政府即便是表示欢迎贡献企业智慧，但仍然认为网络空间行为规则制定是政府的事。对于这些问题只能说，毕竟规则制定尚处发展初期，任何有益的探讨和建议都具有一定建设性，至少就安全稳定的理念与认知传递，从长远来看有利于营造网络空间规则制定的环境，现实发展方向与结果如何仍取决于各方合力。

## 三　中国治理权的提升：围绕安全治理加大投入

如上所述，当前网络空间国际治理的大势之一就是安全治理成为首要核心关切，而安全治理的关键又是技术解决方案与行为规则制定，因此，从这两方面入手，在安全治理领域有所作为，是扩大治理权和提升影响力的重要路径选择，对于中国而言，更是如此。鉴于此，未来围绕安全治理，中国谋划与布局的着力点无非亦包括以下两大方面。

一是继续加强在行为规范领域的投资与作为。当前，各国政府在国际网络安全治理中的重要作用日益成为国际社会共识，负责任国家行为规范的制定与打击非国家行为体恶意行为，对于维护网络空间稳定至关重要，政府必然发挥不可替代的重要作用。这就意味着这些领域的治理将更加依赖于政府间平台与渠道。相较于传统互联网治理中私营部门主导的格局，这显然更有利于中国发挥作用。从这个意义上讲，网络空间行为规范制定是中国参与治理的优势领域，经过多年实践积累，尤其是凭借综合国力和网络实力的提升，中国已逐步建立一定的规则主导权，这一优势会随着未来国际社会各方对网络空间行为规范的关注进一步提升。

近些年来，随着中国网络实力与国际影响力的提升，尤其是自习近平主席提出对内建设网络强国，对外构建网络空间命运共同体的战略构想后，仅仅是参与实践已无法满足中国在网络治理领域的内外需求。中国以前所未有的意愿和力度积极参与网络空间的规则制定进程。除在联合国框架下的平台上积极作为，推动国际社会就联合国宪章及其基本原则在网络空间的适用问题达成共识外，对于其他全球性、区域性治理进程亦提升参与度，如推动上合组织、G7、G20、金砖国家峰会等平台将网络安全与相关治理问题纳入议程；更是主动搭建双边平台，与美、英、德等国就网络问题建立"一轨"与"二轨"对话机制，推动双边协议的达成，并就共同关注的安全问题展开广泛与深入的探讨。与此同时，还发动国内各方非政府力量，积极开始多层级、多渠道的国际网络安全合作，如鼓励中国计算机应急小组（CNCERT）

与各国 CERT 之间开展合作。此外，还主动构建中国倡导的议程与平台，推动并引领国际社会各方就构建"网络空间命运共同体"，共同维护网络空间的稳定与发展做出中国贡献。自习近平总书记在第二届乌镇大会上提出"四项原则"与"五点主张"后，2017 年 3 月 1 日，中国外交部与网信办共同发布《网络空间国际合作战略》，以和平发展、合作共赢为主题，以构建网络空间命运共同体为目标，就推动网络空间国际合作首次全面系统提出中国主张，为破解全球网络空间治理难题贡献了中国方案。这些年的努力无疑为中国进一步提升影响力打下了良好的基础，今后一定要继续经营好这些既有平台与渠道。尤其是当前"联合国框架"面临一定困境，中国必须承担起应有之责，积极与国际社会各方一道探讨解决方案并投入资源予以推动。

二是稳步提升新技术与新应用安全的规则制定权。互联网技术与应用处在不断的发展进程中，未来技术与应用的发展与安全治理决定着未来网络空间发展的走向。一方面，当前互联网基本架构正处在进一步发展进程中，下一代互联网的新架构与协议无疑是涉及未来发展的基础技术安全。中国在此领域已有所作为，如在负责互联网协议标准制定的 IETF 中，2013 年，清华大学李星凭借在该领域的突出贡献，尤其是 IPv6 解决方案上的作为，入选新一届互联网体系结构委员会（Internet Architecture Board，IAB），互联网体系结构委员会是 IETF 的顶层委员会，由 13 名成员组成，其职责是任命各种与互联网相关的组织，这是中国大陆学者第一次入选 IAB。此外，中国移动、中兴通讯等企业也曾有多名人员承担 IETF 工作组主席等职务。中国技术社群逐年加大了在 IETF 的投入，推动了中国全方位参与国际互联网标准制定，并取得多项重要突破。事实上，国家应该从战略高度重视技术层面的安全标准制定，这是治理权的"实力基础"。

另一方面，从社会应用层面来看，互联网技术及其相关新应用将不断拓展，应用层的范围与内容不断拓展，新应用不断带来新的安全问题，需要安全治理及时跟进，迅速反应和妥善应对。近年来，物联网、大数据、云安全、人工智能、区块链等技术应用安全问题已成为各方关注焦点，中国凭借应用和市场优势，这些新兴领域发展极为迅猛，如果在发展的同时，能够利用这些优势，同时推进和引领相关安全治理进程，无疑将对提升安全治理的整体影响力产生深远影响。因此，未来应该考虑在这些新兴技术架构与应用领域加大相关安全治理的投入，在技术解决方案上能有更多的中国声音与作为，这也有助于中国摆脱长期以来技术发展受制于人与规则制定被动跟随的不利局面。

# B.16
# 中国参与网络空间国际
# 安全治理的态势分析

鲁传颖　李书峰*

**摘　要：** 网络空间国际治理在世界范围内的政治博弈中地位越发凸显，参与的行为体从国家扩展到国际组织、私营部门、技术社群，建立国家间机制化、法治化的合作体系成为一大趋势。国家间网络安全政策的分歧凸显了当前网络空间国际治理的困境，以"震网"病毒扩散、"黑客干预大选"等网络安全事件为代表，网络攻击威胁到国家政权的稳定并波及全球。本文从网络安全双边合作的趋势、总体形势和风险评判以及网络安全"命运共同体"战略思想下的中国方案等方面展开论述。

**关键词：** 网络空间治理　双边合作　非国家行为体　中国方案

从世界范围来看，网络安全面临的威胁和风险日益突出，全球网络区域发展不平衡、个人信息遭受侵犯、网络犯罪等问题在世界范围内具有鲜明的共同性，任何一个国家都无法独善其身。根据2018年1月世界经济论坛发布的《2018年全球风险报告》，网络攻击在可能性最高的十大风险排名中紧跟极端天气事件和自然灾害之后，居第三位，第四位是数据诈骗或者数据泄

---

* 鲁传颖，上海国际问题研究院副研究员，主要从事网络空间安全与治理领域研究；李书峰，法学硕士，上海社会科学院社会科学报社。

露风险，这说明网络安全已经是除了自然灾害以外最大的风险。近年来网络犯罪的潜在目标数量呈指数级增长，因为使用云服务和物联网的设备预估将从 2017 年的 84 亿台设备扩大到 2020 年的 204 亿台。各国需要共同管理风险，双边合作机制的建立成为国家间安全合作的重要选项。

# 一 当前网络安全双边合作的趋势

2017 年是中国参与国际网络安全执法双边合作取得重要进展的标志性一年，在这一年中国与美国、俄罗斯、英国、法国、南非等多个国家展开网络安全合作对话，共同推进双边执法合作逐渐走向规范化、制度化，为全球网络安全治理规则的制定提供了有效的借鉴。2 月，第二次中英高级别安全对话在伦敦举行，双方谈及网络安全、打击有组织犯罪、反恐合作、保护个人信息安全、犯罪分子外逃、引渡个案等多个方面的合作。3 月，中欧数字经济和网络安全专家工作组第三次会议在比利时鲁汶成功举办，双方围绕数字经济发展战略、数字化转型、数据隐私等领域进行了探讨。4 月，中澳首次高级别安全对话在悉尼举行，澳方重申并承诺推动批准中澳《引渡条约》。5 月，第二届中国 - 南非互联网圆桌会议在北京举行，双方表示中南互联网领域合作的前景广阔，合作潜力巨大。6 月，首届"中俄网络安全产业圆桌会议"在大连召开，双方一致认为两国的网络安全产业面临共同的威胁与挑战、担负着同样的重任与使命，此次会议将成为两国网络安全产业交流合作的起点。8 月，上海国际问题研究院与美国麻省理工学院计算机与人工智能实验室合作举办第二届"国际网络空间军事稳定"学术研讨会，旨在通过多国专家的 1.5 轨对话，找出军事领域网络问题导致的不稳定性及其原因，并提出了风险缓解措施。9 月，中德信息安全合格评定研讨会在北京召开，在"中国制造 2025"和德国"工业 4.0"战略实施的大背景下，中德双边在网络安全领域的合作正式启动。10 月 12 日，中国国际问题研究院召开第二届中日韩网络安全二轨对话，三边对话会是中日韩三国开展网络安全合作的重要平台。同月，中美开展了首轮中美执法及网络安全对话。

2017 年 4 月，习近平主席与特朗普总统在海湖庄园举行会晤，双方讨论了非法移民遣返、禁毒、网络犯罪和网络安全、追逃四个议题，其中一致同意加强在打击网络犯罪、及时共享网络犯罪相关线索和信息、关键基础设施的网络安全保护等方面的继续合作，中美执法及网络安全对话成为推动两国在执法和网络安全领域合作的重要平台。11 月，由中国现代国际关系研究院（CICIR）和美国国际战略研究中心（CSIS）共同主办的第 11 届中美网络安全二轨对话在华盛顿举行，双方商定将在二轨渠道保持紧密沟通和联系。12 月，来自全球 120 多个国家和地区的嘉宾齐聚浙江乌镇，第四届世界互联网大会在此召开，大会以"发展数字经济促进开放共享——携手共建网络空间命运共同体"为主题，围绕数字经济、前沿技术、互联网与社会、网络空间治理和交流五个议题，政府、企业、国际组织、技术社群的代表从各自的角度出发，为全球互联网治理提出了相应的方案，中国代表也向全世界贡献了中国的智慧。2018 年 1 月，法国总统马克龙访华并进行国事访问，网络空间治理作为一项重要的全球治理议程，也被纳入中法双边合作的范畴，双方将以《联合国宪章》为代表的国际法为依据，继续利用中法网络事务对话机制，打击网络犯罪及其他网络空间恶意行为，开展双边交流与合作。

国际层面和国内层面的对话和会议的开展反映了双边网络安全合作进入法律和机制保障阶段，同时也体现出网络安全复杂形势下各国政府合作理念的深入，分析多个双边对话机制的进程和趋势，有助于完善中国参与网络空间治理的总体战略。

## 二 当前网络空间国际治理的总体形式

网络空间治理事关各国的国家安全和全球经济秩序稳定，已经成为各国外交政策的优先议题和全球治理的重要领域。2017 年，联合国、区域性国际组织、技术社群、私营部门、学术机构都在积极加强网络空间国际治理工作。

第一，联合国进一步加强对网络空间治理规则的制定。发达国家与发展中国家之间在网络治理机制理念上存在巨大的差异，导致了严重的机制困境，新兴国家更多地主张以联合国为主导的治理机制，联合国、G20 以及其他区域性和功能性组织正在成为各方博弈的重点领域。联合国正在朝着网络安全国际合作的主渠道迈进，但依旧面临挑战。联合国系统中的其他机构在网络空间安全合作上发挥主导作用还需要中方和其他国家进一步的推动。联合国在网络空间治理领域已经先后设立了多个专家组，包括信息安全政府专家组，这是网络空间治理领域最重要的机制之一，也是联合国框架内关于打击网络犯罪国际合作唯一的政府间机构；联合国毒罪办设立了打击网络犯罪政府专家组，旨在制定打击网络犯罪的国际性文本；在 2016 年 12 月 16 日关于特定常规武器公约的联合国会议上成立了致命性自主武器系统（LAWS）政府专家组（GGE），并指派印度担任主席国。该小组的任务是研究致命性自主武器领域的新兴技术，评估其对国际和平与安全的影响，并为其国际治理提出建议。

专家组在发挥问题研究、组织多方协调上已经做出了很大的贡献。同时也应当看到，专家组的主要任务是研究问题，提出建议，所制定的规范是自愿遵守、缺乏约束性条款的。因此，很多共识成果未能得到很好的传播和遵守。今后联合国需要进一步加强对成果共识的落实，如在专家组下设秘书处或工作组，同样的，联合国内部各机构也需要进行网络安全升级，率先加强自身的网络安全工作，并通过制度构建、拟定规范、与世界各国具体合作等多种方式提高联合国在网络空间治理中的作用和地位。值得注意的是，联合国大会裁军与国际安全委员会召集的第五届信息安全政府专家组未能如预期达成共识，进程处于停滞状态。反映出当前网络空间国际规则制定的博弈进入深水区，各方分歧开始凸显，缺乏妥协的意愿，以及现有专家组机制无法应对新挑战和满足更多国家和非国家行为体参与网络空间国际规则制定的愿望。这无疑对我国今后参与网络空间治理产生重要影响。

第二，国际组织和区域性组织的作用在增强。网络空间治理与国际经济、国际安全息息相关，成为 G20、G7、金砖五国、上合组织等国际和区域性组织的重点关注领域。2017 年，德国汉堡 G20 峰会对网络安全问题高度重视，并且发布了多份与网络安全治理相关的文件。由此可见，G20 将成为国际网络安全合作的重要平台，在加快网络基础设施建设、推动各国不同系统间的互通、改善网络透明度及安全环境、完善对话协商机制、打击网络犯罪及恐怖主义等方面有着突出的作用。2017 年财政和央行行长会议宣言中明确指出，"恶意使用信息通信技术会损害金融体系的安全和信任，要求金融稳定委员会（FSB）加强相关研究，制定相应的国际规范"。

金砖五国峰会、上合组织领导人峰会也纷纷就网络安全问题制定相应的国际规则。2017 年金砖国家厦门峰会宣言指出，应支持联合国在制定各方普遍接受的网络空间负责任国家行为规范方面发挥中心作用，以确保建设和平、安全、开放、合作、稳定、有序、可获得、公平的信息通信技术环境。[①] 上海合作组织成员阿斯塔纳峰会宣言中，成员支持在联合国框架内制定网络空间负责任国家行为的普遍规范、原则和准则。[②] 成员将继续深化打击信息通信领域犯罪合作，呼吁在联合国主导协调下，制定相关国际法律文书。

七国集团（G7）联合发布网络空间安全的国家责任声明。为了应对越来越复杂的网络空间安全态势及其对国际和平与安全的发展，2017 年七国集团（G7）部长会议联合发布了一份关于网络空间安全的国家责任声明，鼓励所有国家在使用信息通信技术（ICT）时遵纪守法、互尊互助和相互信任。[③] 这一声明是和平时期提出的一个自愿、非约束的规范标准。声明中提出维护国际和平与安全、保护关键基础设施免受 ICT 威胁、共同惩治网络犯

---

[①] 《金砖国家领导人厦门宣言》，人民网，http：//world. people. com. cn/n1/2017/0905/c100 2－29514600－2. html，2018 年 4 月 20 日。

[②] 《上海合作组织成员国元首阿斯塔纳宣言》，新华网，http：//www. xinhuanet. com/world/ 2017－06/09/c_ 1121118758. htm，2018 年 4 月 20 日。

[③] 《七国集团联合发布网络安全国家责任声明共同提高 ICT 技术的稳定性与安全性》，中国信息产业网，http：//www. cnii. com. cn/informatization/2017－04/24/content_ 1845229. htm，2018 年 4 月 20 日。

罪等共计 12 个要点，旨在加强各国之间的信息交流、惩治网络罪犯和恐怖分子，维护安全的网络环境。

第三，非政府行为体积极参与网络空间国际治理工作。网络空间国际治理中除了国家和政府间组织之外，以 ICANN 等技术社群为代表的市民社会和以企业为代表的私营部门也扮演着重要的角色。以互联网社群为代表的市民社会是互联网关键资源治理的主要行为体。一直以来，ICANN、IETF、IAB 为代表的社群致力于互联网域名注册、解析和 IP 地址分配以及相应的标准和协议工作，为互联网的发展做出了重要的贡献。2016 年 10 月 1 日，ICANN 终止了与美国商务部的合同，自此美国政府将不再拥有对其的监管权。2017 年 2 月，ICANN 董事会通过修改基本章程、调整委员会职责以及启动赋权社群等举措，使得 ICANN 正式进入了后改革时代。但是就目前情况看，新机制还远未实现国际社会各方对"多利益相关体"创新机制建设的期待。如 ICANN 政府咨询委员会因故缺席赋权社群的首次工作会议，司法管辖权问题亦仍处争议中。[①]

全球网络安全稳定委员会为代表的学术界也是国际治理领域的重要力量。该委员会于 2017 年 2 月在德国慕尼黑安全会上正式亮相，由来自 20 多个国家的 40 多位网络空间领袖人物组成。11 月，该委员会发布了《捍卫互联网公共核心》的倡议引起国际社会广泛关注并产生较大影响。此外，中国政府举办的世界互联网大会的国际影响力也在持续提升，并已引起西方国家政府和学者的广泛重视。

私营部门是技术创新的驱动力量，是网络设备、内容的生产者和运维者。而私营部门在当前网络空间治理中的重要性被低估了，造成这种现状的原因是各国政府之间缺乏信任，特别是"斯诺登事件"所揭示的一些互联网企业与政府合作开展大规模网络监听侵犯了众多国家的安全利益。随着国家行为规范的确立和国际安全架构的建立，私营部门将要承担更多的治理责任。供应链安全、物联网安全和关键基础设施保护等国际网络安全合作的重

---

① 李艳：《2017 网络空间治理态势与启示》，《信息安全与通信保密》2017 年第 11 期。

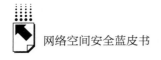
点都离不开私营部门的参与。

2017 年，微软公司在多个国际会议上大力推广《数字日内瓦公约》倡议，引起了国际社会的广泛关注。2 月，微软发布了《数字日内瓦公约》，呼吁各国政府之间建立独立小组共同调查和共享网络攻击信息，从而保护平民免受政府支持的网络黑客攻击。4 月，包括微软、惠普、脸书在内的 30 多家大型科技公司签署了一项《网络安全科技条约》，保护网民的网络安全。2016 年，微软曾经因美国政府勒令企业交出客户存储在海外服务器上的电子邮件而起诉美国司法部，并最终胜诉。从目前国际形势而言，《数字日内瓦公约》中提出的措施可能过于理想化，也被美国政府认为行为存在"越界"，这也是美国政府对微软抱有不满的原因，总体而言，微软作为一个非国家行为体所具有的推动国际规则制定的能力对公约的实现也有一定影响。

为推动网络安全发展，西门子、空客、Allianz、戴姆勒集团、IBM、NXP、SGS 和荷兰电信等主流公司，在德国慕尼黑安全大会上签署了一份《信任宪章》。共同签署人还包括欧盟内部市场、行业、创业及中小企业专员 Elibieta Bieńkowska，以及加拿大外交部部长兼 G7 代表 Chrystia Freeland。信任宪章设立了保护个人和企业的数据及资产，防止网络攻击对个人、公司和基础设施的伤害，在联网数字世界中打造可靠的信任基础等三大目标以及十大纲领。《信任宪章》是继微软提出《数字日内瓦公约》后，由私营部门发起的另一项关于网络空间国际规则的倡议。由于发起的企业以欧洲企业为主，因此也被称为欧洲版的《数字日内瓦公约》。

网络空间治理在国际政治中的重要性在上升，但博弈也会同时加剧。短期内，难以有突破性的进展。从历史来看，真正的突破取决于各方能够达成妥协的程度以及突发性事件的影响。"斯诺登事件"、勒索病毒蔓延全球、大规模信息泄露等安全事件的发生为各国之间的网络空间国际合作提供了最佳的契机。在此之前，各国之间的观念、立场和政策将会继续保持互动，但难以取得突破性进展。因此，国际社会应加强在基本原则和趋势方面相关的法律、政策、技术层面的研究，积极储备必要的知识和人才。

## 三　网络安全成为国际治理的突出风险

当前全球网络空间治理困境凸显了国际社会在网络空间军事、情报和犯罪等领域面临的网络安全风险，具体包括：来自美英等国推动网络空间军事化带来的网络武器扩散、网络军备竞赛风险加大；网络情报收集规模持续扩长；网络恐怖主义和网络有组织犯罪等各种形式的网络攻击能力增长和手段的变化所带来的风险。上述风险导致了对金融、能源、交通、通信、电力等关键信息基础设施的攻击造成了严重的社会慌乱和经济损失；具有战略意义的政府、军队信息系统中所存储的外交、国防、军工情报泄露对国家安全造成的危害；大规模国民数据被窃取并被他国或组织利用作为危害国家安全或网络犯罪的目的。

第一，网络空间军事化恶化了国际网络安全环境。美英等国一直将网络空间视为第五作战空间，并大力推动网络空间军事化，对我国网络安全造成了全方位的威胁。一方面，美国将中国与俄罗斯、伊朗、朝鲜一道列为网络安全领域的主要敌人和威慑的主要目标。美对我国开展的网络情报搜集，在军事和民用的关键信息基础设施中植入后门等网络行动从未停止。另一方面，起诉军人事件后，双方在网络军事层面的交流中断，可能造成对对方在网络空间行动的误判，从而导致更激烈的对抗冲突，对两军关系和双边关系造成严重影响。

第二，网络空间军事化的严重后果包括网络武器扩散加剧了网络安全风险。近一两年来，美国几乎所有网络情报和军事机构都发生过网络武器泄露问题，暗网中存在大量的网络武器交易活动，给全球网络安全造成严重影响并带来数千亿美元损失，WannaCry 和 NoPetya 勒索病毒就是源自美国国家安全局的武器库。2017 年勒索病毒不仅在我国民用设施中大规模爆发，甚至感染了很多国有企业、海关、公安的内部网络，给我国的经济和社会稳定带来了大量损失。

网络空间乱象增加了主动防御的难度。网络武器的扩散正在加速武装更多的国家和有组织犯罪集团,在网络空间规则尚未确立的情况下,出于自我防御的目的,各国网络空间军事化的步伐进一步加快。越来越多的行为体掌握了网络武器,不同行为体的行为模式不同,使得网络防御难以有针对性,难以构建主动积极的防御模式,更多的是被动式的应急响应。随着我国参与国际事务的程度越来越深刻和广泛,新的矛盾有可能激发一些反政府组织、极端宗教势力、恐怖主义分子利用在暗网中获得的网络武器对我国关键信息基础设施进行网络攻击。

意识形态渗透形势更加复杂。俄罗斯黑客干预美国大选揭示出网络空间成为行意识形态渗透和斗争的新领域和新方式。黑客把网络中获取各国领导人隐私和私下言论公开曝光,并且与各种类型的假新闻结合在社交媒体平台上大肆传播,左右了民众对政治领导人的态度,放大了对政治制度的厌恶情绪。比较而言,虽然我国对网络的管控措施更加严格,应对手段更多,但各种新形势的网络意识形态渗透和斗争也是层出不穷、防不胜防,不能掉以轻心。

针对大数据的网络犯罪增加。数据正在成为国家安全和各行各业经济活动的基础,催生了地下数据交易组织。大型互联网企业和电子政务所掌握的海量数据正在成为国际网络犯罪集团的新目标。雅虎、携程、塔吉特等企业都曾出现整个企业的数据库被黑客窃取,几亿个甚至几十亿个的个人信息数据在暗网中进行交易。海量的信息不仅是对个人隐私的侵犯,更是对国家安全的严重挑战。

# 四　中国参与网络空间国际治理的总体设计

2017年3月,中国外交部与中央网信办共同发表了《网络空间国际合作战略》,提出了包括四项原则、六大目标、九大行动计划的网络空间治理的中国方案。该战略不仅向外阐述了中国的网络空间治理思想、主张和政策,同时也对推动网络空间治理的国际进程具有重要意义。2018年4月,习近平总书记在全国网络安全和信息化工作会议上强调"信息化为中华民族带来了千载难逢的机遇,我们不能有任何迟疑、任何懈怠,必须将机遇紧紧抓在手里"①。

中国是网络空间中的大国，一直积极参与网络空间国际治理进程，共同推动网络空间的和平与发展。中国政府主张"网络空间是人类共同的活动空间，网络空间前途命运应由世界各国共同掌握。各国应该加强沟通、扩大共识、深化合作，共同构建网络空间命运共同体"。"人类命运共同体"思想是中国针对当前国际关系形势发展提出的一项重要理论创新，它摒弃了一方或几方主导国际关系格局的思想，提倡超越身份认同，追求共享、共治的世界。将这一思想演化为网络空间命运共同体，体现了中国全球治理观的一致性和共同性，具有深远意义。

"网络空间命运共同体"是中国处理网络空间国际关系时高举的新旗帜，是以应对网络空间共同挑战为目的的全球价值观。承担"共同责任"是构建"网络空间命运共同体"的前提条件，其所揭示的是合作共赢、彼此负责的处事态度，是平等相待、互商互谅的伙伴关系，是管控分歧、相向而行的安全理念，是开放创新、包容互惠的发展前景，是和而不同、兼收并蓄的文明潮流。②"这一思想，立足人类发展全局，深刻把握网络空间发展规律，针对数字鸿沟不断扩大、网络安全风险日益上升、传统霸权思想和冷战思维向网络空间渗透蔓延等突出矛盾，科学回答了网络空间是什么、怎么办的根本问题，越来越得到全世界有识之士的理解和赞同，是我国对全球网络空间发展的重大理论贡献，也应该成为全球网络空间发展的指导思想。"③

在网络空间命运共同体目标的指引下，中国积极探索如何进一步推动全球网络空间早日达成这一目标。2014 年 7 月，中国国家主席习近平在巴西国会演讲时就提出，"国际社会要本着相互尊重和相互信任的原则，通过积极有效的国际合作，共同构建和平、安全、开放、合作的网络空间，建立多

---

① 《坚持网络强国战略思想——一论习近平总书记全国网信工作会议重要讲话》，人民网，http：//opinion. people. com. cn/n1/2018/0421/c1003 –29941346. html，2018 年 4 月 22 日。

② 左晓栋：《谱写信息时代国际关系新篇章》，《人民日报》2017 年 3 月 3 日，http：//www. china. com. cn/guoqing/2017 –03/03/content_ 40397253. htm。

③ 单立坡：《负责任大国的国际担当》，《人民日报》2017 年 3 月 3 日，http：//www. china. com. cn/guoqing/2017 –03/03/content_ 40397253. htm。

边、民主、透明的国际互联网治理体系。"2015 年乌镇世界互联大会上，其进一步提出了"四项原则""五点主张"。中国还积极通过联合国、上合组织、金砖国家峰会、"一带一路"倡议、乌镇世界互联网大会等平台积极推广网络空间国际治理的中国方案，并取得了一定的国际影响力和号召力。

网络空间国际治理涉及国家网络主权和安全、未来的战略竞争优势，大国之间的理念分歧和利益冲突增加了博弈的程度，掩盖了共同利益需求，在一定程度上影响了规则制定的进程。网络空间国际治理不仅事关中国的网络安全与国家安全，更涉及中国未来在国际安全领域的战略竞争优势。

自 2004 年联合国信息安全政府专家组成立以来，网络空间国际治理进程已有十多年的历史。中国作为网络空间的大国和联合国常任理事国，是治理进程中重要的力量，中国的相关主张和方案对网络空间国际治理的进程产生了重要的影响。随着治理的工作进一步走向国际规范、国际法等具体的机制构建，中国在参与治理工作也要紧跟形式发展，加强总体设计，增加资源的投入。

首先，加强国际、国内统筹，把中国在网络空间中的思想、战略、政策提升为国际规则。结合当前国际规则制定的总体形势，有重点、有策略地推动国际规则向有利于我国的方向发展。在理念上我国提出了建立网络空间命运共同体，在战略上我国先后发布了《国家网络安全战略》和《网络空间国际合作战略》，在法律政策层面我国先后制定了《网络安全法》《个人信息安全规范（征求意见稿)》《国家网络安全事件应急预案》《个人信息和重要数据出境安全评估办法（征求意见稿)》《网络产品和服务安全审查办法（试行)》《信息安全技术数据出境安全评估指南（草案)》《工业控制系统信息安全事件应急管理工作指南》《网络关键设备和网络安全专用产品目录（第一批)》《关键信息基础设施安全保护条例（征求意见稿)》。① 这些思想、战略、法律和政策很多都来源于中国在探索治理网络空间的实践。有很多有益做法可以提炼总结，作为国际规则进行传播，不仅对于广大发展中国家有很强的

---

① 国家互联网信息办公室：《关于〈关键信息基础设施安全保护条例〉（征求意见稿）公开征求意见的通知》，http：//www.cac.gov.cn/2017－07/11/c_ 1121294220.htm，2018 年 4 月 22 日。

借鉴意义，同时也有利于网络空间国际治理向着均衡、有效的方向演进。

其次，以我国为主，加强国际合作，形成联合国、多边、双边等多层次的战略布局。我国一直网络空间的国际治理工作，自联合国信息安全政府专家组成立以来就一直是重要参与方，向联合国提交了两个版本的《信息安全国际行为准则》，并且积极推动 G20、上海合作组织、金砖五国、东盟地区论坛等国际和区域性组织在网络空间国际治理工作中发挥作用。相比于当前国际治理形势和西方国家咄咄逼人的态势，需要进一步提升我国在国际治理中的话语权和影响力。国际谈判并未能达成关于网络空间国际治理的共识，各方转而通过小多边或者盟友体系来增加自己的砝码。美国主要以盟友体系来推动网络空间的国际法适用，欧洲则主推《布达佩斯网络犯罪公约》成为国际性法律标准。在这种情况下，我国应找准自己的抓手，从理念、政策和机制上增加国际合作的层次。

再次，加强统筹协调，积极发挥企业、研究机构、技术社群的作用。当前，网络空间国际规则体系的构建正在从原则理念之争落实到更加具体的机制构建，各国政府、国际组织和私营部门都从各自的立场出发推动网络空间安全与发展相关的法律、政策和标准体系的建立进程。国际治理的博弈并不仅仅是在政府之间展开，技术社群、私营部门、研究机构也起到了重要的作用，特别是在政府间谈判陷入困境之时，非国家行为体在议程设置、理念构建、话语权等方面的影响力就越发重要。无论是《数字日内瓦公约》《信任宪章》，还是全球网络空间战略稳定委员会，基本上都是西方国家主导的，提倡的理念总体而言都更加倾向于西方国家利益。

相比于欧美等国技术社群、私营部门和研究机构的影响力和话语权，我国的机构在参与网络空间国际治理上的意识不强，缺乏必要的网络资源和人才队伍，这直接制约了我国在网络空间治理领域的整体影响力。我国的高校、研究机构和企业中有大量研究网络治理的人才资源，如何鼓励这些人才积极参与网络治理工作，并且在国际上发挥影响力，推广中国方案，需要构建长期有效的机制。

最后，加大网络资源投入，以网络安全示范试点项目、网络安全基地等各种项目为载体，形成"以我为主"的国际规则网络。网络空间国际治理的目标是构建符合全球共同利益的各种类型的规范和规则，而这背后需要做大量工作，让更多的国家支持中国方案。最有效的措施就是通过构建全面的双边和区域性合作项目，通过具体、务实的项目合作来更好地向发展中国家阐述中国的理念主张和政策实践。比如中方可以帮助一些发展中国家制定网络安全战略、法律，可以加强双方在数据保护、关键基础设施保护、网络安全设备审查等领域的合作，从技术方案、信息共享、最佳实践和人才培养等方面加强与广大发展中国家之间的深度合作。只有通过这样的大投入，才能更好地推动广大的发展中国家在理念和政策上更好地理解中方的主张，并在国际治理进程中采取与中方同样的立场。

## 五　小结

中国通过开展双边网络安全合作，参与全球网络空间治理进程，有利于中国在网络空间国际规则制定中争得一席之地，掌握主动权及话语权。作为一个网络大国，中国提出的构建网络安全人类命运共同体是推动网络空间和平发展的重要主张，各国应当携手共同应对网络空间中的技术滥用、军备竞赛、网络攻击等现象，树立以应对网络空间共同挑战为目的的全球价值观。

**参考文献**

世界经济论坛：《2018 年全球风险报告》，2018 年 1 月 17 日。

上海合作组织：《上海合作组织成员国元首阿斯塔纳宣言》，2017 年 6 月 9 日。

金砖国家峰会：《金砖国家领导人厦门宣言》，2017 年 9 月 4 日。

联合国：《信息安全国际行为准则》（A/69/723），2015 年 1 月 13 日。

外交部、国家互联网信息办公室：《网络空间国际合作战略》，2017 年 3 月。

国家互联网信息办公室：《国家网络空间安全战略》，http：//www. cac. gov. cn/ 2016 – 12/27/c_ 1120195926. htm，2016 年 12 月 27 日。

# B.17
## 新兴信息技术背景下日本个人信息保护立法进展研究及启示[*]

罗　力[**]

**摘　要：** 在新兴信息技术蓬勃发展的背景下，全球各国在积极开发利用大数据的同时，都非常重视个人信息保护。日本个人信息保护立法模式兼容欧美的立法模式，又颇具自身特色，值得我国借鉴。本文主要从个人信息的定义和保护范围、个人信息匿名加工处理机制和个人信息保护监督管理机制等三个方面重点阐述了日本个人信息保护立法的最新发展，最后结合我国个人信息保护存在的问题和不足探讨了其对我国加强个人信息保护的启示。

**关键词：** 新兴信息技术　个人信息　个人信息保护　日本　法律

近年来，随着各种信息通信技术的迅猛发展和计算机网络设备的日益普及，以及移动互联网、物联网等各种移动终端设备和感应设施的大量投入使用，公民个人的上网浏览记录、支付信息、位置信息、生物识别信息等被快速收集，并通过大数据技术进行对比分析，这已经成为世界的潮流。各国政

* 本文系国家社科基金青年项目"新兴信息技术环境下我国个人信息安全保护体系构建及应用研究"（项目编号：13CTQ027）和上海社会科学院创新型青年人才项目"网络个人信息安全管理"阶段性研究成果之一。

** 罗力，上海社会科学院信息研究所副研究员，管理学博士，主要研究方向为个人信息保护、网络信息安全人才教育。

府都非常重视新兴信息技术的应用，希望能借此提升政府管理水平和国家产业竞争力，但新兴信息技术是一把"双刃剑"，如果不对其加以合理利用，就会带来一系列新的问题，比如有的互联网公司和政府部门收集存储了大量公民个人信息，但其安全防护水平比较低，这些个人信息很容易被第三方窃取和盗用；有些单位的信息安全管理制度不完善或难以落实到位，有些内部人员铤而走险，批量下载个人信息并加以倒卖，导致公民个人信息发生大规模泄露。2017 年 11 月前后，黑市出现了一份疑似趣店学生数据，该数据涵盖了借贷金额、学生及其亲属电话、学信网账户信息等多个维度，这份包含数百万名学生的详细数据在网上叫卖价格高达 10 万元。① 个人信息泄露会使公民个人隐私安全和人身安全面临巨大威胁，甚至会威胁到国家安全等。因此，如何确保公民个人信息被合法收集、处理、存储及利用，发挥其应有的作用来提升政府管理水平和产业竞争力，已成为全球共同关心的重要议题。

鉴于日本个人信息保护立法模式兼容欧美的立法模式，又颇具自身特色，且在 2015 年针对新兴信息技术发展修改了《个人信息保护法》，在个人信息的定义和范围、个人信息匿名化处理机制、个人信息监督管理部门等方面都推出了若干新的举措。本文将对修改后的日本《个人信息保护法》进行重点研究，以期为我国研究出台《个人信息保护法》和《网络安全法》中有关个人信息保护条款的实施细则，健全我国个人信息保护体系提供参考。

# 一 日本个人信息保护立法概况

日本政府一方面为了响应全球个人信息保护立法的发展趋势，另一方面为了回应本国公民对个人信息保护立法的关切，在 2003 年 5 月 30 日颁布了

---

① 《2017 国内移动端十大安全事件：个人信息安全成关键词》，http：//tech. china. com/ article/20180102/2018010294397. html，2018 年 1 月 22 日。

《个人信息保护法》。该法律由六章五十九条以及附则构成，其中第一章至第三章是基本法，主要是有关个人信息保护的基本理念，主要用于规范政府部门和民营组织；第四章至第六章是一般法，主要用于规范民营组织中的个人信息控制者和处理者。基本法部分从颁布时起就开始实施，一般法部分则在 2005 年 4 月 1 日起开始实施。值得指出的是，与《个人信息保护法》同时通过的还有经过修改和制定的《关于行政机关持有的个人信息保护法》《独立行政法人等持有的个人信息保护法》《信息公开及个人信息保护委员会设置法》《关于实施个人信息保护法相关的法律配套法》等四部法律，这五部法律被称为日本"个人信息保护关联五法案"，其中《个人信息保护法》是日本个人信息保护法律体系的核心。[①] 日本个人信息保护的立法模式是对美国模式和欧盟模式的糅合，既注意到本国行业自律机制的有限性和法制化的必要性，也没有一味迎合欧盟对个人信息实施全面保护的要求，最后形成了一个涵盖政府部门和非政府部门的比较完整的个人信息保护法律体系，通过政府立法和行业自律的双重保护模式来实现对个人信息的保护。[②]

《个人信息保护法》保护的客体原则上是"个人信息"，但为了避免个人信息处理从业者负担过重，日本立法时将其保护客体范围分为"个人信息"、"个人数据"及"持有个人数据"，然后根据保护范围的不同，给予个人信息处理从业者逐级提升的保护义务。"个人信息"是最广义的概念，"个人数据"及"持有个人数据"包含在其中；"个人数据"为稍微广义的概念，"持有个人数据"则包含在其中，保护的客体范围为最小。根据个人信息处理者收集和处理个人信息的流程可分为三个阶段：在收集和获取阶段，被称为"个人信息"；在进行录入、存储而建成个人信息数据库阶段，被称为"个人数据"；被保存在数据库六个月以上的，被称为"持有个人数据"。《个人信息保护法》是一部规范和限制个人信息者控制者和处理者相关行为的法律。从内容上看，它并没有直接赋予公民个人特别的权利，而是

---

① 黄晨：《日本〈个人信息保护法〉立法问题研究》，重庆大学硕士学位论文，2014。
② 姚岳绒：《日本混合型个人信息立法保护》，《法制日报》2012 年 6 月 19 日。

在承认个人信息有效利用的前提下，确保公民的正当权利和利益不受损害；从结构上看，它是一部规范和限制所有个人信息控制者和处理者相关行为的法律。① 当个人信息控制者和处理者违反《个人信息保护法》时，主要承担刑事责任、民事责任和行政责任。

## 二 新兴信息技术背景下日本个人信息保护立法进展

在新兴信息技术发展的冲击下，个人信息保护面临越来越多的挑战。2013 年 12 月 20 日，日本政府 IT 综合战略本部决定对原有的《个人信息保护法》进行修改，以便让经过匿名加工处理的信息，不经过本人同意，也能向第三方提供。经过一系列修改、审议和征询后，日本政府在 2015 年 3 月向国会提出了《有关个人信息保护法及行政程序中为识别特定个人的编号利用等法部分修正案》。同年 9 月 3 日，经过修改的《个人信息保护法》经国会审议通过。新修改的法律分两阶段实施，个人信息保护法监督管理部门个人信息保护委员会在 2016 年 1 月开始运作，并制定修改后的《个人信息保护法》所需要的实施细则。而新修改的法律条文则在两年内开始实施。②

### （一）进一步明确个人信息的定义和范围

"个人信息"是指生存者的个人的相关信息，包括姓名、出生年月以及其他可以识别一个特定个体的记录信息，同时也包括与其他信息容易对比分析，从而识别一个特定个人的信息。修改后的《个人信息保护法》将个人信息分成两种类型分别加以定义。第一类是记录型个人信息，包括姓名、出生年月、其他等以文字、图像、电子等方式记录的能够识别特定个人的记录型信息。第二类是个人识别符号型信息，即借助个人识别符号而得以识别特

① 李丹丹：《日本个人信息保护举措及启示》，《人民论坛》2015 年第 4 期。
② Amended Act on the Protection of Personal Information，https：//www.ppc.go.jp/files/pdf/280222_ amendedlaw.pdf，2018 年 1 月 22 日。

定个人，也属于个人信息。个人识别符号可分为两类，一是供计算机利用而将个人身体某部分特征加以变换形成的符号、编码、记号等，而得以识别该当特定当事人，比如电子化的指纹数据或脸部特征识别数据。二是提供给个人使用的服务或销售给个人的商品上所分配或发给个人的卡片、其他书类上，所记载或根据电子方式记录的文字、编号、记号，而用以识别特定利用人、购买人或持卡人，比如身份证号码、护照号码、驾驶证号码等。本次法律修改并没有从实质上改变个人信息的范围，而是将个人信息的定义进一步加以明确。值得注意的是，手机号码、信用卡卡号、电子邮箱号码不属于日本《个人信息保护法》保护的范围。①

日本之前的《个人信息保护法》并没有对敏感性个人信息进行任何特别保护的规定，而只是将其放到一些特殊性的法律或者个人信息保护指南里面。本次法律修改增加了对敏感性个人信息的保护规定。敏感性个人信息被定义为当事人的人种（民族、种族）、信仰、社会身份、病历、犯罪经历、因犯罪被侵害的事实及其他可对当事人产生不当的差别待遇、偏见、不利的，在处理上需要特别注意，而为法律所指定的个人信息。

### （二）引入个人信息匿名化处理机制

为了进一步促进大数据开发利用，本次法律修改特别增加了一个新的概念"匿名加工信息"。匿名加工信息是指按照相关措施对个人信息进行加工处理后去除"特定个人可识别性"，使之成为无法识别特定个人且无法复原的个人信息，并免除其为原定目的外二次开发利用或提供给第三人时必须得到当事人同意的义务。值得指出的是，此处所称无法复原特定个人识别性，并未要求全面排除复原可能性，因为即使匿名加工从业者已根据有关标准方法进行匿名加工处理，但如果其将匿名加工信息提供给第三人利用时，对该第三人所拥有的信息技术及其手中是否有其他可以加以组合、比对的其他信息都是无法预料的事情。因此，除了要对匿名加工方法在技术层面加以规范

---

① 宇賀克也：《個人情報保護法の逐条解説》，有斐閣，2016。

外，还必须用法律形式对匿名加工从业者及受匿名加工信息提供者应承担的法律义务加以明确，并要求匿名加工信息利用过程呈现公开化和透明化。①

首先要承担禁止再识别义务，即个人信息处理从业者完成匿名加工信息而自己又准备利用这些信息时，不能将此匿名加工信息与其他信息相互组合、比对，识别出该匿名加工信息的当事人。而接受匿名加工信息的从业者，也不能为识别出特定个人，而取得从这些个人信息中被删除的有关信息或个人识别符号，或者完成匿名加工信息的方法等，也就是说个人信息匿名加工处理从业者与接受匿名加工信息的从业者，都不能进行恢复该个人信息识别性的行为。

其次要承担公开义务，即为了让广大公民放心，个人信息匿名加工从业者还必须建构一套完整的将匿名加工数据的内容、加工方法、流向等全部加以公开化和透明化的规范，这样一来当事人可掌握自己个人信息被收集、处理及利用的全部过程，广大公民也能够知道该匿名加工信息的完成与运用。必须公开的事项包括：①个人信息项目，个人信息匿名加工从业者应按照个人信息保护委员会规定，公开包含该当匿名加工信息中个人信息项目（如利用时间、年龄、性别、居住地址等）；②提供第三方的个人信息项目和方法，个人信息处理从业者完成匿名加工信息，并将其提供给第三方时，应根据个人信息保护委员会的规定，提前将包含在匿名加工信息中的个人信息项目和提供方法公开出来；③再提供的公开义务，接受匿名加工信息的从业者又将该信息提供给第三方时，须承担前两项义务。

再次要承担告知义务，即个人信息处理从业者完成匿名加工信息且将其提供给第三方时，应根据个人信息保护委员会的规定，事先对第三方告知所提供的信息是匿名加工信息；如果接受提供者又将该信息再提供给其他从业者时，也承担着相同的义务。这是考虑到后来的接受信息的有关从业者如果不知道接收的信息是匿名加工信息时，恐怕会存在不遵守有关匿名加工信息

① 個人情報の保護に関する法律についてのガイドライン（匿名加工情報編）. https：//www. ppc. go. jp/files/pdf/guidelines04. pdf.

法定义务的可能性。

最后要承担安全管理义务，即虽然匿名加工信息的个人识别性已经被去除了，且不能恢复为原来的个人信息，即使发生信息泄露或被违法利用时，也不至于直接损害当事人个人权益，但仍然存在与其他个人信息进行组合、比对的可能性，或存在加工方法可能被破解的风险，因此仍然需要个人信息处理从业者对这些匿名加工信息采取适当安全措施加以管理。同时，接受匿名加工信息的从业者，也肩负着相同的义务。

### （三）设立个人信息保护委员会

一方面为了更好地监督国内个人信息从业者，另一方面为了更好地与国外相关机构进行交流合作，2016 年 1 月 1 日日本设立了个人信息保护委员会。该保护委员会由内阁总理大臣（首相）直接领导，以保证其不受其他行政机关的干涉，综合考虑各部门开发利用个人信息的实际情况，同时独立行使监督的权限，对有关监督对象行使指导、建议、检查、劝告和命令等权限。该委员会由委员长 1 人及委员 7 人组成，其中 4 人为兼职委员；委员长和委员必须由参议院和众议院同意后，由内阁总理大臣（首相）任命。委员长和委员的任期为 5 年，可以连任，每年都要通过内阁总理大臣对国会汇报其所主管的事务处理情况，并公布其概要。[1] 能够入选该委员会的条件比较苛刻，包括具备个人信息保护和利用的专业知识和实务经验、消费者保护的专业知识和实务经验、信息处理技术的专业知识和实务经验、对编号法中有关保险和税务等行政领域个人信息的实务运作具有充分认识和实践、对民营企业运作具有充分认识，以及要由律师公会、经济联合会等机构加以推荐。在委员会中设置了事务局来协助委员调查或处理行政事务。在 2016 年保护委员会成立初期，先配置 52 人进行事务运作。同时，还引入专门委员来应对专门事件的调查，专门委员是由委员会提出申请后，由内阁总理大臣加以任命，在专门事件调查结束后自行解散。

---

① 個人情報保護委員会について，http：//www. ppc. go. jp/aboutus/commission，2018 - 2 - 22.

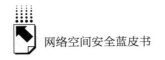
该委员会的职权主要包括：①制定基本方针政策并加以推广；②监督有关个人信息及匿名加工信息的处理，及对提出申诉的当事人进行必要的调解，并协助从业者处理；③有关认定个人信息保护团体的认定、监督事项等；④特定个人信息处理的监督，或对提出申诉的当事人进行必要的调解，并协助从业者处理；⑤特定个人信息保护的评估；⑥对个人信息保护及适当开发利用进行宣传和推广；⑦对前六项事务的实施进行必要的调查和研究；⑧相关业务的国际合作事宜等。另外，原来由各行各业的主管部门制定的自律指南，在本次修法后由个人信息保护委员会担任制定出全体业界共享的自律指南。如果碰到特殊的行业，就由该行业的主管部门协助共同研究制定。

该委员会的监督权限：要求个人信息处理从业者提出报告或相关资料及进入从业者的办公场所检查账册、计算机设施等，并就有关问题询问员工。值得指出的是，检查并不是针对犯罪行为的调查，因此没有必要得到法院的许可，但其检查所得的材料，有可能会用于将来的诉讼上。如果有从业者或匿名加工信息处理者拒绝提出报告或接受检查，将被处以 30 万日元的罚款；对个人信息处理从业者或匿名加工信息处理业者，提供有关个人信息和匿名加工信息处理上必要的指导和建议；个人信息保护委员会对违反有关法律条款的行为应劝告其改正或中止该违法行为。但当有关行为对当事人的重大权益有危害时，可命令处以 6 个月以下的有期徒刑或 30 万日元以下的罚款。

# 三　日本个人信息保护立法进展对我国的启示

## （一）研究出台《个人信息保护法》，将现有的个人信息保护法律法规有效整合起来

虽然我国在 2009 年通过了刑法修正案（七），2012 年通过了《关于加强网络信息保护的决定》，2013 年通过了修改的《消费者权益保护法》，2015 年通过了刑法修正案（九），2016 年通过了《网络安全法》，2017 年通过了《民法总则》等与个人信息保护相关的一系列法律法规，但非法获取、倒卖公民个人信息，以及利用个人信息实施诈骗等违法犯罪行为仍非常猖

獗，主要是因为这些现行法律法规中个人信息保护条款仍然比较笼统，难以落到实处，同时缺乏有效的维权渠道和救济途径，公民经常处于弱势地位，而违法者的违法成本比较低。而反观全球多数国家均有专门的《个人信息保护法》，且为了应对新兴信息技术的挑战已经进行法律修改，因此当务之急是，我国有关部门要在总结现行诸多法律实施经验的基础上，参考国外现行的诸多《个人信息保护法》，尤其是欧盟即将实施的《个人数据保护规章》和日本《个人信息保护法》，并结合当前新兴信息技术背景下个人信息保护面临的新形势，研究出台适合我国国情的《个人信息保护法》，将我国现有的诸多个人信息保护法律法规拧成一股绳，切实维护我国公民个人信息权益。

在研究出台《个人信息保护法》时，一方面要加大对敏感性个人信息的保护力度，准确定义敏感性个人信息，建议可将民族、病历、犯罪经历、因犯罪被侵害的事实纳入敏感性个人信息保护的范围，政府部门或者企事业单位在收集敏感性个人信息时必须及时告知当事人，并获得当事人的书面同意，同时须采取适当的技术措施将所存储的敏感性个人信息被识别的风险降到最低限度，原则上禁止处理敏感个人信息；另一方面要适当扩大法律的适用地域范围，加大跨境个人信息流动监管力度。随着我国公民越来越多地使用国外电子商务平台，公民个人信息逐渐被这些电子商务平台收集和处理，同时也为了响应全球多个国家《个人信息保护法》适用地域范围的扩大趋势，可将"对中华人民共和国境内公民销售物品或提供服务"的国外个人信息控制者和处理者也纳入个人信息保护法的适用范围。

## （二）出台《网络安全法》实施细则，明确匿名加工信息的定义和有关义务

我国在 2016 年通过了《网络安全法》，将个人信息保护作为一个重要的章节，对收集、使用个人信息的规则进行了充实完善，并对收集、使用个人信息的主体保护责任进行了强化。虽然其对个人信息的概念进行了界定，将自然人的姓名、出生日期、住址、电话、身份证号码、个人生物识别信息

等以电子或其他方式记录的能够单独或与其他信息结合识别自然人身份的各种信息全部囊括到个人信息范畴，同时还规定了一种例外情形，即经过处理无法识别特定个人且不能复原的情形。但反观修改后的日本《个人信息保护法》，一方面已经将手机号码、电子邮箱地址和信用卡号码从个人信息的范畴里面加以剔除；另一方面非常重视匿名加工信息在个人信息开发和保护中的作用，对匿名加工信息进行了定义，并对匿名加工从业者及接受匿名加工信息的从业者应承担的法律义务加以明确。随着大数据的开发利用日益得到有关部门的重视，个人信息获取途径逐渐增多，且个人信息的重新识别可能性在计算机科技进步的同时也在增加，个人信息的匿名化处理将会成为一个潮流，因此有必要在出台《网络安全法》实施细则时将与"匿名加工信息"有关的定义，禁止再识别义务，公开匿名加工信息的内容、加工方法、流向等，告知义务，安全管理义务进一步加以说明。

## （三）设置个人信息安全监督管理部门

目前，我国并没有专门统筹监督个人信息保护法律法规执行的有关部门，各个行业主管部门对该行业个人信息保护的监管力度也远远不够，公民遭遇了个人信息泄露和侵害后，往往陷入上诉无门的境地。虽然公安部在全国开展了多次打击整治网络侵犯个人信息犯罪的专项行动，每次均有不同程度的斩获，但运动式的执法往往成本较高，长期效果不太好。有些地方的消费者保护委员会尝试针对某些企业涉嫌违规获取消费者个人信息且未及时回应提起消费民事公益诉讼①，但类似的案例太少，远不能对当前愈演愈烈的个人信息泄露和侵害情况形成威慑。2014年2月成立的中共中央网络安全和信息化领导小组办公室的机构职责是着眼国家安全和长远发展，统筹协调涉及经济、政治、文化、社会及军事等各个领域的网络安全和信息化重大问题；研究制定网络安全和信息化发展战略、宏观规划和重大政策；推动国家

---

① 朱新法：《江苏消保委对百度"涉侵犯消费者隐私"撤诉：APP整改到位》，http：//www.thepaper.cn/newsDetail_forward_2028107，2018年3月18日。

网络安全和信息化法治建设，不断增强安全保障能力。其主要任务并不是个人信息监督管理，既不能对有关情况开展调查，也不能协调解决消费者与商家的个人信息侵害问题，更不会代表广大消费者提起团体诉讼，因此该机构无法监督有关法律的执行。为了更好地将现有的个人信息保护法律法规落实到位，有必要参考日本、欧盟等国家和地区的做法，在组织规模及人员编制上，充分考虑个人信息保护业务涉及的日常监管、相关指南和标准发布等方面，将分散在各个委办局中与之相关的部门和人员加以整合，设置专门的个人信息安全监督管理部门。

# 附 录

**Appendix**

# B.18
# 大事记

## 特朗普宣布将组建网络安全企业家团队

2017 年 1 月 12 日，特朗普在就任美国总统前宣布，将就网络安全组建一个由企业家组成的团队，由纽约市前市长鲁迪·朱利亚尼负责，定期召开企业家会议，向特朗普介绍网络安全问题和解决方案。特朗普发表声明说，鉴于网络安全问题随时有变，政府的安全计划需要"即时关注"和"私营部门领导人的投入"。声明说，许多私营企业与美国政府及公共机构面临着相似的网络安全挑战，如黑客入侵干扰、数据和身份遭窃、人为网络操控及保障信息技术基础设施安全等，特朗普将定期主持一系列会议，听取企业高级管理人员介绍应对网络安全问题的举措及经验教训。

## 瑞士认定 Windows 10 违反隐私法

2017 年 1 月 12 日，瑞士数据保护机构"瑞士联邦数据保护与信息委员会"（FDPIC）宣布，经调查发现，Windows 10 因自动上传用户隐私信息而违反了瑞士的信息保护法。FDPIC 在报告中称"调查发现，Windows 10 自动触发几乎所有数据的传送和访问程序，这意味着大量的用户数据将被自动上传到微软服务器，包括用户的详细位置、浏览器访问记录、搜寻记录、键盘输入记录，以及附近的 Wi-Fi 网络信息等"。除此之外，FDPIC 报告还表示，Windows 10 的"快速访问"和"偏好设定"页面因缺乏浏览器信息、回馈和诊断数据等许多信息，以及已上传数据的储存时长等，而未能完全符合该国透明度要求。因而瑞士方面认定，Windows 10 自动上传用户隐私信息的行为违反了瑞士的信息保护法。由于微软已经同意修改 Windows 10 在数据处理方面的透明度，FDPIC 决定不对微软提起诉讼。据悉，微软已经提交了修改方案，且得到 FDPIC 的批准。

## 国家网信办启动应用商店备案加强 APP 上架审核

2017 年 1 月 13 日，国家互联网信息办公室下发《关于开展互联网应用商店备案工作的通知》，要求各省、自治区、直辖市互联网信息办公室于 2017 年 1 月 16 日起，正式启动互联网应用商店备案工作。互联网应用商店备案工作旨在督促应用商店落实主体责任，加强 APP 上架审核，促进移动互联网健康有序发展，将突出"三个申请"：一是应用商店业务运营需申请备案；二是应用商店备案事项变更需申请变更备案；三是应用商店停止服务需申请注销备案。通知要求互联网应用商店应按照 ICP 备案地或许可证申领地，向属地网信办现场提交纸质版与电子版备案材料，履行应用商店备案手续。各地网信办要严格审核备案信息，提供备案咨询服务，对拒不办理备案、提供虚假备案信息、违规经营情况严重的应用商店，要依法依规坚决查处。国家网信办将加强对备案工作的监督检查，及时掌握应用商店基本情况和行业底数，适时组织提供统一查询服务，面向全社会公开备案应用商店信息。

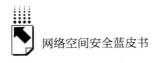
## 工信部制定印发《信息通信网络与信息安全规划（2016 –2020年）》

2017 年 1 月 17 日，工业和信息化部制定印发《信息通信网络与信息安全规划（2016 – 2020 年）》（以下简称《规划》）。《规划》明确了以网络强国战略为统领，以国家总体安全观和网络安全观为指引，坚持以人民为中心的发展思想，坚持"创新、协调、绿色、开放、共享"的发展理念，坚持"安全是发展的前提，发展是安全的保障，安全和发展要同步推进"的指导思想；提出了创新引领、统筹协调、动态集约、开放合作、共治共享的基本原则；确定了到 2020 年建成"责任明晰、安全可控、能力完备、协同高效、合作共享"的信息通信网络与信息安全保障体系的工作目标。《规划》共提出了 9 个方面的重点任务，并从强化组织机构建设、加强资金保障、建设新型智库、强化人才队伍、加强宣传教育、规划组织实施等 6 个方面提出了保障措施。

## 香港私隐专员促请物联网装置生产商提高私隐保障措施透明度

2017 年 1 月 24 日，根据香港个人资料私隐专员公署就智能健身腕带的抽查行动结果，相关的生产商以至类似的物联网装置生产商需改善其与消费者在装置的个人资料私隐保障及安全措施方面的沟通。私隐专员促请生产商提供用户私隐保障。此次抽查为响应"全球私隐执法机关网络"（GPEN）将举行的全球联合行动。香港的抽查结果与全球抽查所得的相近。香港私隐专员指出："生产商在研发装置及其支持的流动应用程序时，应采纳'贯彻私隐的设计'（Privacy by Design）的做法，以保障及尊重消费者的个人资料。这样不但能在消费者之间建立信任和商誉，同时亦能创造商机。"

# 欧盟计划修改电子隐私指令首次将
# OTT 服务提供商纳入监管

2017 年 1 月 25 日，欧盟委员会发布计划修订电子隐私指令（E-Privacy Directive），拟放宽电信公司对用户通信数据的使用限制，并首次将互联网通信服务商纳入监管。欧盟委员会提出的诸多措施旨在更新现有规则，将其适用范围扩大至所有电子通信提供商；创造处理通信数据的新途径；并加强数字单一市场的信任与安全，而这是数字单一市场战略的主要目标之一。委员会还提出新的规则，以确保欧盟机构处理个人数据时，隐私保护标准与《一般数据保护条例》适用于成员国的标准相同，并制定了有关个人数据跨境转移的战略方针。修订后的草案将规定，允许电信公司经用户同意后处理流量或位置数据，并可能取消对数据处理的用途限制。新规也将首次适用于OTT 服务提供商，并将与欧盟《一般数据保护条例》保持一致。草案还将包括关于使用 cookie 的新规则。新规称，如果用户网络浏览器上的隐私设置已设定为同意，那么网站运营商在投放行为定向广告时，就不需要向用户请求同意使用 cookie。

# 国家网信办发布《网络产品和服务安全
# 审查办法（征求意见稿）》

2017 年 2 月 4 日，国家互联网信息办公室发布《网络产品和服务安全审查办法（征求意见稿）》。意见稿指出，关系国家安全与公共利益的信息系统使用的重要网络产品和服务，应当经过网络安全审查，并提出成立网络安全审查委员会，负责审议网络安全审查的重要政策，统一组织网络安全审查工作。根据意见稿，网络安全审查包括五方面内容。意见稿要求，党政部门及重点行业优先采购通过审查的网络产品和服务，不得采购审查未通过的网络产品和服务。金融、电信、能源等重点行业主管部门，根据国家网络安

全审查工作要求,组织开展本行业、本领域网络产品和服务的安全审查工作。对于关键信息基础设施运营者采购的网络产品和服务可能影响国家安全的,应当经过网络安全审查。关键信息基础设施运营者采购的网络产品和服务是否影响国家安全,由关键信息基础设施保护工作部门确定。

## 习近平主持召开国家安全工作座谈会

2017 年 2 月 17 日,习近平在京主持召开国家安全工作座谈会并发表重要讲话,对当前和今后一个时期国家安全工作提出明确要求,强调要突出抓好政治安全、经济安全、国土安全、社会安全、网络安全等各方面的工作。要筑牢网络安全防线,提高网络安全保障水平,强化关键信息基础设施防护,加强核心技术研发和市场化引导,加强网络安全预警监测,确保大数据安全,实现全天候全方位感知和有效防护。要积极塑造外部安全环境,加强安全领域合作,引导国际社会共同维护国际安全。要加强对维护国家安全所需的物质、技术、装备、人才、法律、机制等保障方面的能力建设,更好适应国家安全工作需要。

## 我国发布《网络空间国际合作战略》

2017 年 3 月 1 日,经中央网络安全和信息化领导小组批准,外交部和国家互联网信息办公室共同发布《网络空间国际合作战略》。战略以和平发展、合作共赢为主题,以构建网络空间命运共同体为目标,就推动网络空间国际交流合作首次全面系统提出中国主张,为破解全球网络空间治理难题贡献中国方案,是指导中国参与网络空间国际交流与合作的战略性文件。这是中国就网络问题首度发布国际战略。战略提出,应在和平、主权、共治、普惠四项基本原则基础上推动网络空间国际合作。战略确立了中国参与网络空间国际合作的战略目标:坚定维护中国网络主权、安全和发展利益,保障互联网信息安全有序流动,提升国际互联互通水平,维护网络空间和平安全稳定，推动网络空间国际法治，促进全球数字经济发展，深化网络文化交流互鉴，让互联网发展成果惠及全球，更好造福各国人民。

## 英国政府发布《数字英国战略》

2017 年 3 月 1 日，英国政府正式发布《数字英国战略》（*UK Digital Strategy*）（以下简称《战略》）。《战略》旨在推动英国成为全球领先的数字贸易大国，并努力确保相关措施能为每位英国公民带来切身利益。《战略》内容覆盖基础设施、个人数字技能、数字化部门、宏观经济、网络空间、政府网络治理和数据经济等七大方面。然而，这项战略因其执行细节欠缺和英国脱欧问题未决并未获得社会的一致赞同。

## 保护个人信息安全写入我国《民法总则》草案

2017 年 3 月 8 日，提请十二届全国人大五次会议审议的《民法总则》草案规定，自然人的个人信息受法律保护。任何组织和个人应当确保依法取得的个人信息安全，不得非法收集、使用、加工、传输个人信息，不得非法买卖、提供或者公开个人信息。多位代表委员表示，将个人信息保护写入民法总则草案，为未来制定单行法或通过其他方式进一步细化保护措施提供依据。在此基础上，民法、刑法和其他法律以及法规、规章可从不同角度，更全面地保护个人信息安全。我国已在多项法律中关注和强化对个人信息的保护，如 2012 年全国人大常委会通过了关于加强网络信息保护的决定；2015 年刑法修正案（九）中有对个人信息保护的规定；2016 年的网络安全法确定了个人信息保护的基本规则。

## 《个人信息和重要数据出境安全评估
## 办法（征求意见稿）》发布

2017 年 4 月 11 日，依据《中华人民共和国国家安全法》《中华人民共和国网络安全法》等法律法规，网信办会同相关部门起草了《个人信息和重要数据出境安全评估办法（征求意见稿）》，向社会公开征求意见。征求意见稿明确规定，出境数据存在以下情况之一的，要经过安全评估：含有或累计含有 50 万人以上的个人信息；数据量超过 1000GB；包含核设施、化学生物、国防军工、人口健康等领域数据，大型工程活动、海洋环境以及敏感地理信息数据等；包含关键信息基础设施的系统漏洞、安全防护等网络安全信息；关键信息基础设施运营者向境外提供个人信息和重要数据等。征求意见稿还提出，个人信息出境，应向个人信息主体说明，并经其同意。未成年人个人信息出境须经其监护人同意。可能影响国家安全、损害社会公共利益；其他经国家网信部门、公安部门、安全部门等认定不能出境的数据不得出境。

## 锁定盾牌2017——全球最大规模网络防御年度演习

2017 年 5 月 1 日，来自 25 个北约成员国及伙伴国的近 800 人参加了代号为"锁定盾牌2017"的网络防御年度演习，这是世界上规模最大、最先进的网络防御演习，参加者包括美国、英国、芬兰、瑞典和爱沙尼亚等国的安全专家以及军事和司法工作人员。此次演习涉及对虚拟基础设施进行技术防御，处理和报告事件、解决取证挑战，对法律和战略沟通的响应，以及场景注入。

## 国家网信办公布《网络产品和服务安全审查办法（试行）》

2017 年 5 月 2 日，国家网信办公布《网络产品和服务安全审查办法（试行）》（以下简称《办法》），《办法》指出，网络产品和服务安全审查重点审查网络产品和服务的安全性、可控性，主要包括：①产品和服务自身的安全风险，以及被非法控制、干扰和中断运行的风险；②产品及关键部件生产、测试、交付、技术支持过程中的供应链安全风险；③产品和服务提供者利用提供产品和服务的便利条件非法收集、存储、处理、使用用户相关信息的风险；④产品和服务提供者利用用户对产品和服务的依赖，损害网络安全和用户利益的风险；⑤其他可能危害国家安全的风险。

## 国家网信办公布《互联网新闻信息服务管理规定》

2017 年 5 月 2 日，国家互联网信息办公室发布新的《互联网新闻信息服务管理规定》（以下简称《规定》），明确了互联网新闻信息服务的许可、运行、监督检查、法律责任等，并将各类新媒体纳入管理范畴，该规定于 2017 年 6 月 1 日起施行。《规定》提出，通过互联网站、应用程序、论坛、博客、微博客、公众账号、即时通信工具、网络直播等形式向社会公众提供互联网新闻信息服务，应当取得互联网新闻信息服务许可，禁止未经许可或超越许可范围开展互联网新闻信息服务活动。根据《规定》，互联网新闻信息服务提供者转载新闻信息，应当转载中央新闻单位或省、自治区、直辖市直属新闻单位等国家规定范围内的单位发布的新闻信息，注明新闻信息来源、原作者、原标题、编辑真实姓名等，不得歪曲、篡改标题原意和新闻信息内容，并保证新闻信息来源可追溯。《规定》还要求，互联网新闻信息服务提供者应当设立总编辑，总编辑对互联网新闻信息内容负总责。

## 印度国家认证计划 Aadhaar 泄露了13亿公民信息

2017 年 5 月 4 日，印度班加罗尔互联网和社会中心的班加罗尔智库研究人员发布的一份新报告中指出，其总共潜在泄露了超过 13 亿人的信息，而且主要是其官方账号主动提供的材料。印度 Aadhaar 计划于 2009 年启动，将每个印度居民的生物识别数据和敏感的个人身份信息与唯一的 12 位数字相关联。自从成立以来一直存在争议，隐私权倡导者和网络安全专家警告称，该系统具有可怕的数据泄露行为，带来难以想象的严重后果。

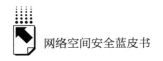

## 日本与美国达成协议深化两国政府间网络信息共享

2017 年 5 月 5 日，美国官员表示，日本已与美国国土安全部（DHS）达成协议，以深化两国政府之间的网络信息共享。日本已经签署协议，正式加入 DHS 的自动指标共享（Automated Indicator Sharing，AIS）平台。该平台允许美国政府与私有部门和全球的其他组织机构双向共享网络威胁指标。

## 澳大利亚首次修订国家网安战略

2017 年 5 月 8 日，澳大利亚总理特恩布尔日前宣布发布政府首次年度修订版《国家网络安全战略》。该战略于 2016 年 4 月推出，涵盖 33 个网络安全计划，投入资金达 2.311 亿澳元（约合 1.73 亿美元）。根据修订版战略，下一步澳大利亚政府将致力于打击网络犯罪、联合业界以提高物联网设备安全性、降低政府 IT 系统的供应链风险等。修订版战略称，自《网络安全战略》推出以来，网络安全行业的利益、活力和关注度都在快速增加。澳大利亚政府将加速推出联合网络安全中心计划，采取其他方式来帮助提高澳大利亚中小企业的网络安全性。

## 两高发布《关于办理侵犯公民个人信息刑事案件适用法律若干问题的解释》

2017 年 5 月 9 日，最高人民法院、最高人民检察院在京联合召开新闻发布会，公布了《最高人民法院、最高人民检察院关于办理侵犯公民个人信息刑事案件适用法律若干问题的解释》（以下简称《解释》），自 2017 年 6 月 1 日起施行。《解释》共十三条，主要包括以下十个方面的内容：明确了"公民个人信息"的范围；明确了非法"提供公民个人信息"的认定标准；明确了"非法获取公民个人信息"的认定标准；明确了侵犯公民个人信息罪的定罪量刑标准；明确了为合法经营活动而非法购买、收受公民个人信息的定罪量刑标准；明确了设立网站、通信群组侵犯公民个人信息行为的定性；明确了拒不履行公民个人信息安全管理义务行为的处理；明确了侵犯公民个人信息犯罪认罪认罚从宽处理规则；明确了涉案公民个人信息的数量计算规则；明确了侵犯公民个人信息犯罪的罚金刑适用规则。

## 欧盟：计划2018年实现单一数字市场

2017年5月10日，欧盟委员会官网发布了关于单一数字市场战略的中期评估报告，强调欧洲议会和各成员国应重视相关立法，并希望能在2018年完成这一战略。欧盟在2015年5月通过了单一数字市场战略。中期评估报告显示，欧盟委员会已实现了战略中提出的35项法律提案和政策倡议。报告指出，数据经济、网络安全与网络平台是欧盟需要采取行动的三个主要领域。在数据经济方面，欧盟将在2017年秋季实现非个人数据的跨国界自由流通，在2018年春季实现对公共数据的重复利用；在网络安全方面，在2017年9月前评估欧盟网络安全战略，还将提出更多网络安全标准和规范；在网络平台方面，在2017年底前将针对一些平台与商家的不公平合约条款提出处理办法，还将推动网络平台删除非法内容。此外，欧盟委员会还在报告中呼吁加强对数字基础设施和技术的投资，特别是在那些超出单个成员国能力的领域，如高性能计算。

## 美国总统特朗普签署网络安全行政令<br>将全面加强网络安全建设

2017年5月11日，美国总统特朗普签署《增强联邦政府网络与关键性基础设施网络安全总统行政令》（*Presidential Executive Order on Strengthening the Cybersecurity of Federal Networks and Critical Infrastructure*），规定了加强联邦政府、关键基础设施和国家网络安全将采取的保护措施。该行政令提出三个行动计划：①加强防御与保护措施；②促进网络安全国际合作；③重视网

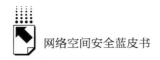

络安全人才的培养和教育。为了更好地抵御僵尸网络和其他自动分布式攻击的威胁，该行政令提出建立一个公开透明的进程，以确定和促进利益相关方提高互联网和通信生态系统的弹性行动，并鼓励以大幅度减少自动分布式攻击为目标的合作。

## 俄罗斯：通信监督机构解除对微信的封锁

2017年5月11日，在腾讯向俄方提交必要信息后，俄罗斯联邦电信、信息技术和大众传媒监督局解除了对中国即时通信软件微信的使用限制。据悉，5月4日，俄方决定将微信列入限制名单，理由是腾讯公司未在规定时间内向俄方递交信息传播运营商名册所需信息，决定所依据的是联邦法关于"信息、信息技术与信息保护"的条例，早前根据该条例禁止使用的社交软件还包括了 BlackBerry Messenger（BBM）、Line、Imo. im 和视频通信软件 Vchat。

## 全球范围大规模感染勒索病毒

自2017年5月12日起，一种名为 WannaCry 的勒索病毒在全球范围内大规模爆发，并不断蔓延，对全球150多个国家互联网安全都构成了严重威胁。勒索病毒在教育、企业、医疗、电力、能源、银行、交通等多个行业蔓延，互联网个人用户也受到影响。360公司监测数据显示，仅12日至13日，国内就有29000多个 IP 感染勒索病毒。WannaCry 病毒属于蠕虫式勒索软件，其内核是在美国国家安全局遭黑客组织"影子经济人"攻击后泄露的网络武器基础上改造的。为此，微软总裁兼首席法务官 Brad Smith 指责美国国家安全局是勒索软件 WannaCry 的发源地。

## 加拿大贝尔遭遇数据泄露
## 黑客窃取190万个电子邮件地址

2017年5月16日，加拿大电信巨头加拿大贝尔（Bell Canada）对外披露了一起大规模数据泄露事件，该公司承认黑客入侵其系统，并窃取了 190万个用户电子邮件地址以及约 1700 个用户姓名和活跃电话号码信息。该公司拒绝分享有关被盗信息的更多细节。目前，加拿大皇家骑警网络犯罪部门正在调查这起事件。加拿大贝尔提到没有迹象表明用户的财务信息被访问。此外，密码和其他敏感数据也是安全的。虽然黑客窃取的信息不完整，但仍然将使其用户面临风险。更具体地说，黑客可能会向这些用户发送钓鱼邮件。该公司指出，其不会通过电子邮件向用户询问信用卡或其他个人信息。此外，用户应该小心那些要求提供个人信息的网站。他们还应该避免点击链接或从未知来源的电子邮件中下载附件。加拿大贝尔还建议用户最好修改密码和安全问题。

## Facebook：在欧洲因违法被处罚

2017 年 5 月 16 日，社交巨头 Facebook 在欧洲因违法问题面临多项处罚。荷兰、法国、西班牙、德国和比利时的数据保护机构联络小组针对 Facebook 2014 年修订的数据政策发布了一个共同声明。该声明称，联络小组的成员已启动了国家调查，并发布了比利时、法国、荷兰 3 个国家的调查结果。欧盟委员会 5 月 18 日宣布对 Facebook 处以 1.1 亿欧元（约合 8.44 亿人民币）的罚款，因为该公司在 2014 年收购 WhatsAPP 时向反垄断监管机构提供了误导信息。欧盟委员会称，Facebook 曾称他们无法让两大平台的用户账户完成自动匹配，但在 2016 年 8 月，Facebook 对 WhatsAPP 的隐私政策做出调整，允许 WhatsAPP 与其分享部分用户的手机号码。这引发了欧盟多个数据保护机构的调查，欧盟方面表示此次的处罚结果是"具有威慑效应的"。

## 美国：FCC 投票通过"网络中立"废除提案

2017 年 5 月 18 日，美国联邦通信委员会（FCC）以 2 – 1 的投票结果通过了"网络中立"废除提案。按照新的规定，互联网服务供应商将不再需

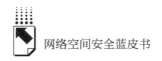
要平等对待所有的互联网内容和访问，即可向客户推出具有优先级的网络服务。此前，FCC 主席潘基特（AjitPai）曾于 4 月末概述了废除由前总统奥巴马出台的网络中立政策的计划。早在 2015 年，潘基特就对奥巴马政府网络中立政策表示了反对，声称支持一个在不同监管方案下的"自由与开放的互联网"。据悉，FCC 关于废除"网络中立"的民众评论活动将一直持续到 2017 年 8 月中旬，届时，该委员会将进行最后一轮的投票。

## 国家网信办公布《互联网新闻信息服务许可管理实施细则》

2017 年 5 月 22 日，国家网信办公布《互联网新闻信息服务许可管理实施细则》（以下简称《细则》）。《细则》共十八条，对互联网新闻信息服务的许可条件、申请材料、安全评估；许可受理、审核、决定；监督管理要求等做出要求，自 2017 年 6 月 1 日起施行。《细则》提出，互联网新闻信息服务，包括互联网新闻信息采编发布服务、转载服务、传播平台服务。获准提供互联网新闻信息采编发布服务的，可以同时提供互联网新闻信息转载服务。获准提供互联网新闻信息传播平台服务，拟同时提供采编发布服务、转载服务的，应当依法取得互联网新闻信息采编发布、转载服务许可。《细则》细化了企业法人申请材料等，以更好地维护资本安全、信息内容安全。同时，明确了传播平台服务提供者应当制定完善的平台账号用户管理制度、用户协议、投诉举报处理机制等，避免出现责任划分不明、监管措施落实不到位等情况。

## 美国零售巨头 Target 因数据泄漏事件
## 将向司法部支付1850万美元

2017 年 5 月 24 日，因 2013 年发生的数据泄露事件，美国零售巨头 Target 与美国司法部部长签订了一项和解协议，同意支付 1850 万美元和解数据泄露诉讼案。2013 年，约 4000 万名 Target 顾客信用卡和借记卡账户数据在传统节日购物季期间被盗。Target 公司打算对客户造成的损失和损害做出补偿。根据和解协议，Target 公司同意实施信息安全计划，保护客户。

## G7峰会呼吁互联网巨头联合打击网络极端主义

2017 年 5 月 29 日，七国集团发表声明表示，G7 呼吁通信服务提供商和社交媒体公司加大力度努力解决恐怖分子的内容。七国集团鼓励行业立即开发并分享新技术和工具，以提升自动检测暴力煽动内容的能力。七国集团致力于支持行业在该领域做出努力，包括提议成立行业主导论坛打击在线极端主义。英国首相特雷莎·梅主持反恐讨论时向其他七国集团领导人表示，战斗战场已经从物理现实转移至互联网。七国首脑应该联合起来向诸如 Facebook、Google 和 Twitter 这样的科技企业施加压力，阻止用户发布极端的内容，一旦发现危险的苗头立刻向安全部门报告。

## 日本个人信息保护法修正案开始实施

2017 年 5 月 30 日，修订后的日本的《个人信息保护法》（APPI）正式实施。日本此次修订个人数据保护法，主要的原因包括：应对大数据产业的发展，个人数据泄露及数据贩卖日益严重，以及跟上欧洲制定《一般数据保护条例》的步伐。日本 APPI 修正案的一些重要规定包括：设立个人信息保护委员会；区别数据是否可以转让，设立两种个人信息的新分类；从"选择加入"（Opt-in）转变为"选择退出"（Opt-out）；制定国际数据转移政策；规定了严厉的处罚措施。

## 工信部印发《工业控制系统信息安全事件应急管理工作指南》

2017 年 5 月 31 日，工业和信息化部印发《工业控制系统信息安全事件应急管理工作指南》（以下简称《指南》）。对于工控安全应急处置工作，《指南》明确了以下几方面要求。一是工业企业应积极开展先期处置。对于可能或已经发生工控安全事件时，工业企业应采取科学有效方法及时施救，力争将损失降到最小，尽快恢复受损工业控制系统的正常运行。二是重点做好应急处置中的信息报送。应急处置过程中，地方工业和信息化主管部门和工业企业应及时报告事态发展变化情况和事件处置进展情况。三是必要时工业和信息化部将组织现场处置。必要时，工业和信息化部将派出工作组赴现场，指挥应急处置工作，并协调应急技术机构提供技术支援。四是应急结束后及时开展总结评估。《指南》要求，应急工作结束后，相关工业企业应做好事件分析总结工作，并按时上报。

## 《中华人民共和国网络安全法》正式施行

2017年6月1日，《中华人民共和国网络安全法》正式实行。2016年11月7日，十二届全国人大常委会第二十四次会议表决通过了《中华人民共和国网络安全法》，这是我国网络领域的基础性法律，明确加强对个人信息保护，打击网络诈骗。网络安全法共有七章七十九条，内容上有六方面突出亮点：第一，明确了网络空间主权的原则；第二，明确了网络产品和服务提供者的安全义务；第三，规定了网络运营者的安全义务；第四，进一步完善了个人信息保护规则；第五，建立了关键信息基础设施安全保护制度；第六，确立了关键信息基础设施重要数据跨境传输的规则。

## 四部门发布《网络关键设备和网络安全专用产品目录（第一批）》

2017年6月1日，国家网信办会同工信部、公安部、国家认证认可监督管理委员会等部门制定了《网络关键设备和网络安全专用产品目录（第一批)》，主要内容包括以下三点：①列入《网络关键设备和网络安全专用产品目录》的设备和产品，应当按照相关国家标准的强制性要求，由具备资格的机构安全认证合格或者安全检测符合要求后，方可销售或者提供。②网络关键设备和网络安全专用产品认证或者检测委托人，选择具备资格的机构进行安全认证或者安全检测。③网络关键设备、网络安全专用产品选择安全检测方式的，经安全检测符合要求后，由检测机构将网络关键设备、网络安全专用产品检测结果（含本公告发布之前已经本机构安全检测符合要求，且在有效期内的设备与产品）依照相关规定分别报工业和信息化部、公安部。选择安全认证方式的，经安全认证合格后，由认证机构将认证结果（含本公告发布之前已经本机构安全认证合格、且在有效期内的设备与产品）依照相关规定报国家认证认可监督管理委员会。

## 澳大利亚 OAIC 发布《通知数据泄露计划》草案

2017 年 6 月 2 日，澳大利亚信息专员办公室（OAIC）向企业和机构发布了四份有关《通知数据泄露计划》（*Notifiable Data Breach Scheme*）的草案，该草案共包含四份相关文件：①NDB 计划涵盖的实体（Entities Covered by the NDB Scheme）；②识别符合条件的违规行为（Identifying Eligible Data Breaches）；③就符合条件的数据泄露通知个人（Notifying Individuals about an Eligible Data Breach）；④澳大利亚信息专员在 NDB 计划中的角色（Australian Information Commissioner's Role in the NDB Scheme）。这四份草案文件为 NDB 计划提供了指导，是澳洲政府整体促进全球隐私合规的举措，其中包括如何通过补救措施防止严重损害和通知要求的示例、数据泄露的示例、特定术语的定义和实际的要求方法。

## 韩国加入 APEC 跨境隐私规则体系

2017 年 6 月 22 日，韩国内政部和通信委员会（KCC）表示，韩国已批准加入亚太经合组织（APEC）跨境隐私规则体系（CBPR）。该体系由

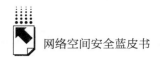
APEC 于 2011 年建立，致力于便利 APEC 成员内部电子商务发展，并且确保隐私数据传输安全。企业可自愿加入该体系，但各国在运作该体系之前需确保本国隐私保护相关法律体系满足 APEC 要求。目前有五个国家，分别是美国、墨西哥、日本、加拿大、韩国加入了该体系。苹果、IBM 等 20 家企业已经通过认证，在该体系下进行数据传输。

## 美国 NIST 最新《数字身份指南》：废除 "定期修改密码"等过时要求

2017 年 6 月 24 日，美国国家标准与技术研究所（NIST）的联邦科学家宣布已经完成了《数字身份指南》新版草案，《NIST 特别出版物 800 - 63》（*NIST Special Publication 800 - 63*，SP 800 - 63 - 3），其中淘汰了"定期修改密码"等过时的要求，引入生物特征、Keystick（用游戏手柄或操纵杆替代键盘和鼠标控制电脑）或其他双因素认证元素。指南去除了"保证等级"（LOA）的概念（身份验证和登录验证程序的安全衡量标准），新数字身份程序分为三个阶段，每个阶段的等级取决于需要实现的安全程度：①身份保证等级（IAL）：身份证明程序，以及将验证器与（一名或多名）和特定用户数据进行绑定。②验证器保证等级（AAL）：衡量认证过程的安全，即用户如何向系统证明身份。③联邦保证等级（FAL）：联邦环境中使用的认定安全等级，其中，几个系统依赖一个身份验证程序。

## 国家网信办发布《国家网络安全事件应急响应预案》

2017 年 6 月 27 日，国家网信办发布《国家网络安全事件应急预案》，自印发之日起实施。该预案是为了建立健全国家网络安全事件应急工作机制，提高应对网络安全事件能力，预防和减少网络安全事件造成的损失和危害，保护公众利益，维护国家安全、公共安全和社会秩序。该预案适用于网络安全事件的应对工作。网信办将网络安全事件分为四级：特别重大网络安全事件、重大网络安全事件、较大网络安全事件、一般网络安全事件。根据该预案，网络安全事件发生后，事发单位应立即启动应急预案，实施处置并及时报送信息。各有关地区、部门立即组织先期处置，控制事态，消除隐患，同时组织研判，注意保存证据，做好信息通报工作。对于初判为特别重大、重大网络安全事件的，立即报告应急办。

## 网信办公布《关键信息基础设施安全保护条例（征求意见稿）》

2017 年 7 月 10 日，国家互联网信息办公室公布《关键信息基础设施安全保护条例（征求意见稿)》。征求意见稿共八章五十五条。其中第十八条，将关键信息基础设施的范围定义为：下列单位运行、管理的网络设施和信息系统，一旦遭到破坏、丧失功能或者数据泄露，可能严重危害国家安全、国计民生、公共利益的，应当纳入关键信息基础设施保护范围。（一）政府机关和能源、金融、交通、水利、卫生医疗、教育、社保、环境保护、公用事业等行业领域的单位；（二）电信网、广播电视网、互联网等信息网络，以及提供云计算、大数据和其他大型公共信息网络服务的单位；（三）国防科工、大型装备、化工、食品药品等行业领域科研生产单位；（四）广播电台、电视台、通讯社等新闻单位；（五）其他重点单位。除此之外，征求意见稿还规定了支持与保障、运营者安全保护、产品与服务安全、监测预警、应急处置和检测评估、法律责任等内容。

## 新加坡拟定新网络安全法规，采取积极措施维护国家关键基础设施

2017 年 7 月 10 日，新加坡公布了一份新网络安全法规草案，旨在保障国家网络安全、维护关键基础设施（CII）并授权当局履行必要职责，以促进各关键部门共享信息。目前，新加坡政府已列出 11 个被认为拥有 CII 的

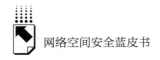
部门，包括水资源、医疗、海运、媒体、信息、能源与航空等，这些公共部门本身就是 CII 的一部分。此次拟定的法案关键组成部分则是针对 CII 所有者进行监管，规定了 CII 提供商在履行必要职责的情况下定期评估 CII 风险，遵守业务守则。CII 所有者将被要求执行必要机制与流程，以检测关键信息的网络安全威胁。如果违反立法规定的任何授权，他们极有可能被处于高达十万新元的罚款或两年以下监禁。

## 荷兰参议院通过了新的《情报与安全法案》

2017 年 7 月 11 日，荷兰参议院通过了新的《情报与安全法案》。该法案该旨在扩大情报机构监督权限。不仅授予警方追踪可疑恐怖分子或其他严重犯罪分子的权力，还授权警方可以追踪上述人的亲属。此外，还允许情报机构可以保留服务提供商提供的数据长达 3 年，允许情报机构与境外包括 GCHQ、NSA 在内的同行分享情报信息。立法者认为该法案对于打击恐怖主义和网络威胁非常必要，可以加强情报与安全服务监督委员会（CTIVD）的权威。安全研究人员则表示，此项法案扩大了情报机构的监听权力，监听不要求具有严格针对性，要求配合情报部门执法而提交信息的主体不仅限于个人也包括企业。

## 美政府决定限制使用卡巴斯基软件：已从采购名录中移除

2017 年 7 月 11 日，特朗普政府于从两份政府机构技术装备采购供应商目录中移除卡巴斯基实验室，限制使用卡巴斯基安全产品。原因是担心这家网络安全公司的产品，可能会被俄罗斯方面用于侵入美国网络。最近几月，卡巴斯基被美方怀疑与俄罗斯情报机构（针对美国的网络攻击）有着紧密联系。即便该公司创始人出面澄清驳斥，并表示愿意主动交出源码，美方还是做出这番决定。一位机构发言人在声明中称：卡巴斯基产品已从美国总务管理局（GSA）的供应制造商列表中移除（涉及信息技术服务和数码影像装备的类别）。其表示，此举经过了审查和深思熟虑，GSA 主要考虑的是"保障美国政府系统和网络的完整性以及安全性"。不过政府机构仍可依照 GSA 流程单独采购和使用卡巴斯基的产品。

## 俄罗斯国家杜马通过关键信息基础设施安全法案

2017 年 7 月 12 日，俄罗斯国家杜马审议通过了《俄罗斯联邦关键信息基础设施安全法》，自 2018 年 1 月 1 日起生效。该法旨在调节俄罗斯联邦关键信息基础设施（CII）安全保障领域的关系。该法规定，编写和（或）传播明显对重要信息基础设施产生不当影响的电脑程序，将处罚最多 5 年的强制劳动，或剥夺自由 2～5 年，同时处以 50 万～100 万卢布的罚金。如果重要信息遭到黑客窃取（或出现导致这种结果的威胁），同样将被判刑。重要信息保管不善者或被判刑最多 6 年。黑客团体作案或被判刑 8 年。若行为导致严重后果或构成导致严重后果的威胁，将被判刑 5～10 年。重要信息基础设施的所有者应向政府通报电脑事故、预防信息被窃取的不当尝试、保证依靠建立信息备份来还原数据的能力。

## 亚太市场网络安全调查报告：中国安全预算投入排第二

2017 年 7 月 24 日，网络安全公司 Palo Alto Networks 对 500 名来自新加坡、中国、印度、澳大利亚和中国香港的调查对象进行调查后发现：67% 的调查对象表示内部威胁（例如员工未经授权下载附件和软件）极有可能是企业面临的网络安全威胁。47% 的调查对象认为，员工缺乏网络安全意识是企业面临的最大网络安全挑战。36% 的调查对象认为第三方服务提供商带来的挑战最大；而 31% 则认为最大的网络安全挑战是云迁移。46% 的调查对象表示，顺应不断变化网络安全形势是确保企业安全的主要障碍。41% 的调查对象认为，缺乏 IT 安全专业人才是最大的障碍，而 36% 的调查对象则表示预算不足是软肋。这份调查研究显示，74% 的调查对象将 5%～15% 的 IT

预算用于网络安全。92%的印度调查对象表示增加了网络安全预算投入，之后是中国内地78%，中国香港52%（2017年有所增加），澳大利亚50%。

## 瑞典政府公布机密数据泄露事件缘由

2017年7月25日，瑞典政府承认，在2015年的一次IT服务外包过程中，出现了巨大的数据泄露情况，数百万民众的个人资料和众多机密信息可能全部遭到曝光。消息称，瑞典交通局在2015年把资料库及资讯通信服务外包给国际商业机器公司（IBM），IBM再将部份服务外包给NCR。这两家业者在转存资料的时候，允许部分没有安全许可的员工接触资料，结果引发瑞典史上最大政府资料外泄案。有媒体报道称，由于外包的部分包含了瑞典政府内部通信网路与防火墙的控管，使得外泄资料遍及瑞典的所有驾驶执照、瑞典精英部队的个人资料、瑞典战机飞行员的个人资料、瑞典飞行员与空中管制员的个人资料、警方所登记的瑞典民众资料、瑞典政府及军方使用车辆的细节，以及瑞典道路及交通基础架构的细节等。

## 工信部开展2017年电信和互联网行业网络安全试点示范工作

2017年7月26日，工信部公布《关于开展2017年电信和互联网行业网络安全试点示范工作的通知》（以下简称《通知》）。《通知》中规定2017年电信和互联网行业网络安全试点示范重点引导方向包括：（一）网络安全威胁监测预警、态势感知、攻击防御与技术处置；（二）数据安全和用户信息保护；（三）域名系统安全；（四）抗拒绝服务攻击；（五）新业务及融合领域网络安全；（六）网络安全创新应用；（七）防范打击通信信息诈骗；（八）其他。其他应用效果突出、创新性显著、示范价值较高的网络安全项目。

## 中央网信办等四部门联合开展隐私条款专项工作

2017年7月27日，为确保网络安全法中个人信息保护相关要求有效实施，提升网络运营者个人信息保护水平，中央网信办、工信部、公安部、国家标准委等四部门日前联合召开"个人信息保护提升行动"启动暨专家工作组成立会议，启动隐私条款专项工作，首批将对微信、淘宝等十款网络产品和服务的隐私条款进行评审。隐私条款专项工作将分批选取重点网络产品和服务，对其隐私条款进行分析梳理，通过评审和宣传形成社会示范效应，带动行业整体个人信息保护水平的提升。评审的重点内容包括明确告知收集的个人信息以及收集方式；明确告知使用个人信息的规则，例如形成用户画像及画像的目的，是否用于推送商业广告等；明确告知用户访问、删除、更正其个人信息的权利、实现方式、限制条件等。

## 英国发布新数据保护法草案

2017 年 8 月 7 日，英国数据、文化媒体和体育部发布了《新数据保护草案：我们的改革》，（以下简称"草案"）。该草案的颁布旨在在新的网络环境下加强个人数据保护维持用户信任、促进未来贸易的发展、确保数据安全。草案的主要内容包括以下几个方面。①加强了"知情同意"规则中"同意"的要求；草案加强了数据主体的数据获取权；加强了数据主体在自动化决策过程中用户画像的决策权；草案规定了被遗忘权、数据可携权。②加强对企业的保护，将会减低官僚作风，减轻数据控制者的行政和经济成本；建立问责制，企业应对其个人数据的处理行为负责，在发生数据泄露的 72 小时内应当通知监管机构。③加强监管机构的监管权力。数据保护监管机构 – 信息专员办公室（ICO）将获得更多的权限，包括调查权、民事处罚权、刑事追责，并对严重的违规行为最高可罚款 1700 万英镑或全球营业额的 4%。

## 工信部发布《工业控制系统信息安全 防护能力评估工作管理办法 》

2017 年 8 月 11 日，工业和信息化部发布《工业控制系统信息安全防护能力评估工作管理办法》（以下简称《办法》）。《办法》指出，设立全国工控安全防护能力评估专家委员会，负责提供建议与咨询；设立全国工控安全防护能力评估工作组，具体负责管理工控安全防护能力评估相关工作，工作组下设秘书处，秘书处设在国家工业信息安全发展研究中心。《办法》强调，评估机构应符合具备独立的事业单位法人资格，具有不少于 25 名工控安全防护能力评估专职人员，拥有工控安全防护能力评估所需的工具和设备；同时，还应建立并有效运行评估工作体系，完善评估监督和责任机制，对于不符合要求的机构，予以撤销评估委托。《办法》制定了工控安全防护能力评估工作程序，并以附件形式提供了工控安全防护能力评估方法。

## NIST 发布专题出版物800 –53第五次修订版

2017 年 8 月 15 日，美国国家标准与技术研究院（NIST）发布 NIST SP 800 – 53 第五次修订草案：《信息系统与组织机构的安全和隐私控制》（*Security and Privacy Controls for Information Systems and Organizations*）。NIST 在公布该修订草案后，解释说，此次更新提出"通过采取积极主动和系统化的方式来应对现实需求，为广泛的公共和私营部门开发和提供一套全面的措施保障各类型计算平台安全，包括通用计算系统、网络物理系统、云和移动系、工业/过程控制系统和物联网（IoT）设备"。此次更新的核心目的在于评估当前安全控制的相关性和适用性，并针对每个基准（低、中等和高）设计的增强功能在于确保保护与由此产生的危害程度相匹配。

## 印度对从中国进口的信息产品发起安全检查

2017 年 8 月 16 日，出于对安全和数据泄露的担忧，印度政府已开始对进口自中国的电子产品和信息技术产品进行审查。中国企业已经成为满足印度在电子产品制造方面巨大需求的支柱，尤其是一些关键部件和制成品。这些产品包括手机、医疗设备、电信网络设备以及与物联网相关的传感器等产品。但这也引起印度政府相关部门的警惕，他们担心在线交易、手机等产品和服务可能会被用于获取敏感信息。这种警惕在印度政府宣布建立"数字印度"以及着重发展数字支付后，变得更加严重。与此相关的另外一个重要原因是，中印之间巨大的贸易逆差，推动印度政府借助信息安全等名义，阻碍中国产品进入印度，从而达到保护本国企业的目的。

## 全国人大常委会启动网络安全法、关于加强网络信息保护的决定执法检查

2017 年 8 月 25 日，为了解网络安全法、全国人大常委会关于加强网络信息保护的决定（以下简称"一法一决定"）实施情况，查找问题，剖析原因，提出建议，着力推进法律实施中重点、难点问题的解决，全国人大常委会将在多个省区市开展"一法一决定"执法检查。25 日，全国人大常委会"一法一决定"执法检查组第一次全体会议上，全国人大常委会表示，在2016 年审议通过网络安全法不久，就把"一法一决定"贯彻实施情况检查作为 2017 年一项重要监督工作。在全面检查"一法一决定"实施情况的基础上，执法检查组将重点对以下内容进行检查：开展"一法一决定"宣传教育情况；制定"一法一决定"配套法规规章情况；强化关键信息基础设施保护及落实网络安全等级保护制度情况；治理网络违法有害信息，维护网络空间良好生态情况；落实公民个人信息保护制度，查处侵犯公民个人信息及相关违法犯罪情况；等等。

## 国家网信办公布《互联网跟帖评论服务管理规定》

2017 年 8 月 25 日，国家互联网信息办公室公布《互联网跟帖评论服务管理规定》（以下简称《规定》），旨在深入贯彻《网络安全法》精神，提高互联网跟帖评论服务管理的规范化、科学化水平，促进互联网跟帖评论服务健康有序发展，自 2017 年 10 月 1 日起施行。《规定》共计十三条，对适

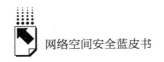
用范围、监管主体、跟帖评论产品安全评估、跟帖评论服务提供者、用户自律做出规定，对建立公众投诉和举报制度以及违反《规定》的行为的法律责任做出规定。《规定》的出台对于加强互联网跟帖评论服务管理、促进互联网跟帖评论服务发展，具有重要意义。

## 国家网信办公布《互联网论坛社区服务管理规定》

2017年8月25日，国家互联网信息办公室公布《互联网论坛社区服务管理规定》（以下简称《规定》），旨在规范互联网论坛社区服务，促进互联网论坛社区行业健康有序发展，保护公民、法人和其他组织的合法权益，维护国家安全和公共利益，《规定》自2017年10月1日起施行。《规定》要求，互联网论坛社区服务提供者应当落实主体责任，建立健全信息审核、公共信息实时巡查、应急处置及个人信息保护等信息安全管理制度，不得利用互联网论坛社区服务发布、传播法律法规禁止的信息；互联网论坛社区服务提供者应当按照"后台实名、前台自愿"的原则，要求用户通过真实身份信息认证后注册账号，并对版块发起者和管理者严格实施真实身份信息备案、定期核验等；互联网论坛社区服务提供者及其从业人员，不得通过发布、转载、删除信息或者干预呈现结果等手段，谋取不正当利益。

## 工信部公布《互联网域名管理办法》修订版

2017年9月1日，工业和信息化部公布了修订后的《互联网域名管理办法》（工业和信息化部令第43号，以下简称《办法》），自2017年11月1日起施行，原信息产业部2004年11月5日公布的《中国互联网络域名管理办法》（原信息产业部令第30号）同时废止。修订后的《办法》分为总则、域名管理、域名服务、监督检查、罚则和附则等六章，共五十八条。修订的主要内容包括：①明确部和省级通信管理局的职责分工；②完善域名服务许可制度；③规范域名注册服务活动；④完善域名注册信息登记和个人信息保护制度；⑤加强事中事后监管。《办法》还完善了违法从事域名服务的法律责任，明确了域名注册管理机构和注册服务机构违法开展域名注册服务、未对域名注册信息的真实性进行核验、为违法网络服务提供域名跳转等违法行为的处罚措施。

## 国家网信办印发《互联网用户公众账号信息服务管理规定》

2017年9月7日，国家互联网信息办公室印发《互联网用户公众账号信息服务管理规定》（以下简称《规定》），并于2017年10月8日起正式施行。《规定》的出台旨在促进互联网用户公众账号信息服务健康有序发展，保护公民、法人和其他组织的合法权益，维护国家安全和公共利益。《规定》共计十八条，包括互联网用户公众账号信息服务提供者及使用者主体责任、个人信息及权益保护、账号处置、行业自律、公众监督、行政监管及违法处置等条款。《规定》强调，互联网用户公众账号信息服务提供者和使用者，都应当坚持正确导向，弘扬社会主义核心价值观，培育积极健康的网络文化，维护良好网络生态。《规定》鼓励各级党政机关、企事业单位和人民团体注册使用互联网用户公众账号发布政务信息或公共服务信息，服务经济社会发展，满足公众信息需求。

## 国家网信办印发《互联网群组信息服务管理规定》

2017年9月7日，国家互联网信息办公室印发《互联网群组信息服务管理规定》（以下简称《规定》），于2017年10月8日正式施行。《规定》的出台旨在促进互联网群组信息服务健康有序发展，弘扬社会主义核心价值观，培育积极健康的网络文化，为广大网民营造风清气正的网络空间。《规定》明确，互联网群组信息服务提供者应当落实信息内容安全管理主体责任，配备与服务规模相适应的专业人员和技术能力，建立健全用户注册、信息审核、应急处置、安全防护等管理制度。《规定》要求，互联网群组建立者、管理者应当履行群组管理责任，依据法律法规、用户协议和平台公约，规范群组网络行为和信息发布，构建文明有序的网络群体空间。互联网群组成员在参与群组信息交流时，应当遵守相关法律法规，文明互动、理性表达。

## 土耳其计划出台国家网络安全新战略

2017 年 9 月 12 日，土耳其政府表示正在计划出台新的国家网络安全战略和行动计划，此举旨在应对当今来自国内外的网络安全威胁、打击网络犯罪、防范黑客攻击。该计划包括 5 个战略目标、41 项行动主题和 167 个具体步骤。土耳其成立了国家计算机紧急情况应对中心，以协调国有和私营企业在打击网络犯罪领域的合作。未来政府将公布新的法规，强制企业聘请全职的网络安全专家应对可能的网络威胁，未能采取相关网络防范措施的企业将面临政府罚款。土耳其还将建立一个封闭的虚拟网络，确保国家机构内部数据信息传输交换的安全。土耳其信息和通信技术委员会将在国家网络安全工作中发挥更加积极有效的作用。政府还将成立一个由 1000 名专业人士组成的专家团队来开展国家网络安全工作。

## 欧盟委员会发布《欧盟非个人数据自由流动框架的条例提案》

2017 年 9 月 13 日，欧盟委员会在"数字单一市场倡议"的背景下，发布了《欧盟非个人数据自由流动框架的条例提案》（*Proposal for a Regulation of the European Parliament and of the Council on a Framework for the Free Flow of Non-personal Data in the European Union*），旨在建立欧盟境内非个人数据的跨境自由流动框架。该条例适用于电子数据的存储或其他处理，这些电子数据不在 GDPR 的调整范围之内，并且上述存储或处理作为一种服务提供给在欧盟境内居住或拥有机构的用户，无论该提供商是否在欧盟境内建立；同时，上述存储或处理通过在欧盟境内居住或拥有机构的自然人或法人根据其自己的需要进行。

## 工信部公布《公共互联网网络安全威胁监测与处置办法》

2017年9月13日,工信部公布《公共互联网网络安全威胁监测与处置办法》(以下简称《办法》)。《办法》提出了公共互联网网络安全威胁的含义,明确网络安全威胁监测与处置工作坚持及时发现、科学认定、有效处置的原则。《办法》规定,工业和信息化部负责组织开展全国公共互联网网络安全威胁监测与处置工作。工信部建立网络安全威胁信息共享平台,统一汇集、存储、分析、通报、发布网络安全威胁信息;制定相关接口规范,与相关单位网络安全监测平台实现对接。国家计算机网络应急技术处理协调中心负责平台建设和运行维护工作。《办法》明确了相关专业机构、基础电信企业、网络安全企业、互联网企业、域名注册管理和服务机构有关网络安全威胁监测与处置工作的义务。此外,《办法》明确了电信主管部门对专业机构的认定和处置意见进行审查后可以对网络安全威胁采取的处置措施。

## 2017年国家网络安全宣传周顺利举行

2017年9月16日至24日,以"网络安全为人民,网络安全靠人民"为主题,由中央宣传部、中央网信办、教育部、工业和信息化部、公安部、中国人民银行、新闻出版广电总局、全国总工会、共青团中央等九部门共同举办的2017年国家网络安全宣传周在全国范围内顺利举行。网络安全宣传周的开幕式、网络安全博览会暨网络安全成就展、网络安全技术高峰论坛、一流网络安全学院示范高校授牌、先进典型表彰等重要活动在上海市举办。2017年宣传周活动主要内容包括:①举办网络安全博览会暨网络安全成就展;②举办网络安全技术高峰论坛;③举办主题日活动;④首次开展一流网络安全学院示范高校评选活动;⑤表彰网络安全先进典型。

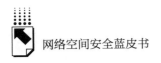

## 美国阻止腾讯收购欧洲地图公司

2017 年 9 月 26 日，欧洲大型数字地图提供商 Here 宣布，停止接受腾讯控股等 3 家企业的出资。Here 地图（HERE International B. V. ）在其官网发布《HERE 进军中国；发布关于股东最新消息》的声明表示："经过监管审查，三方认定没有可行图景获得必需的交易许可，不再追求达成这笔交易。"对于四维图新撤销购买 Here 股份的计划，路透社分析认为，原因是未能获得美国监管机构的批准。有分析认为，美国当局担心汽车收集的详细地图信息被中方获得。彭博社指出，这项否决显示对于亚洲投资人购买欧洲公司少数股权一事，美国的安全审查程序依旧有着很大的影响。虽然美国曾经停止过至少一项类似的交易，但在唐纳德·特朗普总统任期下，美国政府对中国企业收购的态度更为谨慎。

## 首轮中美执法及网络安全对话成果清单

2017 年 10 月 4 日，中国国务委员、公安部部长郭声琨和美国司法部部长杰夫·塞申斯、国土安全部代理部长伊莲·杜克共同主持了首轮中美执法及网络安全对话。双方将继续落实 2015 年中美两国元首达成的中美网络安全合作共识，包括以下五条共识：一是对一方就恶意网络活动提供信息及协助的请求要及时给予回应；二是各自国家政府均不得从事或者在知情情况下支持网络窃取知识产权，包括贸易秘密，以及其他机密商业信息，以使其企业或商业行业在竞争中处于有利地位；三是承诺共同制定和推动国际社会网络空间合适的国家行为准则；四是保持打击网络犯罪及相关事项高级别对话机制；五是就网络安全案事件加强执法沟通，互相做出迅速回应。

## 埃森哲大量敏感数据泄露

2017 年 10 月 12 日，网络安全公司 UpGuard 网络风险小组发现，全球最大管理咨询公司埃森哲（Accenture）因亚马逊 S3 存储服务器配置不当导致大量敏感数据暴露在网上，至少有 4 台云存储服务器中的数据可供公开下载。暴露的数据包括 API 数据、身份验证凭证、证书、加密密钥、客户信息，以及能被攻击者用来攻击埃森哲及其客户的其他更多数据。这 4 台存在安全问题的服务器的数据似乎属于埃森哲企业云服务"埃森哲云平台"，埃森哲客户使用的"多云管理平台"。

## 法国议会通过新《反恐法》草案

2017 年 10 月 18 日，法国议会批准了新《反恐法》草案。根据该法案，软禁威胁公众安全的"危险分子"、对相关嫌疑人实施预防性住所搜查、在重大场合或敏感场所检查人员车辆、关闭传播极端思想的宗教场所等紧急状态赋予行政当局的部分临时权限将实现常态化。2015 年 11 月 13 日巴黎发生系列恐怖袭击后，鉴于严峻的反恐形势和欧洲足球锦标赛、总统和立法选举等重大事件的安保需要，法国已经连续六次延长紧急状态。马克龙在就任法国总统后提出尽快推出新的反恐措施，在紧急状态结束后建立有效机制，应对严峻的反恐形势。但自由派和民权团体认为，新法将造成行政权力扩张，破坏司法平衡，有损公民权利和自由。

## 欧盟委员会发布首份"隐私盾"协议年度审查报告

2017 年 10 月 18 日，欧盟委员会发布了针对欧美"隐私盾"协议的首份年度审查报告（On the First Annual Review of the Functioning of the EU–U. S. Privacy Shield）。"隐私盾"协议于 2016 年 8 月生效，用于替代被欧洲最高法院判令无效的欧美"安全港"协议。目前，有数千家欧美公司需要依赖"隐私盾"协议实施欧盟和美国之间的数据传输业务。此次联合审查活动涵盖了"隐私盾"协议在管理和执法方面的几乎所有内容，包括商业和国家安全的相关事项，美国立法的发展和欧美机构之间的通信情况。欧盟

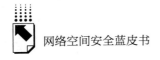

委员会报告认为,"隐私盾"协议建立的安全框架为从欧盟向美国传输个人信息提供了充分的保护水平。同时,该年度审查报告还关注了美国的监控实践和"隐私盾"协议的相关监管工作。

## 卡巴斯基承诺提供源代码供评估

2017 年 10 月 24 日,俄罗斯网络安全公司卡巴斯基实验室承诺,将在 2018 年第一季度把其源代码提供给独立机构评估,但未具体说明将由哪家机构负责评估以及将在多大范围内公开其源代码。卡巴斯基表示,该评估是其"全球透明度计划"的内容之一,公司希望通过评估提高其产品的可信度。除了向第三方评估开放其软件外,卡巴斯基称,计划实施额外的控制措施来管理其数据处理过程。该公司还计划到 2020 年在全球设立 3 个"透明度中心",分别位于亚洲、欧洲和美国。此前有多份报告称,俄罗斯政府使用卡巴斯基软件作为其间谍工具。美国官员怀疑该公司的软件帮助俄罗斯政府监控美国人。卡巴斯基多家客户已经表示,将停止使用该公司产品,其中包括美国国土安全部。卡巴斯基已否认与俄罗斯官员或任何政府共谋对其他国家进行间谍活动。

## 欧盟新框架文件允许成员国将网络攻击视为战争行为

2017 年 10 月 29 日,欧盟多个成员国签署一份名为《应对恶意网络行动框架》(*The Framework on a Joint EU Diplomatic Response to Malicious Cyber Activities*)的外交文件,文件写明网络攻击可被视为战争行为。欧盟国家签署这份文件的目的不仅仅是允许欧盟成员针对网络攻击做出反应,同时也认为成员可将网络攻击视作一种安全威慑来进行阻止。在此行动框架内,如果一个欧盟成员受到网络攻击,这个国家将不仅具有合法保护自身的权利,也将有权获得其他欧盟成员的帮助。但该文件并未允许欧盟国家对网络攻击者发动战争,在网络攻击发生之后,欧盟将不会对成员具体如何应对和协调行动进行严格的限制。

## 国家网信办发布《互联网新闻信息服务
## 单位内容管理从业人员管理办法》

2017 年 10 月 30 日，国家互联网信息办公室发布《互联网新闻信息服务单位内容管理从业人员管理办法》（以下简称《办法》）。《办法》包括总则、从业人员行为规范、从业人员教育培训、从业人员监督管理、附则五章，自 2017 年 12 月 1 日起施行。《办法》旨在加强对互联网新闻信息服务单位内容管理从业人员的管理，维护从业人员和社会公众的合法权益，促进互联网新闻信息服务健康有序发展。《办法》明确，国家网信办负责全国互联网新闻信息服务单位从业人员教育培训工作的规划指导和从业情况的依法监管。地方网信办依据职责负责本地区互联网新闻信息服务单位从业人员教育培训工作的规划指导和从业情况的依法监管。《办法》对从业人员做出了具体要求，并提出互联网新闻信息服务单位应强化从业人员教育培训和监督管理的主体责任，建立完善从业人员的教育培训和准入、奖惩、考评、退出等制度。

## 国家网信办公布《互联网新闻信息服务
## 新技术新应用安全评估管理规定》

2017 年 10 月 30 日，国家互联网信息办公室公布《互联网新闻信息服务新技术新应用安全评估管理规定》（以下简称《规定》），自 2017 年 12 月 1 日起施行。规定旨在强化互联网新闻信息服务提供者（以下简称"服务提供者"）内容管理主体责任，促进互联网新闻信息服务健康有序发展，规范指导互联网新闻信息服务新技术新应用安全评估（以下简称"新技术新应用安全评估"）。《规定》明确，国家互联网信息办公室负责全国新技术新应用安全评估工作。各省、自治区、直辖市互联网信息办公室依据职责负责本行政区域内新技术新应用安全评估工作。《规定》提出，服务提供者应当建立健全新技

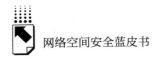

术新应用安全评估管理制度和保障制度，按照本规定要求自行组织或配合开展新技术新应用安全评估，及时改进完善必要的信息安全保障制度措施。

## 苏格兰公布网络弹性行动计划

2017 年 11 月 9 日，苏格兰政府公布了题为《安全、稳定和繁荣：苏格兰网络弹性战略》（Safe，Secure and Prosperous：A Cyber Resilience Strategy for Scotland）的宏伟计划以改善公共部门网络安全。该计划由苏格兰政府和国家网络弹性领导委员会（National Cyber Resilience Leaders' Board）制定。计划包括了改善基础安全的一些措施，具体措施有：确保公共机构加入英国国家网络中心（NCSC）的网络安全信息共享合作伙伴组织（CiSP）；进行网络必备"预评估"；开展相关培训和提高网络安全认识的项目；执行四项网络防御计划〔包括执行 DMARC（Domain-based Message Authentication，Reporting and Conformance）协议；通过 NCSC 构建的网检（Web Check）工具扫描网站；使用英国情报机构政府通信总部（GCHQ）和私营部门情报进行 DNS 阻断；与 Netcraft 公司合作应对网络钓鱼和恶意软件〕。目前，许多苏格兰公共机构已经具有良好的网络安全标准，苏格兰的战略目标是使整个苏格兰公共部门成为网络安全领域典范，此项新的网络行动计划表明了苏格兰政府对待国家数字安全的态度。

## 澳大利亚政府发布数字化身份框架草案

2017 年 11 月 18 日，澳大利亚政府发布其可信数字化身份框架的公开草案，用于概述澳大利亚国内数字化身份信息在收集、存储与使用方面的安全性与可用性标准。这 14 份文件草案包含：可信框架结构与概述；可信框架认证流程；隐私评估；核心隐私要求；核心安全保护要求；核心用户体验要求；核心风险管理要求；核心欺诈控制要求；数字化身份证明标准；数字化身份验证证书标准；信息安全文档指南；风险管理指南。

## 工信部发布《公共互联网网络安全突发事件应急预案》

2017 年 11 月 23 日，工信部公布《公共互联网网络安全突发事件应急预案》，明确了事件分级、监测预警、应急处置、预防与应急准备、保障措施等内容。工信部根据社会影响范围和危害程度，将公共互联网网络安全突发事件分为四级：特别重大事件、重大事件、较大事件、一般事件。其中，全国范围大量互联网用户无法正常上网，CN 国家顶级域名系统解析效率大幅下降，1 亿户以上互联网用户信息泄露，网络病毒在全国范围大面积爆发，其他造成或可能造成特别重大危害或影响的网络安全事件为特别重大网络安全事件。工信部要求基础电信企业、域名机构、互联网企业、网络安全专业机构、网络安全企业通过多种途径监测和收集漏洞、病毒、网络攻击最新动向等网络安全隐患和预警信息，对发生突发事件的可能性及其可能造成的影响进行分析评估。认为可能发生特别重大或重大突发事件的，应当立即报告。

## 国务院印发《关于深化"互联网＋先进制造业"发展工业互联网的指导意见》

2017 年 11 月 27 日，国务院印发《关于深化"互联网＋先进制造业"发展工业互联网的指导意见》（以下简称《意见》）。《意见》指出，要深入贯彻落实党的十九大精神，以全面支撑制造强国和网络强国建设为目标，围绕推动互联网和实体经济深度融合，聚焦发展智能、绿色的先进制造业，构建网络、平台、安全三大功能体系，增强工业互联网产业供给能力，持续提升我国工业互联网发展水平，深入推进"互联网＋"，形成实体经济与网络相互促进、同步提升的良好格局，有力推动现代化经济体系建设。《意见》提出三个阶段的发展目标，明确了建设和发展工业互联网的主要任务，部署了 7 项重点工程。

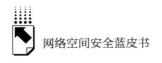

## 俄罗斯拟明年建立独立互联网覆盖中国等金砖国家

2017 年 11 月 29 日，俄罗斯政府披露了开发独立于全球都在使用的域名系统的"独立互联网"计划。在俄罗斯联邦安全会议最近举行的会议上，官员讨论了创建"域名系统"替代系统的计划，声称此举可以保护俄罗斯和其他数个国家在大规模网络攻击中的安全。俄罗斯提议建立的独立互联网将覆盖"金砖国家"——巴西、俄罗斯、印度、中国和南非。俄总统普京称，计划 2018 年 8 月 1 日完成独立互联网建设。据了解，俄罗斯联邦安全会议成员曾在 10 月的一次会议上称，这一计划的提出正值"西方国家在信息领域发动恶意攻击的能力不断增强，日趋有意利用这一能力对俄罗斯构成严重威胁之际"。

## 因违反欧盟数据保护法案，Google 或迎来史上最高27亿英镑的赔偿

2017 年 11 月 30 日，在被起诉未经用户同意出售逾 500 万名 iPhone 用户信息后，Google 或被迫赔偿 27 亿英镑。一起集体诉讼指控 Google 利用算法绕过 iPhone 默认隐私设置，收集用户的浏览历史数据。这一诉讼的目的，是使约 540 万名受影响的用户获得赔偿。Google 被指在 2011 年 6 月至 2012 年 2 月期间收集 iPhone 用户信息。起诉书称，Google 的做法触犯了《数据保护法案》。预计该案将于 2018 年在高等法院审理。

## 第四届世界互联网大会在浙江乌镇举行

2017 年 12 月 3 日至 5 日，由中国国家互联网信息办公室和浙江省人民政府联合主办的第四届"世界互联网大会·乌镇峰会"于浙江省乌镇举行。本届大会以"发展数字经济促进开放共享——携手共建网络空间命运共同

体"为主题,在全球范围内邀请了来自政府、国际组织、企业、技术社群和民间团体的互联网领军人物,围绕数字经济、前沿技术、互联网与社会、网络空间治理和交流合作等五个方面进行探讨交流。大会着力于推动构建网络空间命运共同体,倡导国际社会在网络空间尊重差异、凝聚共识,聚焦发展、助力创新,让互联网繁荣发展的机遇和成果更好造福人类。

## NIST 发布新版《提升关键基础设施网络安全框架》草案

2017 年 12 月 5 日,美国国家标准与技术研究院(NIST)发布了《提升关键基础设施网络安全框架》(*Framework for Improving Critical Infrastructure Cybersecurity*)的更新提案草案的第二稿,该草案被称为 NIST 网络安全框架。网络安全框架 1.1 版的第二稿"着重于澄清、改进和增强框架,以加大其价值并使其更易于使用"。第二稿还附有更新路线图,详细介绍促进框架发展进程的计划。NIST 网络安全框架于 2014 年推出,旨在帮助关键基础设施部门管理网络安全风险。一些安全公司和专家建议企业使用 NIST 网络安全框架作为最佳实践指南。然而也有人认为,这种静态指导方针无法跟上不断变化的威胁环境,恶意行为者甚至可能根据它来制定攻击策略。

## 暗网暴露14亿个明文密码库,或成史上最大规模数据泄露案

2017 年 12 月 5 日,美国一家网络情报公司 4iQ 在暗网社区论坛上发现了一个大型汇总数据库,其中包含了 14 亿个明文用户名和密码组合,牵涉 LinkedIn、MySpace、Netflix 等多家国际互联网巨头。研究人员表示,这或许是迄今为止在暗网中发现的最大明文数据库集合。4iQ 研究员称他们在暗网搜寻被窃、泄露数据时从一个超过 41 GB 的文件中发现了这个汇总的交互式数据库。该档案最后一次于 11 月 29 日更新,其中汇总了 252 个之前的数据泄露和凭证列表、包含 14 亿个用户名、电子邮件和密码组合,以及部分比特币和狗狗币(Dogecoin)钱包。

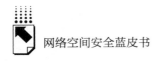

## 中共中央政治局就实施国家大数据战略进行
## 第二次集体学习，习近平发表重要讲话

2017 年 12 月 8 日，中共中央政治局就实施国家大数据战略进行第二次集体学习。中共中央总书记习近平在主持学习时强调，大数据发展日新月异，我们应该审时度势、精心谋划、超前布局、力争主动，深入了解大数据发展现状和趋势及其对经济社会发展的影响，分析我国大数据发展取得的成绩和存在的问题，推动实施国家大数据战略，加快完善数字基础设施，推进数据资源整合和开放共享，保障数据安全，加快建设数字中国，更好地服务我国经济社会发展和人民生活改善。他指出，大数据是信息化发展的新阶段，强调要推动大数据技术产业创新发展；要全面实施促进大数据发展行动，完善大数据发展政策环境；要坚持数据开放、市场主导，以数据为纽带促进产学研深度融合，形成数据驱动型创新体系和发展模式，培育造就一批大数据领军企业，打造多层次、多类型的大数据人才队伍。

## 特朗普签署美国《2018财年国防授权法案》

2017 年 12 月 12 日，美国总统特朗普签署了美国《2018 财年国防授权法案》（*National Defense Authorization Act for Fiscal Year 2018*），法案为 2018 财年制定了政策和预算指导方针，其中也包含了各项网络安全举措。涉及的网络安全领域重要内容包括：正式禁用卡巴斯基实验室软件；提议关注网络奖学金计划；赋予美国防部首席信息官更多权力管理五角大楼的网络安全任务；宣称要制定结束美国网络司令部/美国国安局（NSA）领导人"双帽"领导结构的计划；确定网络司令部将重新评估如何开发黑客和防御性网络工具；表明美国白宫正努力制定全面的美国国家安全战略；称美国防部有必要带头围绕不同的网络安全任务重新审视部门内部的组织结构。

## 全国人大常委会启动网络安全法、关于加强网络信息保护的决定执法检查

2017 年 12 月 24 日，全国人大常委会执法检查组发布关于检查《网络安全法》《全国人大常委会关于加强网络信息保护的决定》实施情况的报告，提请十二届全国人大常委会第三十一次会议审议。针对个人信息保护形势严峻的现状，报告建议要认真研究用户实名制的范围和方式，坚决避免信息采集主体过多、实名登记事项过滥问题。各地区各单位对某一事项实施实名登记制度，应当有明确的法律依据，要改进实名信息采集方式，减少实名信息采集的内容。报告建议要加快个人信息保护法立法进程，加大监督检查力度，建立第三方评估机制；等等。

## 工信部印发《工业控制系统信息安全行动计划（2018 –2020 年）》

2017 年 12 月 29 日，工信部印发《工业控制系统信息安全行动计划（2018 – 2020 年）》（以下简称《行动计划》）。《行动计划》在明确指导思想的基础上，以坚持安全和发展同步推进、落实企业主体责任、因地制宜分类指导、技术和管理并重为基本原则，从安全管理水平提升、态势感知能力提升、安全防护能力提升、应急处置能力提升和产业发展能力提升五方面规定主要行动。同时，以加强组织协调、加大政策支持、加快人才培养、鼓励社会参与四方面为保障，致力于实现 2020 年，全系统工控安全管理工作体系基本建立，全社会工控安全意识明显增强。建成全国在线监测网络，应急资源库，仿真测试、信息共享、信息通报平台（一网一库三平台），态势感知、安全防护、应急处置能力显著提升。培育一批影响力大、竞争力强的龙头骨干企业，创建 3 ~ 5 个国家新型工业化产业示范基地（工业信息安全），产业创新发展能力大幅提高的目标。

# Abstract

Technologies such as artificial intelligence, self-driving cars, block chain, and industrial internet have developed rapidly in 2017. The global strategies have undergone a major shift in the countries like US and UK. A new competition landscape has been reshaped in the field of global trade and technologies. The concept of cybersecurity is much richer than ever, and its strategic value is increasingly obvious because of the conflicts in breakthrough innovation, data resources competition, national interests and other multi-dimensional functions in cyberspace.

The cyber governance and security not only determines whether China can build into a strong cyber power, but also is the vital aspect of modernization of national governance system and governance capacity. Since 2017, Chinese cyber power strategy with Xi Jinping Thought on Socialism with Chinese Characteristics for a New Era as its core has been basically developed. Cybersecurity management system has been more perfect, a remarkable achievement has been made and the claim of cybersecurity global governance has received positive responses from the international community.

*Annual Report on Development of Cyberspace Security in China* (*2018*) builds on the framework of the series of Blue Books on Cyberspace Security, focusing on the impact of global governance reform and intelligent technologies innovation on cybersecurity.

The six parts of this book includes general report, global situation and governance, policies and regulations, technologies innovation, industrial development, and appendix (events). The general report which is entitled "The Cybersecurity Global Upheaval and China's Innovation in the Context of Sino-US Disputes" proposes that the competition and cooperation in global cbyer governance is increasingly complicated with the influenced of the physical international politics. The construction of a strong cyber power has entered into a critical stage and the deep water zone. China's cyber governance needs to be strengthened systemically, integrally and collaboratively, pay more attention to coordinating the domestic and international situations, deepen the construction of national comprehensive cyber governance system and participate in global cyber governance.

Each chapter is composed of several sub-reports, including the topics on China's cyber governance power, data management, data property rights, personal information protection, data cross-board flows, vulnerabilities mining, block chain security, connected car security, webcasting ecological governance, and cybersecurity industry. The appendix (events) part lists out the main events in 2017.

This report believes that the global cyberspace development has entered into a critical stage of transformation in 2017. The cooperation on combating cybercrime and terrorism and responding to cyber attacks has been expanding, and the competition focusing on the development and control of the international rules on emerging field has been intensified. The top-level design and overall architecture of China's cyber governance are basically established. The new generation of high-speed, mobile, secure and ubiquitous network infrastructure is continually constructed, and the fundamental, cutting-edge and asymmetric technological innovations are promoted. Networked, intelligent, service-oriented, and collaborative digital economy is booming. The dynamically integrated, collaborative and efficient cybersecurity guarantee capability is rapidly developed, and the international discourse power and influence in cyberspace are strengthened. Now China has been on the central stage of the global cyber governance.

The Blue Books on Cyberspace Security are edited by the Institute of Information of the Shanghai Academy of Social Sciences together with the Institute of Security Studies of the China Academy of Telecommunication Research, compiled by scholars and experts from China Information Technology Security Evaluation Center, the Third Research Institute of the Ministry of Public Security, China Institutes of Contemporary International Relations, Shanghai Institutes for International Studies, The Department of Security Management of

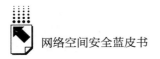

Tencent and so on. In the form of annual reports, they examine the status quo, trends and solutions of cyberspace security through a multi-disciplinary, cross-sector and cross-regional approach and from the perspective of social sciences, in the hope to provide a full picture of cybersecurity as well as decision-making support to China's on-going drive to strengthen its internet capabilities.

# Contents

## I　General Report

**Abstract**: The world today is entering a period of economic development led by the information industry. Since 2017, the global digital economy has entered a golden period that will drive the development of the traditional economy to the new economy. Under the tide of digital economy, cyberspace security presents a trend that is far different from the past。There are more obvious security problems such as new cyber attack, privacy leak and fake news. Cyberspace security is an important issue concerning the security of all countries and regions. However, with the deepening of international cyberspace governance, the competition rivalry between countries for the interests of cyberspace has become more complex and intense, and the development of various international rules is even more difficult. As a the world's key player, China should seize opportunities presented by the new round of industrial revolution and digital economy, meet the challenges of cyberspace security.

**Keywords**: Digital Economy; Cyberspace; Security Trends

# Ⅱ　Risk and Situation

## B. 2　National Cyber Security Review 2017

*Liu Hongmei*, *Zhang Shu* / 021

**Abstract**：In 2017, the global cyberspace encountered enormous security challenges. State type hacker attacks are frequent, and the attacks on critical information infrastructure and the Internet of things are constantly being attacked. Extortion software is indiscriminate, data leakage is becoming more and more serious, network attacks are complicated, and new risks and challenges in the field of cyber security rise and fall. China is still the focus of global cyber security. The information security situation is still severe, and the relevant situation deserves our attention.

**Keywords**：Cyberspace; Information Security; Cyber Security

## B. 3　2017 Mobile APP Security Vulnerability Report

*Freebuf* / 046

**Abstract**：In the course of data research and analysis, we selected 892 popular apps of the Android platform in eight categories of finance, shopping, healthcare, social networking, gaming, entertainment, transportation and travel, and lifestyle services as samples. By using automation testing we found mobile applications security risks in those apps. In the meantime, we distributed about 200 questionnaires to mobile application developers, project managers and security experts and attempted to interpret the cause of the mobile APP security problems. Finally, we also sent nearly 300 questionnaires to ordinary users to understand the needs and location of application security among ordinary users.

**Keywords**：Cyberspace; Web Security; Mobile Security; Vulnerabilities; Report Mobile APPlication Security

**Abstract**: Block chain technology has been developed for almost 10 years. It has played a great influence on the traditional Internet architecture by its characteristics such as decentralization and distributed storage. As the first batch of application of block chain technology, cryptocurrency has developed rapidly in recent years, with more and more varieties and higher prices. Although It's "Self-managing" is popular, it's often used for illegal transactions. This paper will demonstrate the basic concepts, characteristics and risks of the block chain and cryptocurrency firstly. Secondly, Tencent's practices and exploration on striking Chinese cybercrime would be combined to make a summary and analysis of the cybercrime caused or involved by the block chain, the cryptocurrency. Finally, it would put forward some effective advice for cyberspace governance, which is expected that China's cyberspace could achieve faster and better development under the effective government supervision and industry self-discipline.

**Keywords**: Blockchain; Cryptocurrency; Network Security

# Ⅲ　Policies and Laws

**Abstract**: In the era of data age which driven by innovation, how to effectively promote data governance has become a common concern of the international community. Taking data governance in the United States and Europe as an example, this paper analyzes the concept and practice of free flow of data, the management types and mechanisms of important data affecting public interest and national security, and the different ways of personal information protection. On

the basis of comparative study and comprehensive analysis, we have actively thought about the China's data governance and tried to make suggestions.

**Keywords:** Network Data; Data Governance; Important Data; Personal Information; National Security

## B. 6 Study on the Key to Supervision Points and Strategy of Personal Information Protection

*Chen Tian, Qin Boyang, Liu Minghui and Zhang Wei* / 131

**Abstract:** With the information technology revolution especially big data applications, global society entered a "data driven" era. However, the big trend of data applications has brought unprecedented challenges to personal information protection and civil rights. Ubiquitous data collection technology and specialization of diverse data processing technology make it difficult to control the collection and application situation, which weakens the the self-determination right to personal information of the information subject. Meanwhile the sharing resources, opening up demands of big data has the natural contradiction with personal privacy protection. To pursuit maximizing value, the misuse of personal information is almost inevitable. This article analysis the personal information protection regulation, regulatory object, management functions, management mechanism of the United States, the European Union, Australia, Russia, Singapore. The preliminary judgment of China's personal information protection regulation current situation and international level has been carried out. Possible countermeasures from the scope of organization, rules and regulations, supervision mechanism, security conditions of personal information protection supervision system have been put forward in this article.

**Keywords:** Big Data; Personal Information; Data Security; Government Regulation

B. 7    Research on Security Management for Data Cross-board Flows

*Jiang Yuze, Zhang Yu'an / 154*

**Abstract:** In recent years, with the implementation of strategic such as "the belt and the road" and Chinese enterprises "going global", Electronic commerce, cloud data centers and other outbound services are becoming increasingly frequent, therefore, the resulting personal information and industry data outbound have dramatically increased. Data Outbound flow is conducive to the promotion of national information technology innovation and the development of the digital economy industry, but also associated with the national security, industrial security and personal privacy rights and other issues. In February 2017, the US court ordered Google to submit mail servers stored outside the United States, making the data outbound management become a focus again. In April 11, 2017, the Cyberspace Administration of China issued the "measures of personal information and important data outbound security assessment (Public solicitation draft)" to implement the thirty-seventh provision of the "Cyber security law", and establish the data outbound security assessment management system. On the basis of summarizing the foreign data outbound management experience, this paper puts forward the basic understanding and judgment of the concept of outbound data in the view of national management, and provides some suggestions according to the current situation and problems of China's data outbound management.

**Keywords:** Cyberspace; Data Security; Data Outbound

B. 8    The Legal Governance of "White Hat" Vulnerability Exploitation in the View of "Cybersecurity Law"

*Huang Daoli, Liang Siyu / 172*

**Abstract:** Security vulnerability is the vulnerability of the information system, together with the external security threat, constitutes the information security risk. At present, the reasonable exploration and subsequent use of security vulnerability has gradually become a common concern of society. As civic groups of vulnerability exploitation, "white hat" play an critical role in the governance of Security vulnerability. However, due to the vagueness of law, the development of this group has been hindered. With the view of Vulnerability exploitation, this paper analysis relevant practices of domestic and overseas, and focuses on the existing problems in China. Finally, combine with China's national conditions and present legislations, this paper proposes suggestions for the design and implementation of the "white hat" vulnerability exploitation legal rules, aim to safeguard the cybersecurity and the build of community of common future in cyberspace.

**Keywords**: Cybersecurity Law; Security Vulnerabilities; Vulnerability Exploitation; "White Hat"

## B. 9　The governance Innovation of Live Streaming Platform

Ecosystem　　*The Joint Research Team of Peking University and Tencent on Culture Security* / 188

**Abstract**: The development of science and technology promotes the progress of human civilization, but the gap between the continuous innovation of technology and the relative lag of governance mechanism is a universal problem faced by governments, organizations and platforms. In recent years, the rise of live streaming has been accepted by the market, society as well as netizen, but it has also caused many problems in governance and supervision. This paper aims to start with the analysis of the evolution process and features of live streaming, to sort out its new function value and the characteristics and difficulties of live streaming governance, and to propose solution to deal with the corresponding problems.

**Keywords**: Live Streaming; Internet Governance; Content and Media Management

# IV   Technology and Industry

**Abstract**: As the world is increasing online, the risk of cyber is higher, the potential damage is becoming more severe, which promotes the development of cybersecurity industry which has a promising future. In this case, we try to construct the competitiveness model and evaluate the leading cybersecurity enterprises with this model. We concluded the top 100 cybersecurity enterprises.

**Keywords**: Cybersecurity; Enterprise Competitiveness; the Top 100

**Abstract**: With the Issuance of "Guidance to Deepen Internet Plus Advanced Manufacturing and Develop Industrial Internet", the industrial internet develops rapidly. As one of the three major systems of industrial Internet, security system is the premise and guarantee of the development of industrial Internet. In order to enhance industrial internet network security protection, we analyze the security risk, and do a research on the current protection policy and management of American, summarize the challenges and problems in the process of development , finally put forward the policy suggestions for protecting the industrial internet in the new situations.

**Keywords**: Industrial Internet; Network Security; Protection System

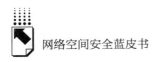

B. 12　The Research on Key Techniques of Cybersecurity of
　　　　Internet of Vehicle　　　　　　　　　　　*Sun Yaping* / 235

**Abstract:** In recent years, with the promotion of national strategies of Made in China 2025, Internet Plus, and Deepening the Integration of the Manufacturing Industry and the Internet, and with the development of automobile, electronics, information and communication technology, the development of internet of vehicle (IoV) in China is very rapid. At the same time, the developing of IoV is facing huge security challenges. As the foundation and guarantee of the development of IoV, security has become a hot spot and difficult point in the current research. In this context, this paper firstly reviews the current IoV security situation, and analyzes the IoV security risks and challenges, then summarizes the key technologies and security solutions on IoV security protection, and finally puts forward the countermeasures and suggestions for the IoV development.

**Keywords:** Internet of Vehicle; Cybersecurity; Technology of Security

B. 13　Research on the Development Path and Role of the
　　　　Government of Cybersecurity Enterprises
　　　　　　*Zhao Shuang, Cui Xiaofei and Zhang Wenhui* / 265

**Abstract:** Cybersecurity enterprise is an important fulcrum of national security capability. The western developed countries, led by the United States, hold the dominant position in the cyberspace by virtue of the strong strength of cybersecurity enterprises. This study proposes policy suggestions to promote the development of China's cybersecurity industry by studying the development of typical foreign enterprises and drawing on international experience.

**Keywords:** Cybersecurity; Security Enterprise; Government-enterprise Relationship

# V International Governance

**Abstract**: Various technological and policy incentives for the development and utilization of big data make a fancy future for the scale of the big data industry, and all stakeholders are actively advocating their own rights and interests. Extensive debate has been made round the development of big data market and model of data business, the benefit distribution and control of the rights the data in the United States and Europe. These discussions will help us clarify the questions and look for the appropriate approach to regulate and promote the development of big data industry.

**Keywords**: Property Rights of Internet Data; Share and Exchange; Benefit Distribution

**Abstract**: The international governance of cyberspace has entered a new stage of historical development. Driven by many factors such as technology, social applications, acknowledge, and major incidents, the concerns of cybersecurity of the international community have risen unprecedentedly and related security issues have become the focus of governance. The balance between security and development has been broken. If the security issues cannot be effectively solved, it will become a shackle to development. The situation in 2017 is particularly prominent. A new round of global cybersecurity threats stirs nerves of the international community. Although the status quo is severe, it is an inevitable stage for the development of cyberspace. All parties in the international community are actively exploring effective solutions. For

China, following the trend, making efforts on security governance will not only be beneficial to the construction of its own cyber power, but also an important part of building a cyberspace community of shared future for ensuring "common security" is undoubtedly the top priority of the international community.

**Keywords**: Cyberspace Security Governance; China; Right of Governance

B. 16 The Situation Analysis of China's Participation in Global

Cyberspace Governance *Lu Chuanying*, *Li Shufeng* / 322

**Abstract**: As the status of global cyberspace governance in the political games around the world has become increasing prominent, the participating actors have expanded from countries to international organizations, the private sectors, and the technical communities. The establishment of cooperative system of mechanism and legalization between countries has become a major trend. Disagreements in the cybersecurity policies among different countries highlight the dilemma of the current global cyberspace governance. Not only network attacks have threatened the stability of the state power bust also have spread across the globe, such as the proliferation of "Stuxnet", hacking incidents during the presidential campaign, and the other cybersecurity incidents. In this article we will discuss the trends of bilateral cooperation on cybersecurity, the overall situation, risk assessments, and the Chinese approach under the guidance of the strategic thinking of "a community of shared future ".

**Keywords**: Cyberspace Governance; Bilateral Cooperation; Non-state Actors; Chinese Approach

B. 17 Research on the Latest Progress of Japanese Personal Information

Protection Legislation Under the Background of Emerging

Information Technology and Its Enlightenment *Luo Li* / 335

**Abstract**: Under the background of the booming development of emerging information technology, countries around the world place increasing emphasis on the protection of personal information, while are actively developing and utilizing big data. Japan's personal information protection legislation is compatible with Europe and the United States and has its own characteristics, which is worth our country's reference. This article focuses on the latest developments of Japan's personal information protection legislation from four aspects: the definition and scope of personal information, anonymous processing mechanism for personal information and the supervision and management mechanism of personal information protection. Finally, combining with the problems and shortcomings in the protection of personal information in our country, the article discusses the enlightenment for our country in strengthening the personal information protection.

**Keywords**: Emerging Information Technology; Personal Information; Personal Information Protection; Japan; Law

# Ⅵ   Appendix

## ❖ 皮书起源 ❖

"皮书"起源于十七、十八世纪的英国，主要指官方或社会组织正式发表的重要文件或报告，多以"白皮书"命名。在中国，"皮书"这一概念被社会广泛接受，并被成功运作、发展成为一种全新的出版形态，则源于中国社会科学院社会科学文献出版社。

## ❖ 皮书定义 ❖

皮书是对中国与世界发展状况和热点问题进行年度监测，以专业的角度、专家的视野和实证研究方法，针对某一领域或区域现状与发展态势展开分析和预测，具备原创性、实证性、专业性、连续性、前沿性、时效性等特点的公开出版物，由一系列权威研究报告组成。

## ❖ 皮书作者 ❖

皮书系列的作者以中国社会科学院、著名高校、地方社会科学院的研究人员为主，多为国内一流研究机构的权威专家学者，他们的看法和观点代表了学界对中国与世界的现实和未来最高水平的解读与分析。

## ❖ 皮书荣誉 ❖

皮书系列已成为社会科学文献出版社的著名图书品牌和中国社会科学院的知名学术品牌。2016 年，皮书系列正式列入"十三五"国家重点出版规划项目；2013~2018 年，重点皮书列入中国社会科学院承担的国家哲学社会科学创新工程项目；2018 年，59 种院外皮书使用"中国社会科学院创新工程学术出版项目"标识。

# 中国皮书网

（网址：www.pishu.cn）

发布皮书研创资讯，传播皮书精彩内容
引领皮书出版潮流，打造皮书服务平台

## 栏目设置

关于皮书：何谓皮书、皮书分类、皮书大事记、皮书荣誉、
皮书出版第一人、皮书编辑部

最新资讯：通知公告、新闻动态、媒体聚焦、网站专题、视频直播、下载专区

皮书研创：皮书规范、皮书选题、皮书出版、皮书研究、研创团队

皮书评奖评价：指标体系、皮书评价、皮书评奖

互动专区：皮书说、社科数托邦、皮书微博、留言板

## 所获荣誉

2008 年、2011 年，中国皮书网均在全国新闻出版业网站荣誉评选中获得"最具商业价值网站"称号；

2012 年，获得"出版业网站百强"称号。

## 网库合一

2014 年，中国皮书网与皮书数据库端口合一，实现资源共享。

# 权威报告·一手数据·特色资源

# 皮书数据库
## ANNUAL REPORT(YEARBOOK)
## DATABASE

## 当代中国经济与社会发展高端智库平台

### 所获荣誉

- 2016年，入选"'十三五'国家重点电子出版物出版规划骨干工程"
- 2015年，荣获"搜索中国正能量 点赞2015""创新中国科技创新奖"
- 2013年，荣获"中国出版政府奖·网络出版物奖"提名奖
- 连续多年荣获中国数字出版博览会"数字出版·优秀品牌"奖

### 成为会员

　　通过网址www.pishu.com.cn访问皮书数据库网站或下载皮书数据库APP，进行手机号码验证或邮箱验证即可成为皮书数据库会员。

### 会员福利

- 使用手机号码首次注册的会员，账号自动充值100元体验金，可直接购买和查看数据库内容（仅限PC端）。
- 已注册用户购书后可免费获赠100元皮书数据库充值卡。刮开充值卡涂层获取充值密码，登录并进入"会员中心"—"在线充值"—"充值卡充值"，充值成功后即可购买和查看数据库内容（仅限PC端）。
- 会员福利最终解释权归社会科学文献出版社所有。

社会科学文献出版社 皮书系列
SOCIAL SCIENCES ACADEMIC PRESS (CHINA)

卡号：443489883517
密码：

数据库服务热线：400-008-6695
数据库服务QQ：2475522410
数据库服务邮箱：database@ssap.cn
图书销售热线：010-59367070/7028
图书服务QQ：1265056568
图书服务邮箱：duzhe@ssap.cn

## 基本子库

**中国社会发展数据库**（下设 12 个子库）

  全面整合国内外中国社会发展研究成果，汇聚独家统计数据、深度分析报告，涉及社会、人口、政治、教育、法律等 12 个领域，为了解中国社会发展动态、跟踪社会核心热点、分析社会发展趋势提供一站式资源搜索和数据分析与挖掘服务。

**中国经济发展数据库**（下设 12 个子库）

  基于"皮书系列"中涉及中国经济发展的研究资料构建，内容涵盖宏观经济、农业经济、工业经济、产业经济等 12 个重点经济领域，为实时掌控经济运行态势、把握经济发展规律、洞察经济形势、进行经济决策提供参考和依据。

**中国行业发展数据库**（下设 17 个子库）

  以中国国民经济行业分类为依据，覆盖金融业、旅游、医疗卫生、交通运输、能源矿产等 100 多个行业，跟踪分析国民经济相关行业市场运行状况和政策导向，汇集行业发展前沿资讯，为投资、从业及各种经济决策提供理论基础和实践指导。

**中国区域发展数据库**（下设 6 个子库）

  对中国特定区域内的经济、社会、文化等领域现状与发展情况进行深度分析和预测，研究层级至县及县以下行政区，涉及地区、区域经济体、城市、农村等不同维度。为地方经济社会宏观态势研究、发展经验研究、案例分析提供数据服务。

**中国文化传媒数据库**（下设 18 个子库）

  汇聚文化传媒领域专家观点、热点资讯，梳理国内外中国文化发展相关学术研究成果、一手统计数据，涵盖文化产业、新闻传播、电影娱乐、文学艺术、群众文化等 18 个重点研究领域。为文化传媒研究提供相关数据、研究报告和综合分析服务。

**世界经济与国际关系数据库**（下设 6 个子库）

  立足"皮书系列"世界经济、国际关系相关学术资源，整合世界经济、国际政治、世界文化与科技、全球性问题、国际组织与国际法、区域研究 6 大领域研究成果，为世界经济与国际关系研究提供全方位数据分析，为决策和形势研判提供参考。

# 法律声明